普通高等教育机械类
应用型人才培养系列教材

JIXIE ZHIZAO JISHU JICHU

机械制造技术基础

明 哲　蒋俊香　主编

化学工业出版社

·北京·

内 容 简 介

本书将传统的机械类课程"金属切削原理与刀具""机床夹具设计"和"机械制造工艺学"进行了有机融合,研究产品制造的加工原理、工艺过程、工艺方法以及相应的机床、刀具和夹具,介绍了机械制造工艺基础的概念;从机械加工工艺系统入手,深入分析组成机械加工工艺系统的刀具、机床和夹具等要素,并详细介绍加工工艺规程及产品装配工艺规程。

本书结合企业生产实际需求和案例,主要以模具设计、加工制造为背景,培养学生编制产品加工工艺规程以及产品装配工艺规程的能力。

本书内容上理论结合实践案例,将模具生产需要的机床设备、加工工艺过程以及产品装配等相关内容融入进来,对学生专业技能的培养可起到基础性和关键性的作用。

本书可作为机械设计制造及其自动化、机械电子工程、智能制造工程专业等机械类及近机械类专业相关课程的教材。

图书在版编目(CIP)数据

机械制造技术基础 / 明哲,蒋俊香主编. -- 北京:化学工业出版社,2025. 6. --(普通高等教育机械类应用型人才培养系列教材). -- ISBN 978-7-122-47866-5

Ⅰ. TH16

中国国家版本馆 CIP 数据核字第 2025BA3901 号

责任编辑:张海丽　　　　　　　　文字编辑:郑云海
责任校对:王鹏飞　　　　　　　　装帧设计:韩　飞

出版发行:化学工业出版社
　　　　　(北京市东城区青年湖南街 13 号　邮政编码 100011)
印　　装:河北延风印务有限公司
787mm×1092mm　1/16　印张 16½　字数 404 千字
2025 年 6 月北京第 1 版第 1 次印刷

购书咨询:010-64518888　　　　　　售后服务:010-64518899
网　　址:http://www.cip.com.cn
凡购买本书,如有缺损质量问题,本社销售中心负责调换。

定　　价:58.00 元　　　　　　　　版权所有　违者必究

前　言

制造业是国民经济的主体，是立国之本、兴国之器、强国之基。无论是载人航天、大型飞机、高铁装备等重大技术装备，还是起重运输机械、仪器、仪表，甚至家用汽车、电器等，这些产品都是由零部件组成的，而这些零部件大都是以机械制造的方式完成的，因此"机械制造技术基础"课程在机械专业乃至机械行业占有重要地位。

"机械制造技术基础"课程是以原"机械制造工艺学""金属切削原理与刀具""机床夹具设计"等课程为基础，综合制造行业新科学、新技术、新工艺等内容形成的一门综合课程，是一门阐述机械制造基本理论，研究机械零部件制造、装配及其生产过程管理方法的课程，在机械类专业的人才培养过程中占有重要地位。

为体现应用型本科教育的理论与实践相结合的特色和要求，达成知识目标、能力目标和素质目标的统一，针对应用型人才培养和企业实际工作需要的特点，我们编写了《机械制造技术基础》这本教材。本书是校企合作立项建设教材，是与浙江汉岠教育发展有限公司、宁波兴利汽车模具有限公司合作编写的一本符合企业岗位实际需求、培养应用技术型人才的教材。

本书以传统同类教材为基础，把理论性过强并且企业应用较少的部分章节内容去掉，增加与企业制造相关的内容，重点包括模具产品制造加工工艺过程、模具产品装配基础知识及基本操作方法等。

本书由吉林农业科技学院明哲和蒋俊香担任主编，吉林农业科技学院刘荣辉、冯明佳、刘启蒙，浙江汉岠教育发展有限公司李立新、王海红担任副主编，吉林农业科技学院崔明光，宁波兴利汽车模具有限公司邬荣武、陈海平、张学军、黄苏斌等参加编写。编写分工如下：第1章由明哲、李立新、王海红编写，第2章和第4章由刘荣辉编写，第3章由崔明光、冯明佳编写，第5章和第7章由蒋俊香编写，第6章由蒋俊香、崔明光编写，第8章由李立新、刘启蒙、陈海平、张学军、黄苏斌编写。统稿工作由明哲和蒋俊香完成。

书中每章开头设置思维导图和学习目标，方便快速了解本章内容和学习要求；每章后设置本章小结、思考题与习题，方便总结与检验学习效果。本书配套课件、习题和拓展阅读，可扫描书中二维码获取，供广大师生参考使用。

在编写本书的过程中，编者参考了大量机械制造技术相关的文献资料和教材。在此，对这些资料的作者表示衷心的感谢！由于编者水平有限，书中存在的疏漏与不妥之处，敬请广大读者批评指正。

编　者
2025 年 3 月

本书配套资源

目　录

◢ 第6章　机械加工工艺规程设计　**144**

第7章　机械装配工艺基础　　175

第8章　特种加工技术　　220

第1章

绪　论

 **本章思维导图**

本书配套资源

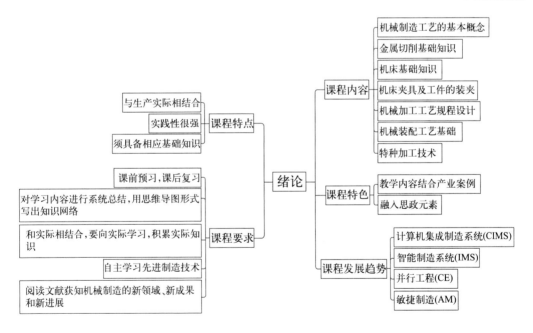

本章学习目标

■ 掌握的内容
本门课程的课程特色。
■ 熟悉的内容
本门课程的课程内容。
■ 了解的内容
本门课程的课程特点，本门课程的发展趋势。

1.1 课程特点

本门课程的特点可以归纳为以下几点：

① "机械制造技术基础"是机械类和近机械类专业的一门专业课，随着科学技术和经济的发展，课程内容需要不断与生产实际相结合。本书在保证理论体系不变的前提下，结合了宁波兴利汽车模具有限公司提供的注塑模具实际案例进行编写。

② 课程的实践性很强，与生产实际的联系十分密切，有实践知识才能在学习时理解得比较深入和透彻，因此要注意实践知识的学习和积累。

③ 在学习"机械制造技术基础"时应具备"材料科学基础""金工实习""公差与技术测量""机械设计原理"等课程的知识。

1.2 课程内容

本门课程的主要内容有：

① 机械制造工艺的基本概念。包括机械产品生产和机械产品制造相关知识。

② 金属切削基础知识。包括金属切削运动基本原理和常见的金属切削刀具等内容。

③ 机床基础知识。包括传统机床加工原理、型号以及命名方式，先进机床型号和加工原理等内容，除了常用的机床，还加入模具加工需要的深孔钻及数控铣相关内容。

④ 机床夹具及工件的装夹。包括机床夹具概述、工件的定位以及工件夹紧、各类机床夹具等相关知识。

⑤ 机械加工工艺规程设计。包括零件机械加工工艺过程制订相关内容，论述了制订的指导思想、内容、方法和步骤，分析了余量、工艺尺寸链等问题，生产案例是模具零件加工工艺编制。

⑥ 机械装配工艺基础。包括装配工艺过程的制订及典型部件装配举例、结构的装配工艺性、装配工艺方法和装配尺寸链等内容，生产案例是模具装配相关基础知识。

⑦ 特种加工技术。包括现代先进的各种加工技术，如电火花加工技术、超声波加工技术、激光加工技术、线切割加工等，结合企业实践，重点介绍了电火花成形加工、电火花切割加工。

1.3 课程要求

本门课程的学习方法应根据个人的情况而定，这里只提出一些基本方法供参考。

① 学生课前预习，课上听讲、记笔记、参与师生讨论、回答问题、独立完成作业，课后自主复习。

② 每学期课程结束时，请每个学生对学习内容进行系统总结，用思维导图形式写出"机械制造技术基础"知识网络。

③ 注意和实际相结合，要向实际学习，积累实际知识。学生结合生产实例，分析零部件加工工艺过程。

④ 学生自主学习先进制造技术部分，并进行课堂分享；要重视与课程有关的各教学环节的学习，使之产生相辅相成的效果。

⑤ 学生通过查阅文献获知机械制造的新领域、新成果和新进展。

1.4 课程特色

(1) 校企合作，工学结合

在本书编写过程中，充分考虑了机械制造相关岗位的实际要求，调研了多家机械制造企业，并与产业学院浙江汉峘教育发展有限公司、宁波兴利汽车模具有限公司合作开发教材。教材实践内容由企业设计部、车间钳工加工组、车床加工组、工艺编制组人员与高校教师共同商讨确定，符合企业实际工作需求，有助于提升学生实践能力。

(2) 图表丰富，实践性强

本书中模具相关生产案例均来自企业提供的案例，能够让学生通过案例了解企业生产实际。为了提高学生的学习兴趣，配备了大量与生产实际相关的图片和表格，使学生能更为迅速地掌握书中知识。

(3) 思政案例，助力学习

本书每章的拓展阅读中都加入了课程思政案例，融入课程思政元素。在指导学生学习专业知识的同时，注重对学生的思想政治素质和社会责任感的培养，有助于学生的全面发展。

1.5 课程发展趋势

现代制造技术的内涵相当广泛。一般认为，现代制造技术是传统制造技术与计算机技术、信息技术、自动控制技术等现代高新技术交叉融合的结果，是一个集机械、电子、信息、材料、能源、管理技术于一体的新兴交叉学科，它使制造技术的内涵和水平发生了质的变化。因此，凡是那些能够融合当代科技进步的最新成果，以及最能发挥人和设备的潜力、最能体现现代制造水平并取得理想技术经济效果的制造技术，均称为现代制造技术，它给传统的机械制造业带来了勃勃生机。

首先，在产品设计方面，普遍采用计算机辅助产品设计（CAD）、计算机辅助工程分析（CAE）和计算机仿真技术；在加工技术方面，已实现了底层（车间层）的自动化，包括广泛地采用加工中心（或数控机床）、自动引导小车（AGV）等。

其次，在制造方面，发达国家主要从具有全新制造理念的制造系统自动化方面寻找出路，提出了一系列新的制造系统，如计算机集成制造系统（CIMS）、智能制造系统（IMS）、并行工程（CE）、敏捷制造（AM）等。

（1）计算机集成制造系统（CIMS）

计算机集成制造系统是在自动化技术、信息技术和制造技术的基础上，通过计算机及其软件，将制造企业全部生产经营活动（从市场预测、产品设计、加工工艺、制造、管理至售后服务及报废处理）所需的各种分散的自动化系统有机地集成起来，是适合多品种、中小批量生产的总体高效率、高柔性的制造系统。其核心技术是 CAD 与 CAM（计算机辅助设计与制造）。

（2）智能制造系统（IMS）

智能制造系统是指将专家系统、模糊逻辑、人工神经网络等人工智能技术应用到制造系统中，以解决复杂的决策问题，提高制造系统的水平和实用性。人工智能的作用是代替熟练工人的技艺，学习工程技术人员的实践经验和知识，并用于解决生产中的实际问题，从而将工人、工程技术人员多年来积累起来的丰富而又宝贵的实践经验保存下来，在实际的生产中长期发挥作用。智能制造系统的核心技术是人工智能。

（3）并行工程（CE）

并行工程又称同步工程或同期工程，是针对传统的产品串行开发过程而提出的概念和方法。并行工程是集成地、并行地设计产品及其相关过程的系统方法。该方法要求开发人员从设计开始就考虑产品整个生命周期中的所有因素，包括产品制造工艺、质量、成本、进度计划和用户要求等。

（4）敏捷制造（AM）

敏捷制造又称灵捷制造、迅速制造、灵活制造，它是将柔性生产技术、熟练掌握生产技能和知识的劳动力与促进企业内部和企业之间相互合作的灵活管理集成在一起，通过所建立的共同基础结构，对迅速改变或无法预见的消费者需求和市场时机作出快速响应。敏捷制造的基本原理是采用标准化和专业化的计算机网络和信息集成基础结构，以分布式结构连接各类企业，构成虚拟制造环境，以竞争合作为原则，在虚拟制造环境内动态选择合作伙伴，并通过组成虚拟企业来适应持续多变、无法预料的市场变化。

现代机械制造技术的发展主要表现在两个方向上：一是精密工程技术，以超精密加工的前沿部分——微细加工、纳米技术为代表；二是机械制造的高度自动化，以 CIMS 和敏捷制造等的进一步发展为代表。

　　机械制造科学技术主要沿着"广义制造"或称"大制造"的方向发展。当前，发展的重点是创新设计、并行设计、现代成形与改性技术、材料成形过程仿真和优化、高速和超高速加工、精密工程与纳米技术、数控加工技术、集成制造技术、虚拟制造技术、协同制造技术和工业工程等。

　　当前值得开展的制造技术可结合汽车、运载装置、模具、芯片、微型机械和医疗器械等领域，进行反求工程、高速加工、纳米技术、模块化功能部件、使能技术软件、并行工程和数控系统等研究。

 本章小结

（1）本教材特色
- 校企合作，工学结合。
- 图表丰富，实践性强。
- 思政案例，助力学习。

（2）现代机械制造技术的发展趋势
- 计算机集成制造系统（CIMS）。
- 智能制造系统（IMS）。
- 并行工程（CE）。
- 敏捷制造（AM）。

 思考题与习题

1. 本课程的学习要求是什么？
2. 本课程主要包含哪些内容？

第2章

机械制造工艺的基本概念

 本章思维导图

本书配套资源

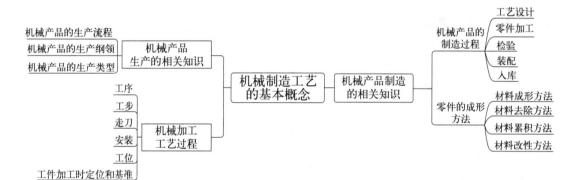

本章学习目标

■ 掌握的内容

机械产品的生产流程，零件生产纲领的计算，机械产品的生产类型，机械产品的制造过程，工艺设计内容，常用的机械加工方法，机械加工工艺过程。

■ 熟悉的内容

特种加工方法，六点定位原理，基准的分类，工艺基准的分类。

■ 了解的内容

零件的成形方法，常用的材料成形方法，材料去除方法，材料累积方法，常用的材料改性工艺。

2.1 机械产品生产的相关知识

机械产品是指机械厂家向用户或市场所提供的成品或附件，如汽车、发动机、机床等。任何机械产品按传统习惯都可以看作由若干部件组成，而部件又可分为组件、套件，直至最基本的零件单元。

(1) 机械产品的生产流程

机械产品的生产流程是指把原材料变为成品的全过程，它一般包括生产与技术的准备、零件加工、产品装配和生产服务等内容。

(2) 机械产品的生产纲领

生产纲领：指在计划期内，应当生产的产品产量和进度计划。

年生产纲领：计划期为一年的生产纲领。

零件生产纲领计算公式：

$$N = Qn(1+a)(1+b) \qquad (2-1)$$

式中　N——年生产纲领，件/年；

　　　Q——产品年产量，台/年；

　　　n——每台产品中该零件数量，件/台；

　　　a——备品率；

　　　b——废品率。

年生产纲领是设计或修改工艺规程的重要依据，是车间（或工段）设计的基本文件。

(3) 机械产品的生产类型

机械产品的生产类型如图 2-1 所示。生产纲领与生产类型的关系如表 2-1 所示。

图 2-1　机械产品的生产类型

表 2-1　生产纲领与生产类型的关系

生产类型	零件年生产纲领/(件/年)		
	重型机械	中型机械	轻型机械
单件生产	≤5	≤20	≤100
小批量生产	>5~100	>20~200	>100~500
中批量生产	>100~300	>200~500	>500~5000
大批量生产	>300~1000	>500~5000	>5000~50000
大量生产	>1000	>5000	>50000

2.2　机械产品制造的相关知识

2.2.1　机械产品的制造过程

机械产品的制造过程主要包括工艺设计、零件加工、检验、装配、入库等环节。

(1) 工艺设计

工艺设计的基本任务是保证生产的产品能符合设计的要求，并制订优质、高产、低耗的产品制造工艺规程，以及产品试制和正式生产所需要的全部工艺文件。具体包括：对产品图纸的工艺分析和审核、拟定加工方案、编制工艺规程、工艺装备的设计和制造等。

(2) 零件加工

零件加工包括毛坯生产，以及对毛坯进行各种机械加工、特种加工和热处理等。

毛坯生产主要有铸造、锻造、焊接等方法。

常用的机械加工方法有车削加工、铣削加工、磨削加工、钻削加工、刨削加工、镗削加工、钳工加工、拉削加工、数控机床加工等类型。

常用的热处理方法有正火、退火、回火、时效、调质、淬火等。

特种加工主要有电火花成形加工、电火花线切割加工、电解加工、激光加工、超声波加工等方法。

(3) 检验

检验是指采用测量器具对毛坯、零件、成品等进行尺寸精度、形状精度、位置精度的检测，以及通过目视检验、无损探伤、力学性能试验及金相检验等方法对产品质量进行鉴定。

(4) 装配

将零件和部件进行配合及联接，使之成为半成品或成品的过程称为装配。常见的装配工作内容包括清洗、联接、校正与配作、平衡、验收、试验等。

(5) 入库

为防止企业生产的成品、半成品及各种物料遗失或损坏，将其放入仓库进行保管，称为入库。

2.2.2 零件的成形方法

零件的成形方法可以分为材料成形方法、材料去除方法、材料累积方法和材料改性方法四种。

(1) 材料成形方法

材料成形方法是指将原材料加热成液体、半液体并在特定模具中冷却成形、变形或将粉末状的原材料在特定型腔中加热、加压成形的方法。由于材料在成形前后没有质量的变化，故又称为"质量不变方法"。常用的材料成形方法主要有铸造、锻造、冲压、粉末冶金等。材料成形方法生产率较高，加工精度较低，常用来制造毛坯或形状复杂但精度要求不太高的零件。

① 铸造（图 2-2）。铸造是将熔融金属液浇入具有和零件形状相适应的铸型空腔中，冷却凝固后获得一定形状和性能的金属件（铸件）的方法。

② 锻造（图 2-3）。锻造是将金属加热到一定温度，利用冲击力或压力使其产生塑性变形，从而获得一定几何尺寸、形状和质量的锻件的加工方法。

图 2-2　铸造加工

图 2-3　锻造加工

③ 冲压（图 2-4）。冲压是利用冲床和专用模具使金属板料产生塑性变形或分离，从而获得零件或者制品的加工方法。

④ 粉末冶金。粉末冶金是以金属粉末和（或）非金属粉末通过模具压制、烧结等工序来获得零件或毛坯的工艺方法。

(2) 材料去除方法

材料去除方法是指利用机械能、热能、光能、化学能等能量去除毛坯上多余材料而获得所需形状、尺寸的零件加工方法。与毛坯相比，零件的质量因材料的去除而减少，故这种方法又称为"质量减少方法"。材料去除方法包括切

图 2-4　冲压加工

削加工和特种加工两种。

① 切削加工。切削加工是利用刀具将坯料或工件上多余的材料切除，以获得几何形状、尺寸精度和表面质量完全符合图样要求的零件的加工方法。切削加工包括机械加工（如车、铣、刨、磨等）和钳工两大类。

② 特种加工。特种加工是直接利用各种能量，如电能、光能、声能、化学能、热能、机械能等进行加工的方法。常用的特种加工方法有电火花加工、电解加工、激光加工、超声波加工、水喷射加工、电子束加工、离子束加工等类型。

(3) 材料累积方法

材料累积方法是指将分离的原材料通过加热、加压或其他手段结合成零件的方法。材料的累积使质量增加，故又称为"质量增加方法"。材料累积方法包括传统的连接与装配、附着加工和先进的快速成形制造三种类型。

① 连接与装配。传统的连接与装配方式通过不可拆卸的连接方法，如焊接、粘接（胶接）、铆接和过盈配合等，使物料结合成一个整体，形成零件或部件；也可以通过各种装配方法（如螺纹连接等）使若干零件装配连接成组件、部件或产品。

② 附着加工。附着加工是指在工件表面覆盖一层材料的加工方法，包括电镀、电铸、喷镀和涂装等。

③ 快速成形制造。快速成形制造是由 CAD 模型直接驱动的快速制造任意复杂形状三维实体的技术总称。其核心是将零件（或产品）的三维实体按一定厚度分层，以平面制造方式将材料层层堆叠，并使每个薄层自动粘接成形，形成完整的零件。它是一个材料堆积累加的过程，故又称为"材料生长制造"。

(4) 材料改性方法

材料改性方法是指工件外形不变、体积不变，但其力学、物理或化学特性发生改变的加工方法。常用的改性工艺主要有热处理、表面强化、化学转化膜等。

2.3 机械加工工艺过程

工艺过程是指在机械产品的生产过程中，与原材料变为产品直接有关的过程。根据作用不同，工艺过程可分为机械加工工艺过程和机械装配工艺过程两类。

机械加工工艺过程：用机械加工的方法直接改变生产对象的形状、尺寸和表面质量，使之成为合格零件的过程。

机械装配工艺过程：将加工好的零件装配成机器，使之达到所要求的装配精度并获得预定技术性能的过程。

机械加工工艺过程可分解为一个或若干个顺序排列的工序，每一个工序又可以分为工步、走刀、安装和工位四部分。

(1) 工序

工序是指一个或一组工人，在一个工作地对一个或同时对几个工件连续完成的一部分工艺过程。工序是工艺过程的基本单元，又是生产计划和成本核算的基本单元。

区分工序的主要依据是考察这部分工艺过程是否满足"三同"和"一连续"。"三同"：同一个或同一组工人，指同一技术等级的工人；同一个工作地点，指同一台机床（或同一精度等级的同类型机床）、同一钳工台等；同一个工件，指同一零件代号的工件或部件。"一连续"：同样的加工必须连续进行。一个工艺过程括的工序，是由被加工零件的复杂程度、加工要求及生产类型来决定的，如表 2-2 所示。

表 2-2　加工轴工序

工序号	工序内容	设备
1	铣两端面，钻两端中心孔	专用机床
2	车大外圆及倒角	车床 I
3	车小外圆、切槽及倒角	车床 II
4	铣键槽	专用铣床
5	去毛刺	钳工台

（2）工步

工步是指在一个工序中，当工件的加工表面、切削刀具和切削用量均保持不变时所完成的那部分工序内容。工步是构成工序的基本单元。一个工序可以包括多个工步，也可以包括一个工步。

一般来说，构成工步的任一要素（加工表面、刀具及切削用量）改变后，即成为另一个工步。但为了提高生产率，有时要用几把刀具同时加工几个表面，此时也应视为一个工步，称为复合工步，如图 2-5 所示。此外，对那些一次装夹中连续进行的若干相同工步也应视为一个复合工步。

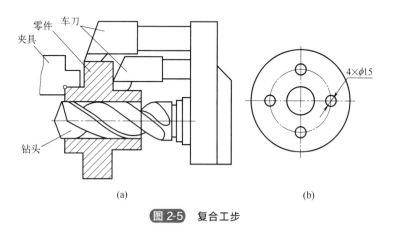

图 2-5　复合工步

（3）走刀（工作行程）

在一个工步内，若加工余量需要多次逐步切削，则每一次切削就是一次走刀。一个工步可以包括一次走刀或多次走刀。

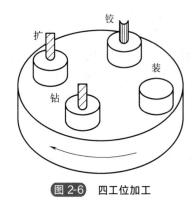

图 2-6　四工位加工

（4）安装

工件在加工前，先将工件放置在机床或夹具上的正确位置（定位）然后夹紧的过程称为装夹。工件（或装配单元）经一次装夹所完成的那一部分工艺过程称为安装。在一道工序中可以有一次或多次装夹。

（5）工位

一次安装后，工件在机床上所占的每一位置称为工位。生产中常用各种回转工作台、回转夹具或移动夹具等装夹工件，以便工件在一次安装后可处于不同的加工位置，以连续完成多个工艺过程，如图2-6所示。

（6）工件加工时定位和基准

① 工件的装夹。装夹又称安装，包括定位和夹紧两项内容。定位使工件在机床或夹具上占有正确位置。夹紧对工件施加一定的外力，使其已确定的位置在加工过程中保持不变。插齿加工直接找正装夹如图2-7所示。

② 工件装夹方法。

a. 直接找正装夹法：用百分表、划针或用目测，在机床上直接找正工件，使工件获得正确位置。该方法精度高，效率低，对工人技术水平要求高。

b. 划线找正装夹法：当零件形状很复杂时，可先用划针在工件上画出中心线、对称线或各加工表面的加工位置，然后再按划好的线来找正工件在机床上的位置，如图2-8所示。划线找正装夹精度不高，效率低，多用于形状复杂的铸件。

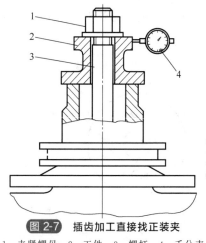

图 2-7　插齿加工直接找正装夹

1—夹紧螺母；2—工件；3—螺杆；4—千分表

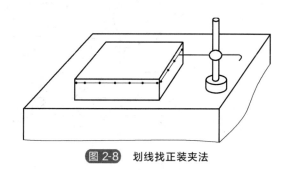

图 2-8　划线找正装夹法

③ 夹具安装法。机床夹具是一种能使工件在机床上快速实现定位并夹紧的附加工艺装置。它在工件未安装前已预先调整好机床与刀具间正确的相对位置，所以加工一批工件时，不必再逐个找正定位，将工件安装在夹具中，就能保证加工的技术要求。该方法效率高，易保证质量，广泛用于批量生产。工件的装夹如图2-9所示。用夹具装夹的插齿加工如图2-10所示。

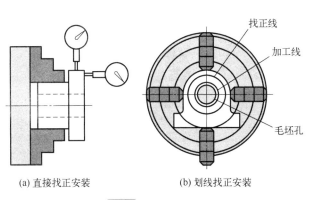

(a) 直接找正安装　　　(b) 划线找正安装

图 2-9　工件的装夹

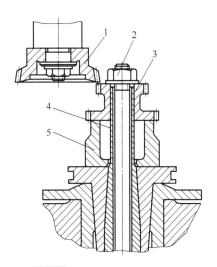

图 2-10　用夹具装夹的插齿加工
1—插齿刀；2—夹紧螺母；3—工件；
4—心轴；5—靠垫

 本章小结

（1）机械产品生产的相关知识
- 机械产品的生产流程主要包括生产与技术的准备、零件的加工、产品的装配和生产的服务等。
- 制订生产纲领时，除零件实际所需数量外，还应考虑备品和废品。
- 根据生产纲领、产品的大小及复杂程度不同，生产类型可分为单件生产、成批生产和大量生产三种类型。

（2）机械产品制造的相关知识
- 机械产品的制造过程主要包括工艺设计、零件加工、检验、装配和入库等步骤。
- 材料成形方法：包括铸造、锻造、冲压、粉末冶金四种。
- 材料去除方法：包括切削加工和特种加工两种。
- 材料累积方法：包括连接与装配、附着加工和快速成形技术三种。
- 材料改性方法：包括热处理、表面强化、化学转化膜三种。
- 机械加工工艺过程是工序的有序集合，可分解为一个或若干个顺次排列的工序。
- 工序是工艺过程的基本单元。区分工序的主要依据是考察这部分工艺过程是否满足"三同"和"一连续"。
- 工序可细分为工步、走刀、安装和工位四部分。

 思考题与习题

一、单选题

1. 下列哪种毛坯制造方法适合制造形状复杂的零件？（　　）

A. 锻造　　　　　B. 铸造　　　　　C. 冲压　　　　　D. 轧制

2. 在一道工序中，工件在机床或夹具中定位和夹紧的过程称为（　　　）。

A. 工序　　　　　　　B. 安装　　　　　　　C. 工位　　　　　　　D. 工步

3. 工艺规程的作用不包括（　　　）。

A. 组织生产　　　　　B. 增加生产成本　　　C. 保证产品质量　　　D. 推广先进经验

4. 机械产品生产过程中，检验环节一般不包括（　　　）。

A. 几何精度检验　　　B. 化学成分检验　　　C. 性能测试　　　　　D. 外观检查

二、思考题

1. 简述机械产品生产过程中机械加工的主要加工方法及其特点。

2. 说明制定工艺规程的依据和步骤。

第 3 章

金属切削基础知识

本书配套资源

本章思维导图

```
切削运动
工件的表面          切削运动及工件
及其形成方法        表面形成方法

切削速度
进给速度、进给量              切削运动、工件
和每齿进给量      切削用量      表面和切削用量

切削层参数          切削层参数
切削方式            和切削方式

刀具的组成
刀具的角度参考系
刀具的标注角度      刀具角度
刀具的工作角度                          金属切削
对刀具材料的基本要求                    基础知识
常见刀具材料      刀具材料
刀体材料                        金属切
                              削刀具
车刀
刨刀
插刀      切刀类
刀

麻花钻
深孔钻
铰刀      孔加工刀具
扩孔钻
                          刀具种类
拉刀类
铣刀类
螺纹刀具
齿轮刀具

砂轮的特性
砂轮的标志      磨具类

其他刀具
```

```
刀具磨损形式
刀具磨损机理
刀具磨损过程      刀具磨损
刀具磨钝标准

刀具耐用度
及其影响因素      刀具耐用度
                影响刀具耐用度的因素

前角和前刀面的选择
后角和后刀面的选择
主偏角、副偏角和      刀具几何参数
过渡刃的选择        的合理选择
刃倾角的功用及选择          刀具磨损与
                          刀具耐用度

背吃刀量的选择
进给量的选择        切削用量
切削速度的选择      的合理选择
校验机床功率

切屑的种类
切屑的控制      切屑

切削变形
积屑瘤      切削变形及
影响切削变形的因素  其影响因素
                          切削过程
切削力                      基本规律
切削功率及其计算  切削力及
影响切削力的因素  其影响因素

切削液的种类
切削液的作用
切削液的合理选用  切削液
切削液的使用方法
```

本章学习目标

■ 掌握的内容

切削用量三要素的内容及其相应的计算方法；刀具的标注角度坐标平面与参考系的建立；刀具材料的基本要求和刀具材料的几种常见种类；刀具的磨损形式、磨损机理、磨损过程。

■ 熟悉的内容

切削运动的作用方式，以及在切削过程中工件表面的形成方法，理解进给运动和刀具安装对刀具工作角度的影响；刀具耐用度的影响因素，刀具几何参数和切削用量的合理选择；切削液、切削热与切削温度的内容。

■ 了解的内容

切削层参数的内容及切削方式；刀具的组成及刀具切削的组成；刀具的几种常见材料；切削变形和切削力的影响因素。

3.1 切削运动、工件表面和切削用量

3.1.1 切削运动及工件表面形成方法

(1) 切削运动

切削运动是指切削过程中刀具与工件之间存在的相对运动。

根据运动作用的不同，切削运动分为主运动和进给运动两种。

① 主运动。主运动是指使工件与刀具产生相对运动以进行切削的最基本运动，如图 3-1 (a) 所示车削时工件的旋转运动和图 3-1 (b) 所示刨削时刨刀的直线往复运动都是切削加工时的主运动。

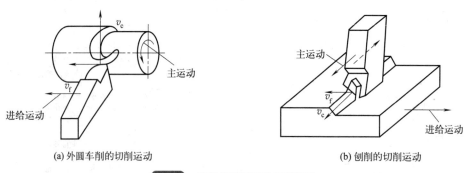

(a) 外圆车削的切削运动　　　　　　　(b) 刨削的切削运动

图 3-1　两种切削加工的切削运动

② 进给运动。进给运动是指配合主运动使刀具能够持续切除工件上多余的金属，以便形成工件表面所需的运动。如图 3-1 (a) 所示车削时车刀的纵向连续水平运动和图 3-1 (b) 所示刨削时工件的间歇直线运动均为进给运动。

（2）工件的表面及其形成方法

1）切削过程中工件的表面

金属切削过程是指在机床上通过刀具与工件的相对运动，利用刀具从工件上切下多余金属层，形成切屑和已加工表面的过程。

在切削过程中，由于工件表面的多余金属不断地被刀具切下，因此，被加工工件上有三个依次变化的表面，即待加工表面、已加工表面和过渡表面，如图 3-2 所示。

待加工表面：工件上待切除的表面。

已加工表面：工件上已被切去多余金属的表面。

过渡表面：是由待加工表面向已加工表面过渡的表面，也是切削过程中不断变化的表面。

2）工件表面的形成方法

工件的表面形状千变万化，但大都是由几种常见的表面组合而成的。这些表面包括圆柱面、圆锥面、回转双曲面、平面、螺旋面和成形曲面等类型，如图 3-3 所示。

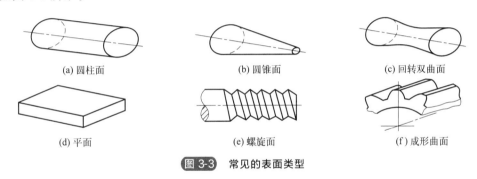

（a）圆柱面　　　　（b）圆锥面　　　　（c）回转双曲面

（d）平面　　　　（e）螺旋面　　　　（f）成形曲面

图 3-3　常见的表面类型

图 3-3 所示表面都可以看成由一母线沿着导线运动而形成的。例如，平面可以看作由一直线（母线）沿着一直线（导线）运动而成的，如图 3-4（a）所示；圆柱面和圆锥面可看作由一条直线（母线）沿着一个圆（导线）运动而形成的，如图 3-4（b）和图 3-4（c）所示；普通螺纹的螺旋面可以看作由"∧"形线（母线）沿螺旋线（导线）运动而形成的，如图 3-4（d）所示；直齿圆柱齿轮的渐开线齿廓表面可以看作由渐开线（母线）沿直线（导线）运动而形成的，如图 3-4（e）所示，形成表面的母线和导线统称为发生线。

机床加工工件的过程实质上是形成工件上各个表面的过程，也就是借助于一定形状的切削刃，以及切削刃与被加工表面之间按照一定规律进行相对运动，形成所需的母线和导线的过程。加工方法、刀具结构和切削刃的形状不同，形成母线和导线的方法以及所需要的运动也不相同。一般来说，常用的工件表面的形成方法有轨迹法、成形法、展成法、相切法四种，如图 3-5 所示。

① 轨迹法。轨迹法是指利用刀具做一定规律的轨迹运动对工件进行加工的方法。利用轨迹法加工工件时，刀具切削刃与工件表面之间为点接触，通过刀具与工件之间的相对运动，由刀具刀尖的运动轨迹来实现表面成形。如图 3-5（a）所示，刀尖的曲线运动和工件的回转运动相结合，形成了回转双曲面。

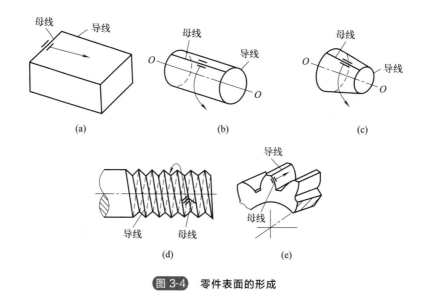

图 3-4　零件表面的形成

② 成形法。成形法是指利用成形刀具对工件进行加工的方法。利用成形法加工工件时，刀具切削刃与工件表面之间为线接触，切削刃的形状与形成工件表面的一条发生线完全相同，另一条发生线由刀具与工件的相对运动来实现。如图 3-5（b）所示，曲线形母线由成形刨刀的切削刃直接实现，直线形导线则由轨迹法形成。

③ 展成法。展成法是指利用刀具和工件做展成切削运动进行加工的方法，主要用于齿形表面的加工。利用展成法对各种齿形表面进行加工时，刀具的切削刃与工件表面之间为线接触，刀具与工件之间做展成运动（或称啮合运动）实现表面成形。如图 3-5（c）所示，切削刃各瞬时位置的包络线形成齿形表面的母线，刀具沿齿长方向的运动来实现导线的切削。这两个运动保持严格的相对运动关系，复合形成齿形表面。

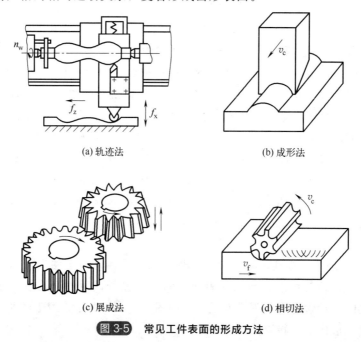

图 3-5　常见工件表面的形成方法

④ 相切法。相切法是指利用刀具边旋转边做轨迹运动对工件进行加工的方法。如图 3-5 (d) 所示，刀具做旋转运动，刀具圆柱面与被加工表面相切的直线是母线，工件的直线运动形成导线，两个运动的叠加形成加工表面。

3.1.2　切削用量

切削用量又称为切削用量三要素，是指切削加工过程中切削速度、进给量和背吃刀量的总称。

(1) 切削速度

切削速度是指切削刃上选定点相对工件主运动的瞬时速度，单位是 m/s 或 m/min。

若主运动为旋转运动，切削速度可按式（3-1）计算：

$$v_c = \frac{\pi n d}{1000} \tag{3-1}$$

式中　n——主运动的转速，r/s 或 r/min；

d——工件待加工表面直径或刀具的最大直径，mm。

若主运动为直线运动（如刨削、插削等），则切削速度为刀具相对工件的直线运动速度。

(2) 进给速度、进给量和每齿进给量

进给速度 v_f：是指刀具上选定点相对工件进给运动的瞬时速度，单位是 mm/s 或 mm/min。

进给量 f：当主运动是回转运动时，进给量是指每回转一周，工件或刀具沿进给方向的相对位移量，单位是 mm/r；当主运动是直线往复运动时，进给量是指每一往复行程工件和刀具沿进给方向的相对位移量，单位是 mm/行程。

每齿进给量 f_z：是指多齿刀具（如铣刀、铰刀、拉刀等）每转过或移动一个齿，相对工件在进给运动方向上的位移，单位是 mm/z。

进给速度 v_f、进给量 f 和每齿进给量 f_z 之间的关系如下：

$$v_f = nf = nf_z z \tag{3-2}$$

式中　n——主运动的转速，r/s 或 r/min；

z——刀具的齿数，z/r。

(3) 背吃刀量

背吃刀量 a_p 是指在垂直于主运动和进给运动方向上测得的工件已加工表面和待加工表面间的距离，单位是 mm。

主运动是回转运动时：

车外圆

$$a_p = \frac{d_w - d_m}{2} \tag{3-3}$$

钻孔

$$a_p = \frac{d_m}{2} \tag{3-4}$$

主运动是直线运动时：

$$a_p = H_w - H_m \tag{3-5}$$

式中 d_w——工件待加工表面的直径，mm；

$\quad\quad d_m$——工件已加工表面的直径，mm；

$\quad\quad H_w$——工件待加工表面的厚度，mm；

$\quad\quad H_m$——工件已加工表面的厚度，mm。

3.1.3 切削层参数和切削方式

切削层参数主要影响切削变形和零件的表面质量，切削方式主要影响切屑的流出方向及切削变形。

（1）切削层参数

切削层是指在切削过程中，刀具或工件沿进给方向移动一个进给量时，刀具的刀刃从工件待加工表面切下的金属层。切削层参数是指在垂直于选定点主运动方向的平面中度量的切削层截面尺寸。它决定了刀具切削时所承受的负荷和切屑的大小。切削层参数包括切削层公称厚度 h_D、切削层公称宽度 b_D 和切削层公称横截面积 A_D。

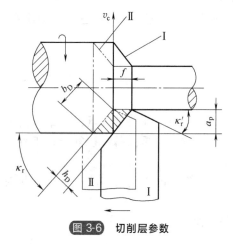

图 3-6 切削层参数

① 切削层公称厚度 h_D。切削层公称厚度是指过切削刃上的选定点，在基面内测量的垂直于过渡表面的切削层尺寸，单位为 mm。车外圆时，若车刀主切削刃为直线，如图 3-6 所示，则切削层截面的切削厚度为：

$$h_D = f \sin\kappa_r \tag{3-6}$$

② 切削层公称宽度 b_D。切削层公称宽度是指过切削刃上的选定点，在基面内测量的平行于过渡表面的切削层尺寸，单位为 mm。当车刀主切削刃为直线时，外圆车削的切削宽度为：

$$b_D = \frac{a_p}{\sin\kappa_r} \tag{3-7}$$

③ 切削层公称横截面积 A_D。切削层公称横截面积是指过切削刃上的选定点，在基面内测量的切削层横截面积，单位为 mm^2。车削时有：

$$A_D = h_D b_D = a_p f \tag{3-8}$$

（2）切削方式

切削方式可以分为：直角切削和斜角切削、自由切削和非自由切削。

1）直角切削和斜角切削

直角切削是指刀刃垂直于合成切削运动方向的切削方式。如图 3-7（a）所示，直角切削时，其刀刃刃倾角 $\lambda_s = 0°$；切屑流出方向沿刀刃的法向。

斜角切削是指刀刃不垂直于合成切削运动方向的切削方式。如图 3-7（b）所示，斜角切削时，其刀刃刃倾角 $\lambda_s \neq 0°$；切屑流出方向偏离刀刃的法向。

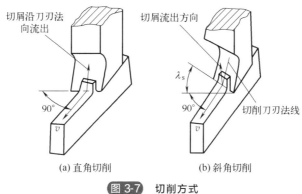

图 3-7　切削方式

2）自由切削和非自由切削

自由切削是指在切削过程中，只有一条直线刀刃参加切削工作的切削方式。其特点是刀刃上各点的切屑流出方向大致相同，且金属变形基本发生在二维平面内。

当切削方式既属于自由切削，又属于直角切削时，这种切削方式称为直角自由切削，如图 3-7（a）所示。

非自由切削是指曲线刀刃或两条以上的刀刃参加切削的切削方式。其特点是各刀刃交接处切下的金属互相影响和干扰，金属变形复杂，且发生在三维平面内。例如，外圆车削时，主切削刃和副切削刃同时参加切削，因此它属于非自由切削。

实际生产中，切削方式多属于斜角、非自由切削方式，而在理论和实验研究工作中，为了简化条件常采用直角自由切削方式。

3.2　金属切削刀具

金属切削刀具是完成切削加工的重要工具，它直接参与切削过程，从工件上切除多余的金属层。刀具是保证加工质量、提高生产率、降低生产成本的一个重要因素。

在机械加工过程中，不同切削加工方法所用的刀具种类繁多，但它们参加切削的部分在几何特征上具有共性，且都可由外圆车刀的切削部分演变而来。因此，本节以外圆车刀的切削部分为例，来介绍刀具的几何参数。

3.2.1　刀具的组成

车刀由刀柄和切削部分组成，如图 3-8 所示。刀柄是指刀具的夹持部分，切削部分是指刀具上直接参加切削工作的部分。

刀具切削部分包括"三面、二线、一点"。其中，"三面"包括前刀面、主后刀面和副后刀面，"二线"包括主切削刃和副切削刃，"一点"是指刀尖。

前刀面 A_r：是指刀具上切屑流过的表面。

主后刀面 A_a：是指刀具上与工件的过渡表面相对

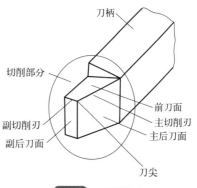

图 3-8　车刀组成

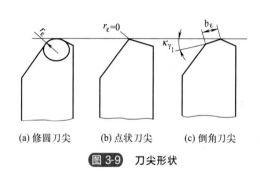

(a) 修圆刀尖　　(b) 点状刀尖　　(c) 倒角刀尖

图 3-9　刀尖形状

的表面。

副后刀面 A_a'：是指刀具上与工件的已加工表面相对的表面。

主切削刃 S：是指前刀面和主后刀面相交得到的刃边。它承担主要的金属切削工作。

副切削刃 S'：是指前刀面和副后刀面相交得到的刃边。它承担少量切削工作，协同主切削刃完成金属的切削工作。

刀尖：是指主切削刃与副切削刃的连接处相当少的一部分切削刃。如图 3-9 所示，它可以是圆弧状的修圆刀尖，也可以是直线状的点状刀尖或倒角刀尖。

3.2.2　刀具角度

无论用于何种加工，刀具都有三个主要角度：前角、切入角和后角。其作用如下：

前角：影响切削力、切削刃强度和切屑流动特性；

切入角：控制切削力的方向，有效减薄切屑，保护切削刃最薄弱的部位；

后角：确保刀具切削时不会与工件发生摩擦。

通过对刀具的这三个角度进行综合优化，可以强化切削刃，同时使工件材料能从切削区自由流出，从而减小切削力，延长刀具寿命。

(1) 刀具的角度参考系

为了确定刀具切削部分各表面和切削刃的空间位置，并确定和测量刀具角度，需要建立参考系。参考系分为刀具标注角度参考系（又称为静止参考系）和刀具工作参考系两种。

刀具标注角度参考系是指在假设运动条件和假定的刀具安装条件下，刀具设计、制造、刃磨和测量时用于定义刀具几何参数的参考系。其中，假设运动条件是指给出刀具的假定主运动方向和假定进给运动方向，不考虑进给运动的大小，以排除工作条件改变对几何角度的影响；假定的刀具安装条件是指给出刀具的安装位置，恰好使刀具底面平行或垂直于参考系的平面。

刀具工作参考系是指刀具在切削状态下的实际参考系，即按合成切削运动方向（主运动和进给运动的合成）和实际安装情况来定义的刀具参考系。

(2) 刀具的标注角度

刀具的标注角度又称静止角度，是指在刀具标注角度参考系内确定的刀具几何角度。

1）刀具标注角度的坐标平面与参考系

① 刀具标注角度的坐标平面。刀具标注角度的坐标平面由参考坐标平面和测量坐标平面组成。其中，参考坐标平面的确定必须与刀具的安装基准、切削运动联系起来，测量坐标平面的确定必须考虑测量与制造的方便程度。

参考坐标平面主要包括基面和切削平面两种坐标平面，如图 3-10 所示。

a. 基面 P_r：过切削刃选定点，且垂直于假定的主运动方向的平面。通常，基面平行或垂直于刀具在制造、刃磨及测量时适合于安装或定位的一个平面或轴线。

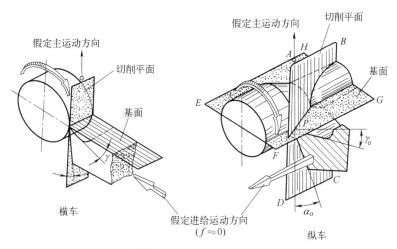

图 3-10　刀具的参考坐标平面

b. 切削平面 P_s：过切削刃选定点，与切削刃相切并垂直于基面的平面，如图 3-10 所示。

测量坐标平面主要包括以下四种坐标平面：

a. 正交平面（主剖面）P_o：过切削刃选定点，同时垂直于基面和切削平面的平面。

b. 法平（剖）面 P_n：过切削刃选定点并与切削刃垂直的平面。

c. 假定工作平面（进给剖面）P_f：过切削刃选定点，垂直于基面并与进给方向平行的平面。

d. 背平面（切深剖面）P_p：过切削刃选定点，垂直于基面与假定工作平面的平面，或垂直于进给方向的平面。

② 刀具标注角度参考系。上述参考平面和测量平面可以组成以下三个坐标平面参考系：

a. 正交平面参考系：由基面 P_r、切削平面 P_s、正交平面 P_o 组成的平面参考系，如图 3-11（a）所示，这三个平面互相垂直。

b. 法平面参考系：由基面 P_r、切削平面 P_s、法平面 P_n 组成的平面参考系，如图 3-11（b）所示，这三个平面无垂直关系。

c. 假定工作平面和背平面参考系：由基面 P_r、假定工作平面 P_f、背平面 P_p 组成的平面参考系，如图 3-11（c）所示，这三个平面互相垂直。

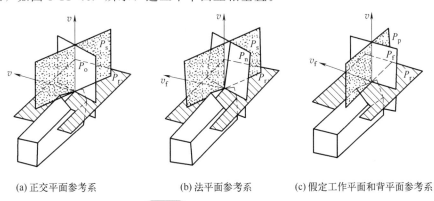

(a) 正交平面参考系　　　(b) 法平面参考系　　　(c) 假定工作平面和背平面参考系

图 3-11　刀具标注角度参考系

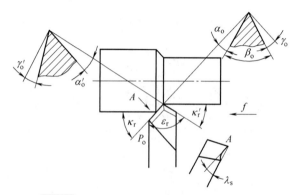

图 3-12 车刀在正交平面参考系中的标注角度

2）正交平面参考系中的标注角度

一般来说，刀具的标注角度应以正交平面参考系的标注角度为主，根据需要可兼用其他平面参考系的标注角度。

当在正交平面参考系中标注角度时，应首先将刀具置于正交平面参考系中，然后分别向正交平面参考系中三个平面投影。这时，在各平面中便可得到相应的刀具角度，如图 3-12 所示。

① 在基面中测量的刀具角度。在基面中测量的刀具角度有主偏角 κ_r、副偏角 κ_r' 和刀尖角 ε_r 三种：

a. 主偏角 κ_r：过主切削刃上的选定点，主切削刃在基面上的投影线与假定进给运动方向之间的夹角。

b. 副偏角 κ_r'：过副切削刃上的选定点，副切削刃在基面上的投影线与假定进给运动反方向之间的夹角。

c. 刀尖角 ε_r：在基面内，主切削刃和副切削刃投影线的夹角。它是派生角度，其计算公式为

$$\varepsilon_r = 180° - (\kappa_r + \kappa_r') \tag{3-9}$$

② 在正交平面中测量的刀具角度。在正交平面中测量的刀具角度有前角 γ_o、后角 α_o 和楔角 β_o 三种：

a. 前角 γ_o：过主切削刃上的选定点，在正交平面中测量的前刀面与基面之间的夹角。前角有正负之分：当基面在前刀面之上时，γ_o 为正值；当基面在前刀面之下时，γ_o 为负值；当基面与前刀面平行时，γ_o 为 0。

b. 后角 α_o：过主切削刃上的选定点，在正交平面中测量的主后刀面与切削平面之间的夹角。后角有正负之分：当主后刀面在切削平面之内时，α_o 为正值；当主后刀面在切削平面之外时，α_o 为负值；当主后刀面与切削平面平行时，α_o 为 0。

c. 楔角 β_o：在正交平面中测量的前刀面与主后刀面之间的夹角。它是派生角度，其计算公式为：

$$\beta_o = 90° - (\gamma_o + \alpha_o) \tag{3-10}$$

③ 在切削平面内测量的刀具角度。在切削平面内测量的刀具角度只有刃倾角 λ_s。刃倾角是指过主切削刃上的选定点，在切削平面内测量的主切削刃与基面之间的夹角。刃倾角有正负之分：当刀尖是切削刃的最高点时，λ_s 为正值；当刀尖是切削刃的最低点时，λ_s 为负值；当主切削刃与基面重合时，λ_s 为 0。

（3）刀具的工作角度

实际应用中，刀具的标注角度会随合成切削运动方向和安装情况发生变化。因此，需要在刀具工作参考系中定义和测量刀具角度，这时的刀具角度称为刀具的工作角度。

工作参考系中的坐标平面和刀具几何角度的符号应在标注角度参考系中相应符号的基础上加注下标"e"。

下面就进给运动和刀具安装对刀具工作角度的影响分别加以讨论。

1）进给运动对刀具工作角度的影响

一般来说，切削时进给速度远小于切削速度，此时刀具工作角度近似等于标注角度；当进给速度较大时，合成切削运动方向发生改变，此时工作角度就会出现较大改变。

① 横向进给运动的影响。对工件进行切断和切槽时，进给运动是沿横向进行的。当不考虑进给运动时，车刀刀刃上某一定点 O 在工件表面上的运动轨迹是一个圆。因此，切削平面 P_s 是过 O 点切于此圆的平面，基面 P_r 是过 O 点垂直于切削平面 P_s 的平面，它与刀杆底面平行。γ_o 和 α_o 为正交平面 P_o 内的标注前角和后角。

当考虑进给运动时，车刀刀刃上某一定点 O 在工件表面上的运动轨迹为阿基米德螺线，如图 3-13 所示。切削平面改变为过 O 点切于该螺旋线的平面 P_{se}，基面则为过 O 点垂直于切削平面 P_{se} 的平面 P_{re}。基面 P_{re} 不平行于刀杆底面或标注角度的基面 P_r，它与 P_{se} 均相对原来的 P_r 与 P_s 倾斜了一个角度 μ，但工作正交平面 P_{oe} 与原来的 P_o 是重合的。因此，在刀具工作角度参考系内，刀具工作前角和工作后角分别为：

$$\begin{cases} \gamma_{oe}=\gamma_o+\mu \\ \alpha_{oe}=\alpha_o-\mu \\ \tan\mu=\dfrac{v_f}{v_c}=\dfrac{f}{\pi d} \end{cases} \tag{3-11}$$

式中 f——工件每转一周时刀具的横向进给量，mm/r；

d——刀具切削刃选定点处的瞬时位置相对工件中心的直径，mm。

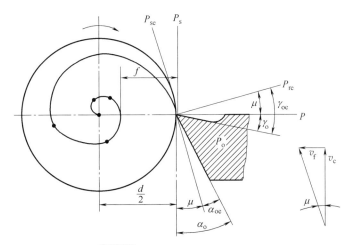

图 3-13 横向进给时的工作角度

由式（3-11）可知，随着切削进行，刀刃愈靠近工件中心，d 值愈小，μ 值愈大，刀具工作前角 γ_{oe} 愈大，工作后角 α_{oe} 愈小。当刀刃接近工件中心时，μ 值急剧增大，工作后角 α_{oe} 有可能变为负值，将不能实现切削。因此，对于横向切削的刀具，不宜选用过大的进给量 f，或者应当适当增大标注后角 α_o。

② 纵向进给运动的影响。一般外圆车削时，纵向进给量 f 较小，因此，它对车刀工作角度的影响通常忽略不计。而在车螺纹，尤其是车多头螺纹时，纵向进给的影响就不可忽视了。

如图 3-14 所示，车螺纹时，当不考虑纵向进给运动时，切削平面和基面的相对位置均与正交平面参考系一致；当考虑纵向进给运动时，由于合成切削运动方向和主运动方向之间形成夹角，所以工作基面 P_{re} 和工作切削平面 P_{se} 分别相对原来的基面 P_r、切削平面 P_s 倾斜了同样的角度。这个角度在假定工作平面 P_f 中为 μ_f，在正交平面 P_o 中为 μ。因此，在假定工作平面内测量的刀具工作前角、工作后角分别为：

$$\begin{cases} \gamma_{fe} = \gamma_f + \mu_f \\ \alpha_{fe} = \alpha_f - \mu_f \\ \tan\mu_f = \dfrac{v_f}{v_c} = \dfrac{f}{\pi d} \end{cases} \quad (3\text{-}12)$$

式中　f——刀具的纵向进给量或被切螺纹的导程，mm；

　　　d——工件直径或螺纹的外径，mm。

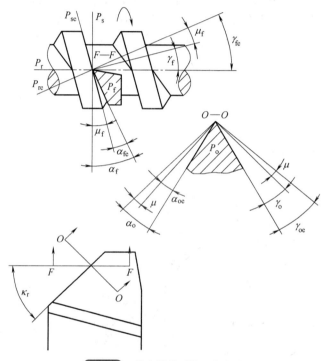

图 3-14　纵向进给时的工作角度

在正交平面内，刀具的工作角度为：

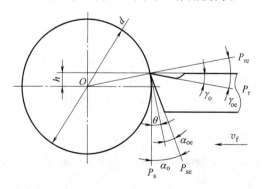

图 3-15　刀具安装高低对工作角度的影响

$$\begin{cases} \gamma_{oe} = \gamma_o + \mu \\ \alpha_{oe} = \alpha_o - \mu \\ \tan\mu = \tan\mu_f \sin\kappa_r = \dfrac{f\sin\kappa_r}{\pi d} \end{cases} \quad (3\text{-}13)$$

2）刀具安装对刀具工作角度的影响

① 刀具安装高低的影响。如图 3-15 所示，以车刀车外圆为例，若不考虑进给运动，并假设 $\lambda_s = 0$，则当刀尖高于工件中心线时，工作基面 P_{re} 和工作切削平面 P_{se} 将转过 θ 角。此时，车刀的工作前角、工作后角分别为：

$$\begin{cases} \gamma_{oe} = \gamma_o + \theta \\ \alpha_{oe} = \alpha_o - \theta \end{cases} \qquad (3\text{-}14)$$

当刀尖低于工件中心时，上述角度的变化与刀尖高于工件中心时相反，即：

$$\begin{cases} \gamma_{oe} = \gamma_o - \theta \\ \alpha_{oe} = \alpha_o + \theta \end{cases} \qquad (3\text{-}15)$$

镗孔时，工作角度的变化与车外圆相反。

② 刀具安装轴线位置变化的影响。如图 3-16 所示，外圆车刀轴线与进给方向不垂直，且与刀具轴线的倾斜角度为 θ 时，刀具主偏角和副偏角的变化分别为：

$$\begin{cases} \kappa_{re} = \kappa_r \pm \theta \\ \kappa'_{re} = \kappa'_r \mp \theta \end{cases} \qquad (3\text{-}16)$$

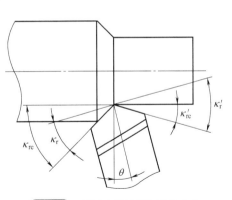

图 3-16 刀具安装轴线与进给方向不垂直对工作角度的影响

式中的"＋"或"－"号由刀杆偏斜方向决定。

3.2.3　刀具材料

刀具材料是指刀具切削部分的材料。刀具材料决定刀具切削性能，刀具切削性能直接影响生产率、加工质量和生产成本。

(1) 对刀具材料的基本要求

在切削过程中，刀具切削部分不仅要承受很大的切削力，而且要承受切削变形和摩擦产生的高温。要保持刀具的切削能力，刀具材料应具备以下性能：

① 高的硬度和耐磨性。刀具材料的硬度必须高于工件材料的硬度，且必须具有高的耐磨粒磨损的性能。常温下刀具硬度应在 60HRC 以上。一般来说，刀具材料的硬度越高，耐磨性也越好。

② 足够的强度和韧性。刀具切削部分要承受很大的切削力和冲击力，为了防止刀具产生脆性破坏和塑性变形，刀具材料必须要有足够的强度和韧性。

③ 良好的耐热性和导热性。刀具材料的耐热性是指刀具材料在高温下仍能保持其硬度和强度的能力。耐热性越好，刀具材料在高温下抗塑性变形能力、抗磨损能力越强。刀具材料的导热性越好，切削时产生的热量越容易传导出去，有利于降低切削部分的温度，减轻刀具磨损。

④ 良好的工艺性与经济性。为便于制造，要求刀具材料具有良好的锻造、焊接、热处理和磨削加工等性能，同时还应尽可能满足资源丰富和价格低廉的要求。

(2) 常见刀具材料

常用刀具材料的种类很多，包括碳素工具钢、合金工具钢、高速钢、硬质合金、陶瓷、金刚石和立方氮化硼等。其中，碳素工具钢和合金工具钢耐热性很差，主要用于低速手动切削刀具领域；陶瓷、金刚石和立方氮化硼质脆、工艺性差、价格昂贵，仅在较小的范围内使用。目前最常用的刀具材料是高速钢和硬质合金。

① 高速钢。高速钢是指在合金工具钢中加入钨（W）、钼（Mo）、铬（Cr）、钒（V）等合金元素的高合金工具钢。它具有较高的强度、韧性、耐热性、耐磨性及工艺性，是目前应用最广泛的刀具材料。高速钢因刃磨时易获得锋利的刃口，所以又称为"锋钢"。高速钢按用途不同，可分为普通高速钢和高性能高速钢两类；按制造工艺不同，可分为熔炼高速钢和粉末冶金高速钢两类。

② 硬质合金。硬质合金是由硬度和熔点都很高的金属碳化物粉末（如 WC、TiC 等）和黏结剂（如 Co、Mo、Ni 等）烧结而成的粉末冶金制品。其常温硬度可达 71～82HRC，能耐 850～1000℃的高温，切削速度可比高速钢高 4～10 倍。但其韧性与抗弯强度差，抗冲击和振动性差，制造工艺性差。

（3）其他刀具材料

① 陶瓷刀具。陶瓷刀具一般适用于在高速下精细加工硬材料。如 $v_c = 200 \mathrm{m/min}$ 条件下车削淬火钢。但近年来发展的新型陶瓷刀也能半精、粗加工多种难加工材料，有的还可用于铣、刨等断续切削。陶瓷材料被认为是提高生产率的最有希望的刀具材料之一。

② 氧化铝-碳化物系陶瓷。这类陶瓷是将一定量的碳化物（一般多用 TiC）添加到 Al_2O_3 中，并采用热压工艺制成，称混合陶瓷或组合陶瓷。TiC 的质量分数达 30% 左右时即可有效地提高陶瓷的密度、强度与韧性，改善耐磨性及抗热振性，使刀片不易产生热裂纹，不易破损。

③ 氮化硅基陶瓷。氮化硅基陶瓷是将硅粉经氮化、球磨后添加助烧剂置于模腔内热压烧结而成的。主要性能特点是：

- 硬度高，达到 1800～1900HV，耐磨性好。
- 耐热性、抗氧化性好，耐热达 1200～1300℃。

氮化硅基陶瓷最大特点是能进行高速切削，车削灰铸铁、球墨铸铁、可锻铸铁等材料效果更为明显。切削速度可提高到 500～600m/min。只要机床条件许可，还可进一步提高速度。由于抗热冲击性能优于其他陶瓷刀具，在切削与刃磨时都不易发生崩刃现象。

④ 金刚石。金刚石刀具的主要优点是：

- 有极高的硬度与耐磨性。
- 有很好的导热性，较低的热膨胀系数。因此，切削加工时不会产生很大的热变形，有利于精密加工。
- 刀面粗糙度较小，刃口非常锋利。因此，能胜任薄层切削，用于超精密加工。

聚晶金刚石主要用于制造刃磨硬质合金刀具的磨轮、切割大理石等石材制品用的锯片与磨轮。

⑤ 立方氮化硼。立方氮化硼是由六方氮化硼（白石墨）在高温高压下转化而成的，是 20 世纪 70 年代发展起来的新型刀具材料。立方氮化硼刀具的主要优点是：

- 有很高的硬度与耐磨性，硬度达到 3500～4500HV，仅次于金刚石。
- 有很高的热稳定性，1300℃时不发生氧化，与大多数金属、铁系材料都不起化学作用。因此，能高速切削高硬度的钢铁材料及耐热合金，刀具的黏结与扩散磨损较小。
- 有较好的导热性，与钢铁的摩擦因数较小。

（4）刀体材料

刀体一般用普通碳钢或合金钢制作，如焊接车刀、镗刀、钻头、铰刀的刀柄。尺寸较小的刀具或切削负荷较大的刀具宜选用合金工具钢或整体高速钢制作，如螺纹刀具、成形铣刀、拉刀等。

机夹、可转位硬质合金刀具、镶硬质合金钻头、可转位铣刀等的刀体可用合金工具钢制作，如 9CrSi 或 GCr15 等。

对一些尺寸较小、刚度较差的精密孔加工刀具，如小直径镗刀、铰刀，为保证刀体有足够的刚度，宜选用整体硬质合金制作，以提高刀具寿命和加工精度。

3.2.4　刀具种类

由于机械零件的材质、形状、技术要求和加工工艺的多样性，客观上要求进行加工的刀具具有不同的结构和切削性能。因此，生产中所使用的刀具的种类很多。

按用途和加工方法，刀具可分为切刀类、孔加工刀具、拉刀类、铣刀类、螺纹刀具、齿轮刀具、磨具类、自动线刀具和数控机床刀具等。

(1) 切刀类

切刀类刀具包括车刀、刨刀、插刀、镗刀、成形车刀及一些专用切刀等。

1) 车刀

车刀有许多种类，按用途可分为外圆车刀、端面车刀、切断刀、内孔车刀和螺纹车刀等类型，如图 3-17 所示。按结构可分为整体式车刀、焊接式车刀、机械夹固式车刀（简称机夹式车刀）等类型。

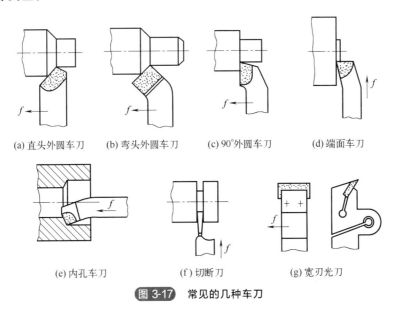

(a) 直头外圆车刀　　(b) 弯头外圆车刀　　(c) 90°外圆车刀　　(d) 端面车刀

(e) 内孔车刀　　　　(f) 切断刀　　　　　(g) 宽刃光刀

图 3-17　常见的几种车刀

整体式车刀是指在整体刀条一端刃磨出所需的切削部分形状的车刀，其中，刀条材料使用最广的是高速钢，我们将这种由高速钢刀条制成的整体式车刀称为整体式高速钢车刀，如图 3-18（a）所示。

整体式车刀刃磨方便，磨损后可多次重磨，且可根据需要刃磨出各种具有不同用途的切削刃，并适宜制作各种成形车刀。但其刀杆采用高速钢材料，造成了刀具材料的浪费，且由于刀杆强度低，当切削力较大时刀杆易被破坏。因此，整体式车刀仅适用于较复杂成形表面的低速精车。

　　焊接式车刀是指把一定形状的刀片焊在刀杆端部的刀槽内制成的车刀，其中，刀条材料使用最广的是硬质合金，我们将这种由硬质合金刀条制成的焊接式车刀称为焊接式硬质合金车刀，如图 3-18（b）所示。

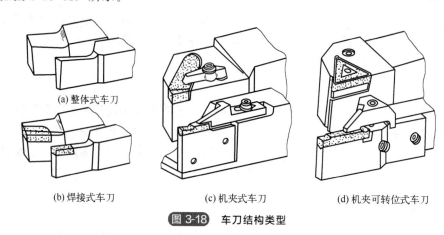

(a) 整体式车刀　　　(b) 焊接式车刀　　　(c) 机夹式车刀　　　(d) 机夹可转位式车刀

图 3-18　车刀结构类型

　　焊接式车刀结构简单，制造、刃磨方便，可充分利用刀片材料。但其切削性能受到工人刃磨水平及刀片焊接质量的限制，且由于刀杆不能重复使用造成了材料的浪费。因此，焊接式车刀适用于中、小批量生产和修配生产。

　　机夹式车刀是指采用机械方法将一定形状的刀片安装在刀杆的刀槽内形成的车刀。机夹式车刀可分为机夹重磨式车刀和机夹不重磨式车刀（又称机夹可转位式车刀）两种。

　　机夹重磨式车刀可避免由焊接引起的缺陷，刃口钝化后可重磨，刀杆也可重复使用，几何参数的设计、选用均比较灵活。机夹重磨式车刀可用于加工外圆、端面和内孔，特别适用于车槽和车螺纹，如图 3-18（c）所示。

　　机夹可转位式车刀由刀杆、刀垫、刀片及夹紧元件组成。刀片为多边形，每一边都可作切削刃。使用钝化后不需重磨，只需将刀片转位就可使新的切削刃投入工作，几个切削刃全都钝化后，更换新的刀片，这样省去了刀具刃磨时间，提高了生产效率。因此，机夹可转位式车刀适用于大批量生产和数控车床，如图 3-18（d）所示。

　　机夹可转位式车刀的组成元件中刀片最为重要，下面我们就来重点学习刀片的一些知识。

　　① 刀片形状。可转位刀片已标准化，其型号可查 GB/T 2076—2021，常见的形状有三角形、偏三角形、凸三边形、正方形、五边形、六边形、圆形及菱形等 17 种。常见的机夹可转位式车刀刀片的典型结构如图 3-19 所示。

　　② 刀片材料。刀片材料有高速钢、硬质合金、陶瓷、立方氮化硼、金刚石等。选择刀片材料主要依据包括被加工工件材料（如金属和非金属等）及性能（如硬度、耐磨性和韧性等）、加工类型（如粗加工、半精加工、精加工和超精加工等）、切削载荷大小及切削过程中有无冲击和振动等。

　　③ 刀尖圆弧半径。刀尖圆弧半径一般为进给量的 2～3 倍。粗车时，只要工艺系统刚性允许，应尽可能采用较大的刀尖圆弧半径 r_ε（如 1.6mm、2.0mm、2.4mm、3.2mm 等）；精车或工艺系统刚性较差时，应采用较小的刀尖圆弧半径（如 0.2mm、0.4mm、0.8mm、1.2mm 等）。

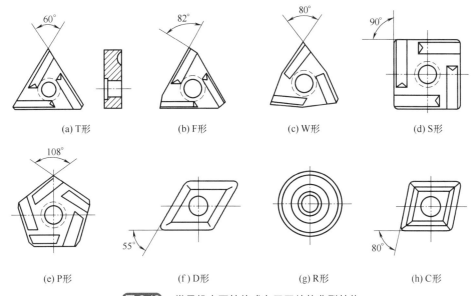

(a) T形　　　(b) F形　　　(c) W形　　　(d) S形

(e) P形　　　(f) D形　　　(g) R形　　　(h) C形

图 3-19　常见机夹可转位式车刀刀片的典型结构

2）刨刀

刨刀主要用于加工平面。常见刨刀形状如图 3-20 所示。刨刀结构与车刀相似，但由于刨削属于断续切削，切削时冲击力很大，容易发生崩刃和扎刀的现象。于是为了增加刀杆刚性、防止折断，常将刀杆的截面制作得比较粗大；同时，为了保护刀刃，避免出现扎刀现象，常将刨刀刀杆制作成弯头结构。

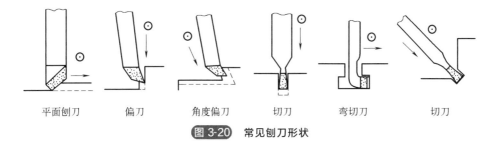

平面刨刀　　偏刀　　角度偏刀　　切刀　　弯切刀　　切刀

图 3-20　常见刨刀形状

3）插刀

插刀主要用于加工工件的内表面，如键槽、花键槽、多边形孔、方孔等。

如图 3-21 所示，为避免刀杆与工件相碰，插刀刀刃应该突出刀杆；同时为避免插刀在回程时，后刀面与工件已加工表面发生剧烈摩擦，应采用活动刀杆。

4）镗刀

镗刀是对已有的孔进行再加工的刀具。按切削刃数量，镗刀可分为单刃镗刀和双刃镗刀两种类型。

① 单刃镗刀。单刃镗刀只在镗杆轴线

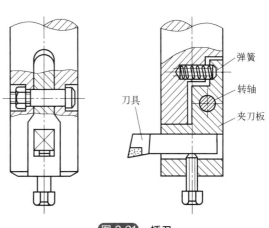

弹簧

转轴

刀具

夹刀板

图 3-21　插刀

一侧有切削刃。单刃镗刀结构简单，制造方便，既可用于孔的粗加工，也可用于半精加工或精加工。一把镗刀可加工直径不同的孔。单刃镗刀的刚度较低，必须采用较小的切削用量，因此，生产效率较低，适用于单件小批量生产。单刃镗刀如图 3-22 所示。

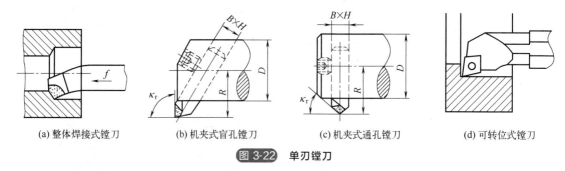

(a) 整体焊接式镗刀 (b) 机夹式盲孔镗刀 (c) 机夹式通孔镗刀 (d) 可转位式镗刀

图 3-22 单刃镗刀

② 双刃镗刀。双刃镗刀在镗杆轴线两侧有两个对称的切削刃，常用的有固定式镗刀块和浮动镗刀等。

如图 3-23 所示为固定式镗刀块。工作时，镗刀块可通过斜楔或螺钉夹紧在镗杆上。安装后，镗刀块相对镗杆轴线的安装误差会造成孔径扩大，因此，对镗刀块的安装精度要求很高。固定式镗刀块主要用于粗镗或半精镗直径大于 40mm 的孔。

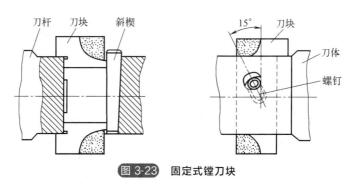

图 3-23 固定式镗刀块

浮动镗刀可分为整体式、可调焊接式［如图 3-24（a）所示］和可转位式［如图 3-24（b）所示］三种类型。镗孔时，浮动镗刀装入镗杆的方孔中，不需夹紧，通过作用在两侧切削刃上的切削力来自动平衡其切削位置。

浮动镗刀不受刀具安装误差和机床主轴误差的影响，加工精度较高。但它不能校正孔的

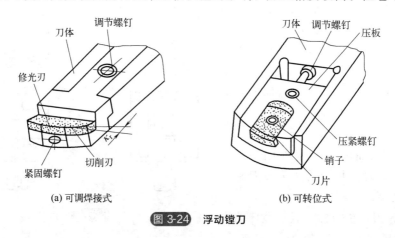

(a) 可调焊接式 (b) 可转位式

图 3-24 浮动镗刀

直线度误差和位置误差，因而要求预加工孔的直线性好，表面粗糙度值 Ra 不大于 $3.2\mu m$。

浮动镗刀结构简单，刃磨方便，但加工孔径不能太小，镗杆上的方孔制造较难，生产效率低于铰刀，因此适用于单件、小批量生产中加工直径较大的孔，特别适用于精镗孔径大（$d>200mm$）而深（$L/d>5$）的筒件和管件。

(2) 孔加工刀具

孔加工刀具一般可分为两大类：一类是从实体材料上加工出孔的刀具，常用的有麻花钻、中心钻和深孔钻等；另一类是对工件上已有孔进行再加工的刀具，常用的有扩孔钻、铰刀及镗刀等。

1）麻花钻

麻花钻是一种粗加工刀具，已标准化，其常备规格为 $\phi 0.1\sim 80mm$。

麻花钻由柄部、工作部分和颈部三部分组成，其组成部分和结构如图 3-25 所示。

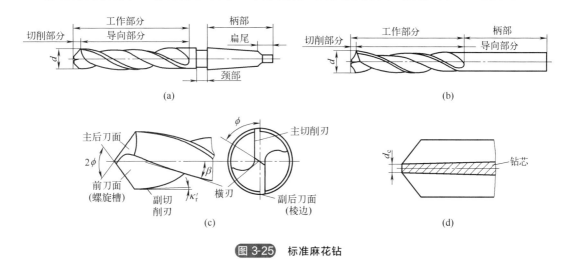

图 3-25 标准麻花钻

① 柄部是指钻头的夹持部分，有锥柄和直柄两种形式，柄部直径在 13mm 以下的多用直柄，直径在 13mm 以上的多用锥柄。锥柄后端做成扁尾，用于传递转矩和使用斜铁将钻头从钻套中取出。

② 工作部分是钻头的主体，由切削部分和导向部分组成。

切削部分相当于两把并列而反向安装的车刀，包括两个前刀面、两个主后刀面和两个副后刀面。其中，前刀面为螺旋槽的表面（切屑流出的面）；主后刀面为顶端两曲面，它与工件切削表面（孔底）相对应；副后刀面为工作部分外圆上的两条螺旋形的刃带，它与工件已加工表面（孔壁）相对应。前刀面与主后刀面的交线为主切削刃，前刀面与副后刀面的交线为副切削刃，两个主后刀面的交线为横刃。

导向部分是切削部分的后备部分，它包括螺旋槽和两条狭长的螺旋棱带。其中，螺旋槽有排屑和输送切削液的作用；螺旋棱带有引导钻头切削和修光孔壁的作用。

③ 颈部是指柄部与工作部分的连接部分，可供磨削外径时砂轮退刀，并常刻有钻头的规格和厂标。

2）深孔钻

深孔指孔的深度与直径比 $L/D>5$ 的孔。一般 L/D 为 $5\sim 10$ 的深孔仍可用深孔麻花钻加工，但 $L/D>20$ 的深孔必须用深孔刀具才能加工。

深孔加工有许多不利的条件。如不能观测到切削情况，只能通过听声音、看切屑、观测油压来判断排屑与刀具磨损的情况；切削热不易传散，须进行有效冷却；孔易钻偏斜；刀柄细长，刚性差、易振动，影响孔的加工精度，排屑不良时易损坏刀具等。因此，深孔刀具的关键技术是要有较好的冷却装置、合理的排屑结构以及合理的导向措施。下面介绍典型的深孔刀具——错齿内排屑深孔钻（BAT 深孔钻）。

错齿内排屑深孔钻（BAT 深孔钻）由钻头和钻杆组成，通过多头矩形螺纹连接成一体。钻孔时，切削液在较高的压力（约 $2\sim6$MPa）下，由工件孔壁与钻杆外表面之间的空隙进入切削区以冷却、润滑钻头，并将切屑经钻头前端的排屑孔冲入钻杆内部，向后排出，如图 3-26 所示。

结构特点有：

- 直径较大时，切削部分是由几个硬质合金刀片交错地焊在刀体上。
- 由于采取的是几个分离的刀片，这样可根据钻头沿径向各点的切削速度，采用不同的刀片材料（或牌号）。
- 采取较大顶角（一般取 $2\phi=125°\sim140°$），以利断屑。
- 采用导向条增大切削过程的稳定性。

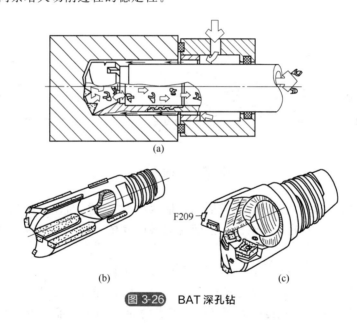

(a)

(b)   F209   (c)

图 3-26　BAT 深孔钻

3）铰刀

铰刀用于铰削工件上已钻削（或扩孔）加工后的孔，它可以加工圆柱孔、圆锥孔、通孔和盲孔等。

如图 3-27 所示，铰刀由工作部分、颈部及柄部组成。工作部分由切削部分和校准部分组成。切削部分主要起切削作用；校准部分由圆柱部分和倒锥组成，其中，圆柱部分主要起导向、校准和修光作用，倒锥主要起减少与孔壁的摩擦和防止孔径扩大的作用。

4）扩孔钻

扩孔钻是用于扩大孔径、提高加工孔质量的刀具。它用于孔的最终加工或铰孔、磨孔前的预加工。扩孔钻的加工精度为 IT10～IT9，表面粗糙度为 $Ra6.3\sim3.2\mu$m。如图 3-28 所

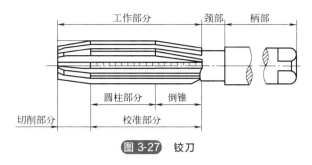

图 3-27　铰刀

示，扩孔钻与麻花钻相似，但齿数较多，一般有 3～4 齿，因而导向性好；扩孔余量较小，扩孔钻无横刃，改善了切削条件；容屑槽较浅，钻芯较厚，故扩孔钻的强度和刚度较高，可选择较大切削用量。国家标准规定，高速钢扩孔钻切 $\phi 7.8 \sim 50mm$ 做成锥柄，$\phi 25 \sim 100mm$ 做成套式。目前，硬质合金扩孔钻和可转位扩孔钻已得到广泛使用。

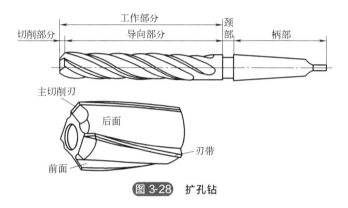

图 3-28　扩孔钻

（3）拉刀类

拉刀类刀具是在工件上拉削出各种内、外几何表面的刀具，其加工精度和切削效率较高，广泛应用于大批量生产中。

如图 3-29 所示，拉刀是多齿刀具。拉削时，利用拉刀上相邻刀齿的尺寸变化来切除加工余量，使被加工表面一次成形，因此在拉床上只有主运动，无进给运动，进给量是由拉刀的齿升量来实现的。拉刀能加工各种形状贯通的内、外表面，生产效率高，使用寿命长；但制造复杂，主要用于成批、大量生产中。

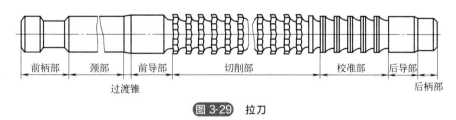

图 3-29　拉刀

（4）铣刀类

铣刀类刀具是一种应用广泛的多齿、多刃刀具，它可以用来加工平面、各种沟槽、螺旋表面、轮齿表面和成形表面等，如图 3-30 所示。

按用途不同，铣刀可分为圆柱形铣刀、面铣刀、立铣刀、三面刃铣刀、锯片铣刀、角度铣刀、成形铣刀、模具铣刀和组合铣刀 9 种，如图 3-31 所示。

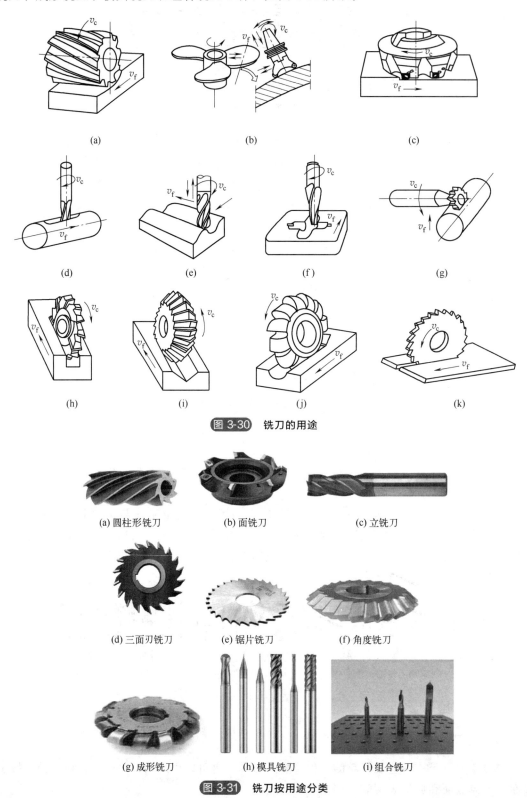

(a) (b) (c)

(d) (e) (f) (g)

(h) (i) (j) (k)

图 3-30 铣刀的用途

(a) 圆柱形铣刀 (b) 面铣刀 (c) 立铣刀

(d) 三面刃铣刀 (e) 锯片铣刀 (f) 角度铣刀

(g) 成形铣刀 (h) 模具铣刀 (i) 组合铣刀

图 3-31 铣刀按用途分类

圆柱形铣刀：仅在圆柱表面有刀齿。齿形有直齿和螺旋齿两种，一般用高速钢整体制造，也可镶焊硬质合金刀片。它主要用于在卧式铣床上加工平面。

面铣刀：圆周表面刀齿为主切削刃，端面刀齿为副切削刃。其结构有整体式、镶齿式和可转位式三种。铣削时，铣刀的轴线垂直于被加工表面。由于参加铣削的刀齿较多，又有副切削刃的修光作用，因此加工表面粗糙度较小。它生产率较高，主要用于在立式铣床或卧式铣床上加工台阶面和平面。

立铣刀：圆周表面刀齿为主切削刃，端面刀齿为副切削刃。工作时立铣刀不能沿轴线方向做进给运动。立铣刀主要用于加工平面、台阶面和凹槽，还可利用靠模加工成形面。

三面刃铣刀：圆周表面刀齿为主切削刃，两侧面刀齿为副切削刃。齿形有直齿和斜齿两种。三面刃铣刀主要用于加工凹槽和台阶面。

锯片铣刀：这种铣刀很薄，只在圆周上有刀齿，主要用于加工深槽和切断工件。为避免夹刀，其厚度由边缘向中心减薄，使两侧形成 $15'\sim1°$ 的副偏角。

角度铣刀：有单角铣刀和双角铣刀两种。其中，单角铣刀的圆锥刀齿为主切削刃，端面刀齿为副切削刃；双角铣刀两圆锥面上的刀齿均为主切削刃。角度铣刀主要用于铣削沟槽和斜面。

成形铣刀：用于加工成形表面，其刀齿廓形根据被加工工件的廓形来确定。

模具铣刀：主要用于模具型腔或凸模成形表面的加工，其头部形状根据需要可以为圆柱或圆锥等形式。

组合铣刀：由多个标准或非标准带孔铣刀串装在同一芯轴上组合而成，用于一次铣削完成某种复杂型面或宽平面。

(5) 螺纹刀具

螺纹刀具是用于加工内、外螺纹表面的刀具，常用的有螺纹车刀、丝锥、板牙和螺纹铣刀等。

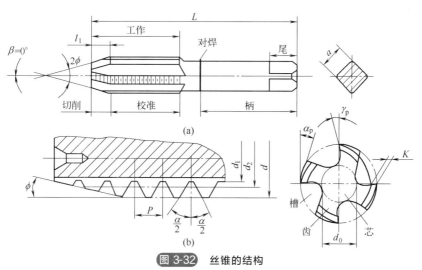

图 3-32　丝锥的结构

丝锥的基本结构是一个轴向开槽的外螺纹。图 3-32 所示是最常用的普通螺纹丝锥。在它的切削部分上铲磨出锥角 2ϕ，以使切削负荷分配到几个刀齿上。校正部分有完整的齿形，以控制螺纹参数并引导丝锥沿轴向运动。柄部方尾孔与机床连接，或通过扳手传

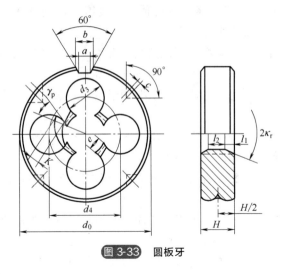

图 3-33　圆板牙

递转矩。丝锥轴向开槽以容纳切屑，同时形成前角。切削锥的顶刃与齿形侧刃经铲磨形成后角。丝锥中心部的锥心可以增强丝锥的强度。

板牙是加工与修整外螺纹的标准刀具。它的基本结构是一个螺母，轴向开出容屑槽以形成切削齿前面。因结构简单、制造使用方便，故在中小批生产中应用很广。

加工普通外螺纹常用圆板牙，其结构如图 3-33 所示。圆板牙左右两个端面上都磨出切削锥角 2ϕ，齿顶经铲磨形成后角。

套丝时先将圆板牙放在板牙套中，用紧定螺钉固紧。然后套在工件外圆上，在旋转板牙（或旋转工件）的同时应在板牙的轴线方向施以压力。因为套螺纹时的导向是靠套出的螺纹齿侧面，所以开始套螺纹时需保持板牙端面与螺纹中心线垂直。

圆板牙的中间部分是校准部分，一端切削刃磨损后可换另一端使用。都磨损后，可重磨容屑槽前面或废弃。

当加工出螺纹的直径偏大时，可用片状砂轮在 60° 缺口处割开，调节板牙架上紧定螺钉，使孔径收缩。调整直径时，可用标准样规或通过试切的方法来控制。

板牙的螺纹廓形在内表面，很难磨制。校准部分的后角不但为零，而且热处理后的变形等缺陷也难以消除。因此，板牙只能加工精度要求不高的螺纹。

板牙外形除圆形外，还有四方形、六方形，它们适合用四方或六方扳手带动，一般在狭窄加工现场做修理工作用。此外还有管形或拼块结构，它们分别适用于转塔车床、自动车床及钳工修理工作。

(6) 齿轮刀具

齿轮刀具是用于加工齿轮齿形的刀具，常用的有齿轮滚刀、插齿刀、剃齿刀和花键滚刀等。

图 3-34（a）是齿轮滚刀的工作情况。滚刀相当于一个开有容屑槽的、有切削刃的蜗杆状的螺旋齿轮。滚刀与齿坯啮合传动比由滚刀的头数与齿坯的齿数决定，在展成滚切过程中切出齿轮齿形。滚齿可对直齿或斜齿轮进行粗加工、半精加工或精加工。

图 3-34（b）是插齿刀的工作情况。插齿刀相当于一个有前后角的齿轮。插齿刀与齿坯啮合传动比由插齿刀的齿数与齿坯的齿数决定，在展成滚切过程中切出齿轮齿形。插齿刀常用于加工带台阶的齿轮，如双联齿轮、三联齿轮等。特别能加工内齿轮及无空刀槽的人字齿轮，故在齿轮加工中应用很广。

图 3-34（c）是剃齿刀的工作情况。剃齿刀相当于齿侧面开有屑槽形成切削刃的螺旋齿轮。剃齿时剃齿刀带动齿坯滚转，相当于一对螺旋齿轮的啮合运动。在啮合压力下剃齿刀与齿坯沿齿面的滑动将切除齿侧的余量，完成剃齿工作。剃齿刀一般用于 6 级、7 级精度齿轮的精加工。

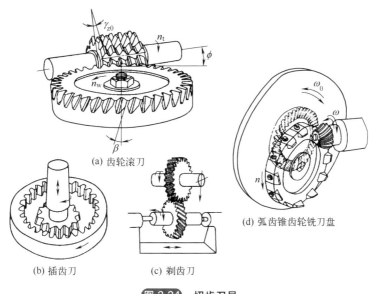

(a) 齿轮滚刀

(b) 插齿刀

(c) 剃齿刀

(d) 弧齿锥齿轮铣刀盘

图 3-34　切齿刀具

图 3-34（d）是弧齿锥齿轮铣刀盘的工作情况。这种铣刀盘是专用于铣切螺旋锥齿轮的刀具。例如加工汽车后桥传动齿轮就必须使用这类刀具。铣刀盘高速旋转是主运动。刀盘上刀齿回转的轨迹相当于假想平顶齿轮的一个刀齿，这个平顶齿轮由机床摇台带动与齿坯做展成啮合运动，切出被切齿坯的一个齿槽。然后齿坯退回分齿，摇台反向旋转复位，再展成切削第二个齿槽，依次完成弧齿锥齿轮的铣切工作。

（7）磨具类

磨具类刀具是用于表面精加工和超精加工的刀具，如砂轮、砂带和油石等。其中以砂轮应用最广。本部分主要介绍砂轮。砂轮是指由一定比例的磨料和结合剂经压制和烧结而成的一种磨具。

1）砂轮的特性

① 磨料是制作砂轮的主要原料，直接担负着磨削工作。因此，磨料应具有很高的硬度、一定的强度和韧性及良好的耐热性。常用的磨料有刚玉类、碳化硅类和高硬度磨料类三种。按其纯度和添加元素的不同，每一类又可分为不同的种类。常用磨料的名称、代号、主要性能和适用范围如表 3-1 所示。

表 3-1　常用磨料的性能及适用范围

磨料名称		代号	主要成分	颜色	力学性能	热稳定性	适用磨削范围
刚玉类	棕刚玉	A	$Al_2O_3\,95\%$ $TiO_2\,2\%\sim3\%$	褐色	韧性好 硬度高	$2100℃$熔融	碳钢、合金钢、铸铁
	白刚玉	WA	$Al_2O_3>99\%$	白色			淬火钢、高速钢
碳化硅类	黑碳化硅	C	$SiC>95\%$	黑色	韧性好 硬度高	$>1500℃$氧化	铸铁、黄铜、非金属材料
	绿碳化硅	GC	$SiC>99\%$	绿色			硬质合金等
高硬度 磨料类	氮化硼	CBN	六方氮化硼	黑色	硬度高 强度高	$<1300℃$稳定	硬质合金、高速钢
	人造金刚石	D	碳结晶体	乳白色		$>700℃$石墨化	硬质合金、宝石

② 粒度。粒度是指磨粒尺寸的大小。粒度的表示方法如下：

a. 用筛分法来区分较大磨粒，以磨粒能通过筛网上每英寸❶长度内的孔数来表示粒度。例如，60♯含义为这个粒度号的磨粒能通过每英寸长度内有 60 个孔的筛网。粒度号越大，表示磨粒尺寸越小。

b. 用显微镜测量法来区分微细颗粒（又称微粉），以实际测到的微粉最大尺寸，并在前面冠以"W"来表示粒度。例如，W7 表示此种微粉的最大尺寸为 $7\sim5\mu m$。粒度号越小，表示微粉尺寸越小。

磨料粒度选择原则为：粗磨、工件材料塑性好及磨削接触面积大时，应选择尺寸较大的磨粒；精磨及磨削硬脆的材料时，应选择尺寸较小的磨粒。

磨料的粒度号、尺寸及适用范围如表 3-2 所示。

表 3-2 常用磨料的粒度号、尺寸及适用范围

类别	粒度(♯)	颗粒尺寸/μm	适用范围	类别	粒度	颗粒尺寸/μm	适用范围
磨粒	12～36	2000～1600 500～400	荒磨、打毛刺	微粉	W40～W28	40～28 28～20	珩磨、研磨
	46～80	400～315 200～160	粗磨、半精磨、精磨		W20～W14	20～14 14～10	研磨、超精加工
	100～280	160～125 50～40	精磨、珩磨		W10～W5	10～7 5～3.5	研磨、超精加工、镜面磨削

③ 结合剂。结合剂的作用是将磨粒黏合起来，使之形成砂轮。结合剂的特性在很大程度上决定了砂轮的强度、抗冲击性、耐热性及耐蚀性等重要指标。常用结合剂的名称、代号、性能和适用范围如表 3-3 所示。

表 3-3 常用结合剂的名称、代号、性能和适用范围

结合剂	代号	性能	适用范围
陶瓷	V	耐热,耐蚀,气孔率大,易保持廓形,弹性差	最常用,适用于各类磨削加工
树脂	B	强度较陶瓷高,弹性好,耐热性差	适用于高速磨削、切断、开槽等
橡胶	R	强度较树脂高,更富有弹性,气孔率小,耐热性差	适用于切断、开槽及作无心磨的导轮
青铜	J	强度最高,导电性好,磨耗少,自锐性差	适用于金刚石砂轮

④ 硬度。砂轮的硬度是指砂轮表面的磨粒在外力作用下脱落的难易程度，它反映了结合剂黏结磨粒的牢固强度。砂轮的硬度主要由结合剂的黏结强度决定，而与磨粒的硬度无关。常用砂轮硬度等级名称及代号如表 3-4 所示。

砂轮硬度的选择原则是：

a. 工件材料硬度较高时，应选用较软的砂轮；反之，应选用较硬的砂轮。但对有色金属、橡胶和树脂等硬度很低的材料，为避免堵塞砂轮应选用较软的砂轮。

b. 磨削接触面积较大或磨削薄壁零件及导热性差的零件时，应选用较软的砂轮。

c. 粗磨与半精磨，应选用较软的砂轮；精磨和成形磨削应选用较硬的砂轮。

在机械加工时，常用的砂轮硬度等级一般为 H～N（软 2～中 2）。

---

❶ 英寸（in）。1in＝25.4mm。

表 3-4　常用砂轮硬度等级名称及代号

硬度等级名称		代号	硬度等级名称		代号
大级名称	小级名称		大级名称	小级名称	
超软	超软 1	D	中	中 1	M
	超软 2	E		中 2	N
	超软 3	F	中硬	中硬 1	P
软	软 1	G		中硬 2	Q
	软 2	H		中硬 3	R
	软 3	J	硬	硬 1	S
中软	中软 1	K		硬 2	T
	中软 2	L	超硬	超硬	Y

⑤ 组织。砂轮的组织是指磨粒、结合剂和气孔三者体积的比例关系，用来表示磨粒排列的疏密状态。砂轮的组织用组织号的大小来表示，组织号与磨粒占砂轮的容积比率（即磨粒率）相对应。

砂轮的组织号及适用范围如表 3-5 所示。

表 3-5　砂轮的组织号及适用范围

组织号	0	1	2	3	4	5	6	7	8	9	10	11	12	13	14
磨粒率 /%	62	60	58	56	54	52	50	48	46	44	42	40	38	36	34
疏密程度	紧密				中等				疏松					大气孔	
适用范围	重负荷、成形、精密磨削、加工脆硬材料				外圆、内圆、无芯磨及工具磨，淬火钢工件及刀具刃磨				粗磨及磨削韧性大、硬度低的工件，适合磨削薄壁、细长工件，或砂轮与工件接触面大的磨削及平面磨削等					有色金属及塑料橡胶等非金属以及热敏合金	

⑥ 砂轮形状。砂轮有许多不同的形状和尺寸，常用砂轮的形状、代号及适用范围如表 3-6 所示。

表 3-6　常用砂轮的形状、代号及适用范围

砂轮名称	代号	断面形状	适用范围
平形砂轮	1		外圆磨、内圆磨、平面磨、无芯磨、工具磨
筒形砂轮	2		端磨平面
双斜边砂轮	4		磨齿轮及螺纹
杯形砂轮	6		磨平面、内圆，刃磨刀具

砂轮名称	代号	断面形状	适用范围
碗形砂轮	11	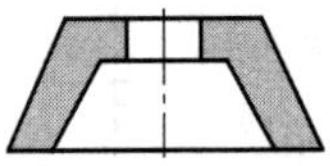	刃磨刀具、磨导轨
蝶形一号砂轮	12a	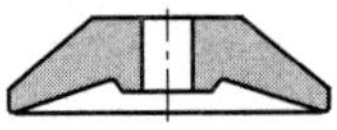	磨铣刀、铰刀、拉刀和齿轮
薄片砂轮	41	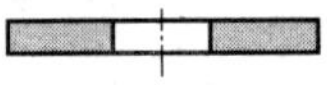	切断及切槽

2）砂轮的标志

砂轮的标志印在砂轮的端面上，其顺序是：形状代号、尺寸、磨料、粒度号、硬度、组织号、结合剂、线速度。

例如，外径 300mm、厚度 50mm、孔径 75mm、棕刚玉、粒度 60♯、硬度 L、5 号组织、陶瓷结合剂、最高工作线速度 35m/s 的平行砂轮标记为：

$$砂轮\ 1-300×50×75-A60L5V-35$$

（8）其他刀具

其他刀具包括自动线专用刀具和数控机床专用刀具等。

3.3 刀具磨损与刀具耐用度

切削过程中，刀具表面与工件表面或切屑产生剧烈摩擦，同时承受很高的温度和压力，因此，切削刃和刀面将会出现磨损现象。刀具磨损后，会降低加工精度，增大切削力，甚至还会引起振动，以致不能正常切削。因此，刀具磨损直接影响加工质量、生产率和生产成本。

刀具耐用度是表征刀具材料切削性能优劣的综合性指标。在相同的切削条件下，耐用度越高，则刀具材料的耐磨性越好。

3.3.1 刀具磨损

（1）刀具磨损形式

刀具磨损可分为正常磨损和非正常磨损两种。其中，正常磨损是指在刀具与工件或切屑的接触面上，刀具材料表面的微粒被工件或切屑带走的现象；非正常磨损又称为刀具的破损，是指由于冲击、振动、热效应等原因使切削刃出现塑性流动和脆性破损（如崩刃、碎裂、断裂、剥落、裂纹等）的现象。

刀具的正常磨损形式有前刀面磨损、后刀面磨损和边界磨损三种。

① 前刀面磨损。前刀面磨损是指加工塑性材料，且切削厚度较大、切削速度较高时，在刀具前刀面刃口后方出现的月牙洼形磨损，如图 3-35（a）所示。前刀面磨损以切削温度

最高的位置为中心开始发生，逐渐向前后扩展，深度不断增加，当月牙洼发展到其前缘与切削刃之间的棱边变得很窄时，切削刃强度降低，导致刀具崩刃。前刀面磨损量的大小用月牙洼的宽度 KB 和深度 KT 表示。

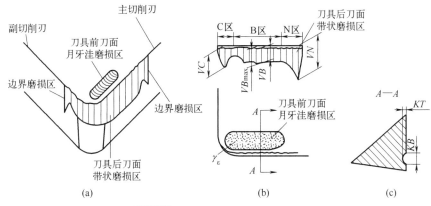

图 3-35 车刀典型磨损形式示意图

② 后刀面磨损。后刀面磨损是指在加工脆性材料或切削厚度较小的塑性材料时，由于已加工表面和刀具后刀面之间的强烈摩擦而在后刀面上形成的磨损。如图 3-35（b）所示，后刀面磨损会在后刀面上形成一个后角等于零度的小棱面。在切削刃参加切削工作的各点上，后刀面磨损是不均匀的。刀尖部分（C 区），由于散热条件和强度较差而磨损严重，其磨损量最大值用 VC 表示。在切削刃靠近工件表面处（N 区），由于加工硬化层和毛坯硬皮等影响，磨损也较严重，其磨损量用 VN 表示。在切削刃中部位置（B 区），磨损较为均匀，其平均磨损量用 VB 表示，最大磨损量用 VB_{max} 表示。

③ 边界磨损。加工塑性金属时，常在主切削刃靠近工件外皮处和副切削刃靠近刀尖处的后刀面上磨出较深的沟纹，如图 3-35（c）所示，这属于边界磨损。加工铸件、锻件等外皮粗糙的工件容易发生边界磨损。

(2) 刀具磨损机理

刀具经常在高温（700～1200℃）和高压（大于材料的屈服应力）下工作，受到机械和热化学作用而发生磨损，其磨损机理主要有以下几方面：

① 机械磨损。机械磨损又称磨粒磨损，是指工件材料或切屑中含有的比刀具材料硬度高的氧化物、碳化物和氮化物等硬质点（如 Fe_3C、TiC、AlN、SiO_2 等）或积屑瘤碎片，这些硬质点在切削时如同"磨粒"在刀具表面滑擦造成磨损。机械磨损在各种切削速度下都存在。低速切削时，机械磨损是刀具磨损的主要原因。这是因为低速切削时切削温度较低，其他原因产生的磨损不明显。

② 黏结磨损。黏结又称为冷焊，是指刀具与工件或切屑接触到原子间距离时产生结合的现象。黏结磨损是指工件或切屑的表面与刀具表面之间的黏结点因相对运动，刀具一方的微粒被对方带走而造成的磨损。各种刀具材料都会发生黏结磨损。在中、高速切削下，当形成不稳定积屑瘤时，黏结磨损最为严重；当刀具和工件材料的硬度比较小时，由于相互间的亲和力较大，黏结磨损也较为严重；当刀具表面的刃磨质量较差时，也会加剧黏结磨损。

③ 扩散磨损。扩散磨损是指由于在高温作用下，刀具与工件接触面间分子活性较大，

造成合金元素相互扩散置换（如刀具中的 Co、Ti、W 等扩散到工件中，工件中的 Fe 扩散到刀具中），使刀具材料的力学性能降低，再经摩擦作用而造成的磨损。扩散磨损是一种化学性质的磨损。扩散磨损的速度主要取决于切削速度和切削温度。切削速度和切削温度愈高，扩散磨损速度愈快。

④ 氧化磨损。氧化磨损是指在高温下（700～800℃），刀具表面发生氧化反应生成一层脆性氧化物（如 CoO、WO_2 等），该氧化物被工件和切屑带走而造成的磨损。氧化磨损也是一种化学性质的磨损。主、副切削刃工作的边界处与空气接触，最容易发生氧化磨损。

⑤ 相变磨损。相变磨损是指切削时切削温度超过刀具材料的相变温度，刀具金相组织发生变化，使硬度降低而造成的磨损。工具钢在高温时易产生相变磨损。由此可见，在低、中速切削（如拉削、钻孔、攻螺纹等）加工时，刀具的磨损主要是磨粒磨损和黏结磨损；在高速切削加工时，热化学作用使高速钢刀具产生相变磨损，使硬质合金刀具产生黏结磨损、扩散磨损和氧化磨损。

（3）刀具磨损过程

如图 3-36 所示为刀具磨损过程的磨损曲线。从图中可知，刀具的磨损过程可以分为三个阶段。

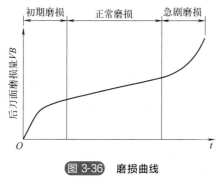

图 3-36　磨损曲线

① 初期磨损阶段。初期磨损阶段的磨损特点是：在开始磨损的极短时间内，后刀面磨损量上升很快。这主要是由于新刃磨的刀具表面存在粗糙不平处，后刀面与工件之间为凸峰点接触，压应力较大，所以磨损较快。初期磨损阶段的后刀面磨损量 VB 一般为 0.05～0.1mm，其大小与刀具刃磨质量有关。研磨过的刀具，初期磨损量较小，且很耐用。

② 正常磨损阶段。正常磨损阶段的磨损特点是：磨损缓慢、均匀，后刀面磨损量 VB 随切削时间延长近似成比例增加。这主要是由于经过初期磨损后，后刀面的微观不平被磨掉，后刀面与工件的接触面积增大、压强减小所致。正常磨损阶段是刀具工作的有效阶段。曲线的斜率代表了刀具正常工作时的磨损强度。磨损强度是衡量刀具切削性能的重要指标之一。

③ 急剧磨损阶段。急剧磨损阶段的磨损特点是：在较短时间内，后刀面磨损量 VB 猛增，刀具完全失效。这主要是由于磨损量达到一定限度时，机械摩擦加剧，切削力增大，切削温度升高，以致磨损加剧。这一阶段磨损强度很大，如果刀具继续工作，将不能保证加工质量，并出现振动、噪声等现象，甚至使刀具崩刃。因此，刀具进入急剧磨损阶段前必须换刀或重新刃磨。

（4）刀具磨钝标准

刀具磨损到一定限度就不能继续使用，这个磨损限度称为磨钝标准。由于一般后刀面磨损较前刀面显著，同时考虑到便于测量等因素，规定以刀具后刀面磨损量 VB 作为衡量刀具的磨损标准。国际标准 ISO 统一规定，以 1/2 背吃刀量处后刀面上测定的磨损带高度 VB 作为刀具磨钝标准。

自动化生产中使用的精加工刀具，常以沿工件径向的刀具磨损尺寸作为衡量刀具的磨钝标准，称为刀具径向磨损标准，以 NB 表示，如图 3-37 所示。

磨钝标准因加工条件不同而不同。工艺系统刚性差和切削难加工材料时，应规定较小的磨钝标准；加工精度及表面质量要求较高时，应减小磨钝标准，以保证加工质量；加工大型工件，为避免中途换刀，可加大磨钝标准。磨钝标准的数值可参考有关手册。

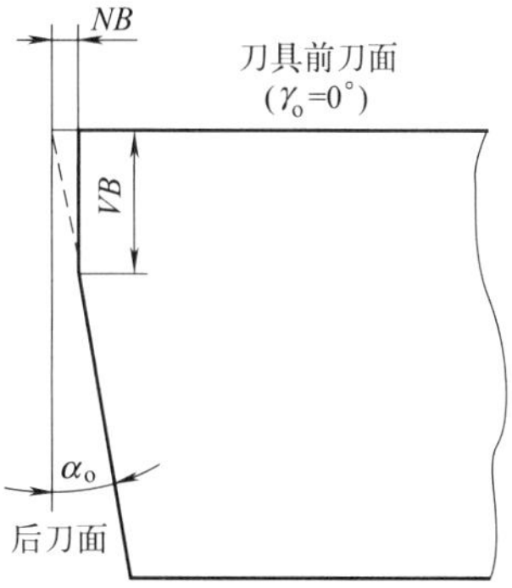

图 3-37 车刀的磨损量

3.3.2 刀具耐用度及其影响因素

(1) 刀具耐用度

刀具耐用度是指刃磨后的刀具从开始切削到磨损量达到磨钝标准为止所经过的切削时间，用 T 表示，单位为 min。有时也可以用加工零件数或切削行程长度表示。

对重磨刀具，由刀具第一次使用到报废为止的总切削时间称为刀具寿命。它是刀具耐用度与刀具刃磨次数的乘积。

(2) 影响刀具耐用度的因素

影响刀具耐用度的因素有切削用量、刀具材料、刀具几何参数和工件材料等。其中，切削用量对刀具耐用度的影响最大。

1) 切削用量

切削用量与刀具耐用度的关系是通过试验方法得到的。试验得出刀具耐用度与切削用量的关系为：

$$T = \frac{C_v}{v_c^{\frac{1}{m}} f^{\frac{1}{n}} a_p^{\frac{1}{p}}} \qquad (3\text{-}17)$$

式中　C_v——系数，与工件材料、刀具材料和切削条件等有关；

m，n，p——指数，反映 v_c、f、a_p 对刀具耐用度的影响程度。

用硬质合金车刀切削 $\sigma_b = 0.63\text{GPa}$ 的碳钢时，式（3-17）中 $1/m = 5$，$1/n = 2.25$，$1/p = 0.75$。由此可知，切削速度 v_c 对刀具耐用度影响最大，进给量 f 次之，背吃刀量 a_p 最小。切削用量对刀具耐用度的影响顺序与对切削温度的影响顺序完全一致，因此切削温度对刀具耐用度也有着重要的影响。

【例 3-1】　用硬质合金刀具 YT15 切削 45 钢，当 $v_c = 100\text{m/min}$ 时，刀具耐用度 $T_1 = 160\text{min}$；若其他条件不变，将切削速度提高到 $v_c = 300\text{m/min}$，试求此时刀具耐用度 T_2（$m = 0.25$）。

解：根据式（3-17）可知，当其他条件不变时，T_2 的数值计算如下：

$$v_{c1} T_1^m = v_{c2} T_2^m$$

即

$$\frac{v_{c1}}{v_{c2}} = \left(\frac{T_2}{T_1}\right)^m$$

代入数值得

$$\frac{100}{300}=\left(\frac{T_2}{160}\right)^{0.25}$$

得

$$T_2=1.975（min）$$

由上述计算可知，当 v_c 提高 2 倍时，刀具耐用度降低了约 98.77%。由此可以看出切削速度对刀具耐用度的影响之大。

2）刀具材料

刀具材料的高温硬度越高，耐磨性越好，刀具耐用度越高。高速切削时，立方氮化硼刀具耐用度最高，其次为陶瓷刀具、硬质合金刀具，高速钢刀具耐用度最低。

3）刀具几何参数

前角 γ_o 增大，切削变形减小，切削温度降低，刀具耐用度提高；但前角 γ_o 太大，会使刀刃强度下降，散热困难，刀具耐用度降低。

主偏角 κ_r 减小，有效切削刃长度增大，切削刃单位长度上的负荷减小，刀具耐用度提高。

刀尖圆弧半径 r_ε 增大，刀具强度增大，散热条件得到改善，刀具耐用度提高；但刀尖圆弧半径 r_ε 过大，会引起振动。

4）工件材料

工件材料强度、硬度高，加工时切削力大，切削温度高，刀具耐用度低；工件材料导热性差，切削温度高，刀具耐用度低。

3.3.3　刀具几何参数的合理选择

（1）前角 γ_o 和前刀面的选择

1）前角 γ_o 的功用及选择

① 前角 γ_o 的功用。切削过程中，若增大前角 γ_o，能减小切削变形和摩擦阻力，降低切削力 F_r 和切削温度，减少刀具磨损，抑制积屑瘤和鳞刺等。但前角 γ_o 过大将容易造成崩刃；同时散热条件变差，刀具寿命下降。

② 前角 γ_o 的选择。

工件材料：工件材料的强度、硬度较低，塑性较好时，应选取较大的前角 γ_o；工件材料脆性较大时应选取较小的前角 γ_o；工件材料强度、硬度较高时，应选取较小的前角 γ_o，甚至负前角。

刀具材料：刀具材料的强度和韧度高时，如高速钢，可选取较大的前角 γ_o；反之，刀具材料的强度和韧度差时，如硬质合金，应选取较小的前角 γ_o。

加工性质：断续切削或粗加工有硬皮的铸、锻件时，应选取较小的前角 γ_o；精加工时，可选取较大的前角 γ_o；成形刀具或齿轮刀具等为防止产生齿形误差常取较小的前角 γ_o，或选取零度的前角 γ_o。

硬质合金车刀前角的参考值如表 3-7 所示。

2）前刀面形式

常见的前刀面形式有正前角平面型、正前角平面型带倒棱、正前角曲面形带倒棱、负前角单面型和负前角双面型这几种类型，如图 3-38 所示。

表 3-7　硬质合金车刀前角的参考值

工件材料	低碳钢	中碳钢	淬火钢	不锈钢	灰铸铁	铝及铝合金
粗车	$18°\sim20°$	$10°\sim15°$	$-15°\sim-5°$	$15°\sim25°$	$10°\sim15°$	$30°\sim35°$
精车	$20°\sim25°$	$13°\sim18°$		$20°\sim25°$	$5°\sim10°$	$35°\sim40°$

注：粗加工用的硬质合金车刀，通常都磨有负倒棱及负刃倾角。

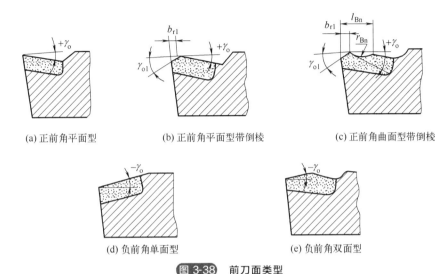

(a) 正前角平面型　　(b) 正前角平面型带倒棱　　(c) 正前角曲面型带倒棱

(d) 负前角单面型　　(e) 负前角双面型

图 3-38　前刀面类型

正前角平面型：结构简单、刀刃锐利，但强度低、传热能力差、切削变形小、不易断屑，多用于各种高速钢刀具和切削刃形状较复杂的成形刀具、加工中心以及加工铸铁、青铜等脆性材料的硬质合金刀具。

正前角平面型带倒棱：该形式中的倒棱是在主切削刃刃口处磨出一条很窄的棱边而形成的。由于倒棱可增加刀刃强度，提高刀具耐用度，因此一般用于粗加工刀具。

正前角曲面型带倒棱：该形式的刀具是在正前角平面带倒棱的基础上，为了卷屑和增大前角，在前刀面上磨出一定的曲面而形成的刀具，主要用于粗加工或半精加工塑性金属刀具和孔加工刀具。

负前角单面型：主要作用是能够减小后刀面的磨损。由于该形式的刀具具有高的切削刃强度，因此常用于切削高硬度（强度）材料和淬火钢材料。但是，负前角会增大切削力和功率消耗。

负前角双面型：该类型的刀具使刀具的重磨次数增加，最大程度地减少了前刀面和后刀面的磨损。同时负前角的倒棱应有足够的宽度，以确保切屑沿该棱面流出。

3）倒棱

倒棱是增强切削刃强度的一种措施。在用脆性大的刀具材料粗加工或断续切削时，磨倒棱能够减小刀具崩刃，显著提高刀具耐用度（可提高 $1\sim5$ 倍）。

如图 3-38（b）和图 3-38（c）所示，倒棱宽度 b_{r1} 不可太大，以便切屑能沿前刀面流出。b_{r1} 的取值与进给量 f 有关，常取 $b_{r1}\approx(0.3\sim0.8)\times f$。其中，精加工时取小值，粗加工时取大值。倒棱前角 γ_{o1} 的选取与刀具材料有关，例如，高速钢刀具 $\gamma_{o1}=0°\sim5°$，硬质合金刀具 $\gamma_{o1}=-5°\sim-10°$。

（2）后角 α_o 和后刀面的选择

1）后角 α_o 的功用及选择

后角 α_o 可以减小后刀面与工件之间的摩擦，减少刀具磨损。但后角 α_o 过大会降低切削刃的强度和散热能力，从而降低刀具寿命。

切削厚度 h_D：粗加工时，切削厚度 h_D 较大，要求切削刃坚固，应选取较小的后角 α_o；精加工时，切削厚度 h_D 较小，磨损主要发生在后刀面上，为降低磨损，应选取较大的后角 α_o。

工件材料：工件材料强度和硬度较高时，为提高切削刃强度，应选取较小的后角 α_o；工件材料软、塑性大时，后刀面磨损严重，应选取较大的后角 α_o；工件材料脆性较大时，载荷集中在切削刃处，为提高切削刃强度，应选取较小的后角 α_o。

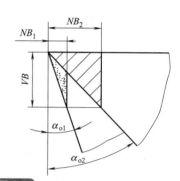

加工条件：工艺系统刚性差时，易出现振动，应选取较小的后角 α_o；加工表面质量要求较高时，为减轻刀具与工件之间的摩擦，应选取较大的后角 α_o；尺寸精度要求较高时，应选取较小的后角 α_o，以减小刀具的径向磨损值 NB，如图 3-39 所示。

图 3-39　后角大小对刀具磨损值的影响

硬质合金车刀合理后角的参考值如表 3-8 所示。

表 3-8　硬质合金车刀合理后角的参考值

工件材料	低碳钢	中碳钢	淬火钢	不锈钢	灰铸铁	铝及铝合金
粗车	8°～10°	5°～7°	8°～10°	6°～8°	4°～6°	8°～10°
精车	10°～12°	6°～8°		8°～10°	6°～8°	10°～12°

2）后刀面形式

后刀面的形式有双重后刀面、消振棱和刃带三种，如图 3-40 所示。

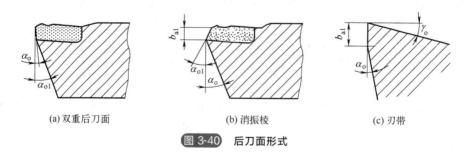

(a) 双重后刀面　　　　(b) 消振棱　　　　(c) 刃带

图 3-40　后刀面形式

双重后刀面：能增强刀刃强度，减少后刀面的摩擦。刃磨时一般只磨第一后刀面，可减小刃磨后刀面的工作量。

消振棱：为增加后刀面与过渡表面之间的接触面积，增加阻尼作用，消除振动，在后刀面上刃磨出一条有负后角的消振棱边。

刃带：是指对一些定尺寸刀具（如钻头、铰刀等），为了便于控制外径尺寸，保持尺寸精度，在后刀面上刃磨出后角为 0° 的小棱边。刃带有支承、导向、稳定、消振及熨压的作用。刃带不宜太宽，否则会增大摩擦作用。

（3）主偏角、副偏角和过渡刃的选择

1）主偏角的功用及选择

① 主偏角的功用。减小主偏角 κ_r 可提高刀具使用寿命。当背吃刀量 a_p 和进给量 f 一定时，减小主偏角 κ_r 会使切削厚度 h_D 减小，切削宽度 b_D 增大，从而使单位长度切削刃所承受的载荷减小；同时可使刀尖圆弧半径 r_ε 增大，提高刀尖强度；切削宽度 b_D 和刀尖圆弧半径 r_ε 增大有利于散热。

但减小主偏角 κ_r 会导致背向力 F_p 增大，加大工件的变形挠度；同时也会使刀尖与工件的摩擦加剧，容易引起振动，使加工表面的粗糙度值加大，并且会导致刀具使用寿命下降。

② 主偏角的选择。工艺系统刚度允许的条件下，应选择较小的主偏角 κ_r，如 $\kappa_r=30°\sim45°$，以提高刀具寿命。加工强度、硬度较高的材料时，为减轻单位切削刃上的载荷，应选择较小的主偏角 κ_r，如 $\kappa_r=10°\sim30°$；当工艺系统的刚度较差或强力切削时，应选择较大的主偏角 κ_r，如 $\kappa_r=60°\sim75°$；车削细长轴时，一般选取 $\kappa_r=75°\sim90°$；在切削过程中，刀具需作中间切入时，一般选取 $\kappa_r=45°\sim60°$。

2）副偏角的功用及选择

① 副偏角的功用。副偏角 κ_r' 可以减小副切削刃与工件已加工表面之间的摩擦。较小的副偏角可减小表面粗糙度值。但过小的副偏角 κ_r' 会使径向切削力增大，在工艺系统刚度不足时引起振动。

② 副偏角的选择。在不引起振动的条件下，一般取较小的副偏角 κ_r'；系统刚度差时，应选择较大的副偏角 κ_r'，如 $\kappa_r'=10°\sim15°$；切断、切槽及孔加工刀具的副偏角 κ_r' 只能取较小值，如 $\kappa_r'=1°\sim2°$。

3）过渡刃的功用及选择

为增强刀尖强度和散热能力，常在主切削刃和副切削刃之间磨出一条过渡刃。过渡刃能够提高刀具耐用度，降低表面粗糙度。

过渡刃的常用形式有直线刃、圆弧刃、水平修光刃和大圆弧刃四种，如图 3-41 所示。

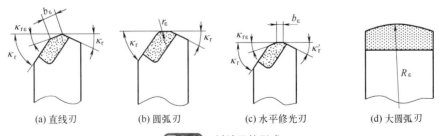

(a) 直线刃　　　(b) 圆弧刃　　　(c) 水平修光刃　　　(d) 大圆弧刃

图 3-41　过渡刃的形式

直线刃：能提高刀尖的强度，改善刀具散热条件，主要用于粗车或强力车削车刀上。一般取过渡刃偏角 $\kappa_{r\varepsilon}=\kappa_r/2$，长度 $b_\varepsilon=0.5\sim2$ mm。

圆弧刃：刀尖圆弧半径 r_ε 增大时，可减小表面粗糙度值，提高刀具耐用度，但会增大背向力 F_p，容易引起振动，所以 r_ε 不能过大。通常高速钢车刀 $r_\varepsilon=0.5\sim3$ mm，硬质合金车刀 $r_\varepsilon=0.5\sim1.5$ mm。

水平修光刃：是指在刀尖处磨出一小段副偏角 $\kappa_r' = 0°$ 的平行刀刃。修光刃长度 $b_\varepsilon' \approx$ $(1.2\sim1.5)\times f$，即 b_ε' 应略大于进给量 f，这样在增大进给量的同时仍可获得较小的表面粗糙度值。但 b_ε' 过大容易引起振动。

大圆弧刃：即半径为 $300\sim500\text{mm}$ 的过渡刃。一般常用在宽刃精车、宽刃精刨和浮动镗削等加工时的刀具上。

（4）刃倾角 λ_s 的功用及选择

1）刃倾角 λ_s 的功用

刃倾角 λ_s 主要影响刀头的强度和切屑流出的方向。

2）刃倾角 λ_s 的选择

加工硬度较高的材料或刀具承受冲击载荷时，应采用较大的负刃倾角 λ_s，以保护刀尖。

粗加工时，为了提高刀具强度，刃倾角 λ_s 应取负值；精加工时，刃倾角 λ_s 应取正值，使切屑流向待加工表面，并可使刃口锋利。

刃倾角 λ_s 的选择可参考表 3-9。

表 3-9　刃倾角数值的选择

$\lambda_s/(°)$	$0\sim+5$	$+5\sim+10$	$0\sim-5$	$-5\sim-10$	$-10\sim-15$	$-10\sim-45$	$-45\sim-75$
应用范围	精车钢，车细长轴	精车非铁金属	粗车钢和灰铸铁	粗车余量不均匀钢	断续车削钢和灰铸铁	带冲击切削淬硬钢	大刃倾角刀具薄切削

3.3.4　切削用量的合理选择

切削用量的选择原则是：粗加工时，首先应以提高生产率为主，但也应考虑经济性和加工成本；半精加工和精加工时，应在保证加工质量的前提下，兼顾切削效率、经济性和加工成本。

当刀具耐用度保持一定时，选择切削用量的顺序是：先选背吃刀量 a_p，再选进给量 f，然后计算相应的切削速度 v_c。

（1）背吃刀量 a_p 的选择

粗加工时，在机床、工件和刀具刚度允许的情况下，背吃刀量 a_p 应根据加工余量确定。在保留后续加工余量的前提下，尽量将粗加工余量一次切完。单倍吃刀量 a_p 所形成的作用切削刃长度不宜超过切削刃长度的 2/3。

当加工余量过大或工艺系统刚性较差时，可分两次或多次走刀切除。一般来说，将第一次走刀的背吃刀量 a_p 取大些，可占全部余量的 2/3～3/4，第二次或后几次走刀的背吃刀量 a_p 取小些。

半精加工、精加工时，应一次切除加工余量。一般情况下，半精加工的背吃刀量 a_p 为 $0.5\sim2\text{mm}$，精加工的背吃刀量 a_p 为 $0.1\sim0.4\text{mm}$。

（2）进给量 f 的选择

背吃刀量 a_p 选定后，应选较大的进给量 f。其数值应保证机床和刀具不致因切削力太大而损坏，切削力所造成的工件挠度不超出工件精度允许的数值，表面粗糙度值在允许的范围内等。

粗加工时，进给量 f 的选择主要考虑工艺系统的刚度、切削力的大小和刀具的尺寸等，生产中常根据经验或查阅有关手册来确定，必要时需进行验算。

硬质合金车刀粗车表面及端面进给量的部分参考值如表 3-10 所示。

表 3-10　硬质合金车刀粗车表面及端面进给量的部分参考值

工件材料	车刀刀杆尺寸/mm	工件直径/mm	背吃刀量 a_p/mm				
			≤3	>3～5	>5～8	>8～12	>12
			进给量 f/(mm/r)				
碳素结构钢、合金结构钢及耐热钢	16×25	20	0.3～0.4	—	—	—	—
		40	0.4～0.5	0.3～0.4	—	—	—
		60	0.5～0.7	0.4～0.6	0.3～0.5	—	—
		100	0.6～0.9	0.5～0.7	0.5～0.6	0.4～0.5	—
		400	0.8～1.2	0.7～1	0.6～0.8	0.5～0.6	—
	20×30	20	0.3～0.4	—	—	—	—
	25×25	40	0.4～0.5	0.3～0.4	—	—	—
		60	0.6～0.7	0.5～0.7	0.4～0.6	—	—
		100	0.8～1.2	0.7～0.9	0.5～0.7	0.4～0.7	—
		400	1.2～1.4	1～1.2	0.8～1	0.6～0.9	0.4～0.6
铸铁及铜合金	16×25	40	0.4～0.5	—	—	—	—
		60	0.6～0.8	0.5～0.8	0.4～0.6	—	—
		100	0.8～1.2	0.7～1	0.6～0.8	0.5～0.7	—
		400	1～1.4	1～1.2	0.8～1	0.6～0.8	—
	20×30	40	0.4～0.5	—	—	—	—
		60	0.6～0.9	0.5～0.8	0.4～0.7	—	—
	25×25	100	0.9～1.3	0.8～1.2	0.7～1	0.5～0.8	—
		400	1.2～1.8	1.2～1.6	1～1.3	0.9～1.1	0.7～0.9

注：1. 加工断续表面及有冲击的工件时，表内进给量应乘系数 0.75～0.85。

2. 在无外皮加工时，表内进给量应乘系数 1.1。

3. 加工耐热钢及其合金时，进给量不大于 1mm/r。

4. 加工淬硬钢时，进给量应减小。当钢的硬度为 44～56HRC 时，乘系数 0.8；硬度为 57～62HRC 时，乘系数 0.5。

半精加工、精加工时，进给量 f 的选择主要考虑加工表面粗糙度。硬质合金车刀半精加工和精加工时进给量的部分参考值如表 3-11 所示。

表 3-11　硬质合金车刀半精加工和精加工时进给量的部分参考值

工件材料	表面粗糙度 Ra/μm	切削速度范围 v_c/(m/min)	刀尖圆弧半径 r_ε/mm		
			0.5	1	2
			进给量 f/(mm/r)		
铸铁、青铜及铝合金	10～5	不限	0.25～0.4	0.4～0.5	0.5
	5～2.5		0.15～0.25	0.25～0.4	0.4～0.6
	2.5～1.25		0.1～0.15	0.15～0.2	0.2～0.35

续表

工件材料	表面粗糙度 Ra /μm	切削速度范围 v_c/(m/min)	刀尖圆弧半径 r_ε/mm		
			0.5	1	2
			进给量 f/(mm/r)		
碳钢及合金钢	10～5	<50	0.3～0.5	0.45～0.6	0.55～0.7
		>50	0.4～0.55	0.55～0.65	0.65～0.7
	5～2.5	<50	0.18～0.25	0.25～0.3	0.3～0.4
		>50	0.25～0.3	0.3～0.35	0.35～0.5
	2.5～1.25	<50	0.1	0.11～0.15	0.15～0.22
		50～100	0.11～0.16	0.16～0.25	0.25～0.35
		>100	0.16～0.2	0.2～0.25	0.25～0.35

(3) 切削速度 v_c 的选择

在 a_p 和 f 确定后，根据刀具耐用度公式算出切削速度 v_c。生产中常按经验和有关手册来选择。硬质合金车刀车削外圆时切削速度的部分参考数值如表 3-12 所示。

表 3-12　硬质合金车刀车削外圆时切削速度的部分参考数值

工件材料	热处理状态 或硬度	背吃刀量 a_p/mm		
		0.3～2	2～6	6～10
		进给量 f/(mm/r)		
		0.08～0.3	0.3～0.6	0.6～1
		切削速度 v_c/(m/min)		
低碳钢、易切钢	热轧	140～180	100～120	70～90
中碳钢	热轧	130～160	90～110	60～80
	调质	100～130	70～90	50～70
合金结构钢	热轧	100～130	70～90	50～70
	调质	80～110	50～70	40～60
工具钢	退火	90～120	60～80	50～70
不锈钢	—	70～80	60～70	50～60
灰铸铁	<190HBS	90～120	60～80	50～70
	190～225HBS	80～110	50～70	40～60
高锰钢(13%Mn)	—	—	10～20	—
铜及铜合金	—	200～250	120～180	90～120
铝及铝合金	—	300～600	200～400	150～300
铸铝合金(7%～13%Si)	—	100～180	80～150	60～100

选择切削速度时还应考虑下列几点：

① 精加工时，应尽量避免积屑瘤和鳞刺的产生。

② 断续切削时适当降低切削速度。

③ 在易发生振动的情况下，切削速度应避开产生自激振动的临界速度。

④ 加工大件、细长件和薄壁件时应降低切削速度。

⑤ 加工带外皮的工件时应降低切削速度。

⑥ 粗加工时，需对机床功率进行校验。

（4）校验机床功率

机床功率所允许的切削速度为：

$$v_c \leqslant \frac{P_E \times \eta \times 6 \times 10^4}{F_c} \tag{3-18}$$

式中　P_E——机床电动机功率，kW；

　　　　η——机床传动效率，一般 $\eta = 0.75 \sim 0.85$。

3.4　切削过程基本规律

在金属切削过程中，始终存在着刀具切削工件和工件材料抵抗切削的矛盾，从而产生一系列物理现象，如卷屑、断屑、切削变形、切削力、切削热以及刀具的磨损等。研究这些物理现象，掌握其变化规律，就可以分析和解决切削加工中的实际问题，从而提高切削效率和工程质量，降低生产成本。

3.4.1　切屑

切屑是在切削过程中工程材料受到刀具前刀面的推挤后发生塑性变形，最后沿某一斜面剪切滑移形成的。

（1）切屑的种类

由于切削过程中的变形程度不同，所以产生的切屑种类很多，常见的有带状切屑、节状切屑、粒状切屑和崩碎切屑四种，如图 3-42 所示。其中，前三种切屑是在切削塑性材料时得到的，第四种切屑是在切削脆性材料时得到的。

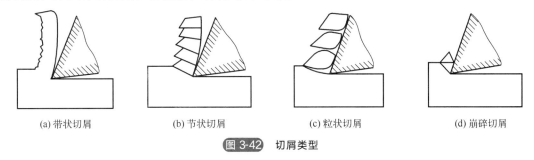

|(a) 带状切屑|(b) 节状切屑|(c) 粒状切屑|(d) 崩碎切屑|

图 3-42　切屑类型

① 带状切屑。带状切屑是在切削厚度较小、切削速度较高、刀具前角较大时得到的一种切屑。带状切屑内表面由于与前刀面的挤压摩擦而较光滑，外表面呈毛茸状。出现带状切屑时，切削力波动小，切削过程平稳，已加工表面粗糙度较小。

② 节状切屑。节状切屑又称为挤裂切屑，是在切削速度较低、切削厚度较大时得到的一种切屑。其外表面局部达到剪切破坏极限，开裂呈节状，内表面仍相连。

③ 粒状切屑。粒状切屑又称为单元切屑，是在切削速度很低、切削厚度很大时得到的一种呈梯形的颗粒状切屑。出现粒状切屑时，切削力波动大，切削过程不平稳。

④ 崩碎切屑。崩碎切屑是在切削铸铁等脆性材料且切削厚度很大时，得到的一种形状不规则的碎块状切屑。出现崩碎切屑时，切削过程很不平稳，已加工表面凹凸不平，切削刃易损坏。

由以上介绍可知，切屑类型是由工件材料特性和加工条件决定的。因此，当加工相同的塑性材料时，通过改变加工条件即可改变切屑的类型。

例如，减小刀具前角，降低切削速度，加大切削厚度时，节状切屑就可以变为粒状切屑；反之，则可以变为带状切屑。

生产中掌握了切屑类型的变化规律，就可以控制切屑的形态和尺寸，以达到卷屑和断屑的目的。

(2) 切屑的控制

1）切屑的流向

如图 3-43 所示，直角自由切削时，切屑从正交平面内流出；直角非自由切削时，由于刀尖圆弧半径和切削刃的影响，切屑流出方向与正交平面形成一个出屑角 η。

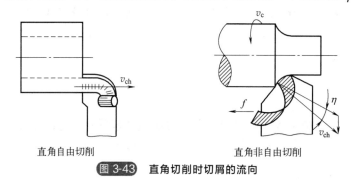

直角自由切削　　　　　直角非自由切削

图 3-43　直角切削时切屑的流向

斜角切削时，切屑的流向受刃倾角 λ_s 的正负影响，如图 3-44 所示。此时的出屑角 η 约等于刃倾角 λ_s。

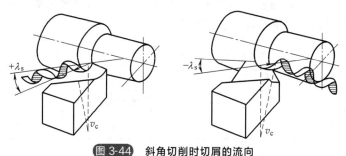

图 3-44　斜角切削时切屑的流向

2）卷屑

卷屑是由切削过程中的塑性和摩擦变形及切屑流出时的附加变形引起的。

卷屑可通过在前刀面上刃磨出卷屑槽（断屑槽）、凸台、附加挡块及其他障碍物来实现。

3）断屑

影响断屑的因素有卷屑槽的尺寸参数、刀具角度和切削用量。

① 卷屑槽的尺寸参数。卷屑槽的槽形有折线形、直线圆弧形和全圆弧形三种，如

图 3-45 所示。槽的宽度 l_{Bn}、圆弧半径 r_{Bn} 和反屑角 δ_{Bn} 是影响断屑的主要因素：槽的宽度 l_{Bn}、圆弧半径 r_{Bn} 减小和反屑角 δ_{Bn} 增大，都能使切屑卷曲变形增大，使切屑易折断；但槽的宽度 l_{Bn}、圆弧半径 r_{Bn} 太小或反屑角 δ_{Bn} 太大，会造成切屑堵塞，排屑不畅。

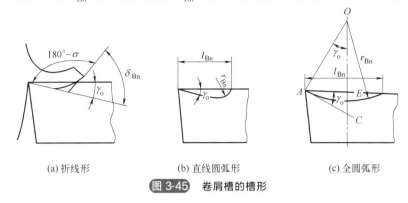

(a) 折线形　　　　　(b) 直线圆弧形　　　　　(c) 全圆弧形

图 3-45　卷屑槽的槽形

槽的宽度 l_{Bn} 一般根据工件材料和切削用量来决定。例如，切削中碳钢时，$l_{Bn}=10f$；切削合金钢时，$l_{Bn}=7f$。

一般来说，圆弧半径 $r_{Bn}=(0.4\sim0.7)\times l_{Bn}$，反斜角 $\delta_{Bn}=50°\sim70°$。

② 刀具角度。刀具角度中的主偏角 κ_r、前角 γ_o 和刃倾角 λ_s 对断屑影响最明显。主偏角 κ_r 增大，切削厚度变大，易于断屑。前角 γ_o 减小，切削变形变大，也易于断屑。刃倾角 λ_s 能控制切屑的流向：λ_s 为正值时，切屑卷曲后碰到待加工表面或刀具折断，形成螺旋状切屑；λ_s 为负值时，切屑卷曲后碰到已加工表面折断形成 C 形切屑。

③ 切削用量。切削用量对断屑都有不同程度的影响：提高切削速度 v_c，易形成长带状切屑，不易断屑；增大进给量 f，切屑卷曲应力增大，容易断屑；减小背吃刀量 a_p，出屑角 δ_{Bn} 增大，切屑易流向待加工表面碰断。

3.4.2　切削变形及其影响因素

在刀具的作用下，切削层金属经过一个复杂的过程变成切屑。在这一过程中，切削层的形态发生了变化。产生这一变化的根本原因是切削层金属在刀具的作用下产生了变形，这就是切削变形。伴随切削变形，切削过程中会出现一系列的物理现象，如积屑瘤、切削力、切削热、切削温度和刀具磨损等，因此，研究切削变形是研究切削过程的基础。

(1) 切削变形

切削过程中，塑性材料受到刀具的切削作用后，开始产生弹性变形。随着刀具继续切入，金属内部的应力、应变继续加大，当达到材料的屈服点时，材料产生剪切滑移变形。刀具再继续前进，应力达到材料的断裂强度时，材料便会沿变形方向产生剪切滑移。刀具继续向前运动，剪切滑移的材料便会与工件分离形成切屑，这就是切削过程中的变形。切削过程的变形大致可划分为三个变形区：第 I 变形区、第 II 变形区和第 III 变形区，如图 3-46 所示。

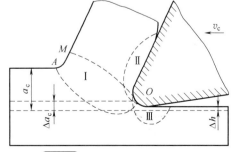

图 3-46　切削过程的三个变形区

① 第Ⅰ变形区。第Ⅰ变形区又称为主变形区，是指在切削层内产生剪切滑移的塑性变形区。

在第Ⅰ变形区内，切削层金属从 OA 线开始产生剪切滑移变形，到 OM 线剪切滑移基本完成。第Ⅰ变形区的宽度（OA 和 OM 的间距）仅有 $0.02\sim0.2\text{mm}$，因此可以将第Ⅰ变形区视为一个平面，这个平面称为剪切面。剪切面与切削速度之间的夹角称为剪切角 ϕ。经过第Ⅰ变形区后，切削层金属材料变成切屑，从刀具前刀面流出。

切屑经过切削变形后，与切削层相比，其形状和尺寸都发生了改变，但其体积保持不变。所以，可以用切屑长度或厚度尺寸相对切削层的变化量来表示切削变形，这个变化量称为变形系数 ξ，如图 3-47 所示，变形系数 ξ 的计算公式为：

$$\xi = \frac{l_c}{l_{ch}} = \frac{a_{ch}}{a_c} = \frac{\cos(\phi - \gamma_o)}{\sin\phi} \tag{3-19}$$

式中 l_c，a_c——切削层的长度和厚度，mm；

l_{ch}，a_{ch}——切屑的长度和厚度，mm。

由于第Ⅰ变形区的变形主要是剪切滑移变形，因此还可以用第Ⅰ变形区单位厚度上的剪切滑移量，即相对滑移量 ε 来衡量切削变形，如图 3-48 所示。

$$\varepsilon = \frac{\Delta s}{\Delta y} = \frac{NP}{MK} = \frac{NK + KP}{MK} = \cot\phi + \tan(\phi - \gamma_o) \tag{3-20}$$

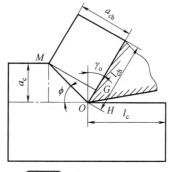

图 3-47 变形系数的计算

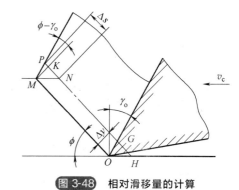

图 3-48 相对滑移量的计算

② 第Ⅱ变形区。第Ⅱ变形区又称为前刀面变形区，是指与前刀面接触的切屑底层内产生的变形区。在第Ⅱ变形区内，从前刀面流出的切屑受到前刀面的挤压和摩擦，形成与前刀面平行的纤维化金属层。第Ⅱ变形区的变形是造成前刀面磨损和产生积屑瘤的主要原因。

③ 第Ⅲ变形区。第Ⅲ变形区又称为已加工表面的变形区，是指靠近切削刃处已加工表面表层内产生的变形区。在第Ⅲ变形区内，已加工表面受到切削刃钝圆部分和后刀面的挤压、摩擦以及自身弹性变形恢复的影响，造成表层组织的纤维化和加工硬化。第Ⅲ变形区的变形是造成已加工表面加工硬化和产生残余应力的主要原因。

(2) 积屑瘤

积屑瘤又称为刀瘤，是指在切削速度不高而又能形成连续切削的情况下，加工一般钢料或其他塑性材料时，常常在前刀面处黏着的一块剖面近似呈三角状的硬块，积屑瘤的硬度很高，通常是工件材料的 $2\sim3$ 倍，处于稳定状态时可代替刀尖进行切削。

1）积屑瘤的形成

当切屑沿前刀面流出时，在一定加工条件下，切屑底层受到很大的摩擦阻力，致使这一层金属的流动速度降低，形成"滞流层"。当摩擦阻力达到一定数值时，切屑底层的滞流层与刀具前刀面发生黏结或冷焊，经剪切滑移后滞流层金属覆盖在前刀面上形成积屑瘤。积屑瘤形成后不断长大，达到一定高度后在外力作用下又会发生局部断裂和脱落，如图 3-49 所示。

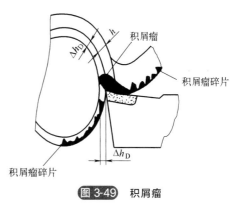

图 3-49　积屑瘤

积屑瘤的形成主要取决于切削温度。例如，在 $300\sim380℃$ 切削碳钢时易产生积屑瘤；而当切削温度超过 $500℃$ 时，金属软化，材料强度降低，积屑瘤消失。

2）积屑瘤对切削过程的影响

① 增大实际前角。积屑瘤加大了刀具的实际前角，可使切削力减小，对切削过程起积极的作用。积屑瘤愈高，实际前角愈大。

② 增大切削厚度。如图 3-49 所示，当积屑瘤存在时，实际的金属切削层厚度增加了 Δh_D，这对工件切削尺寸的控制是不利的。由于积屑瘤存在产生、长大、脱落的变化过程，所以 Δh_D 值是变化的，这样可能在加工中引起振动。

③ 增大加工表面粗糙度。积屑瘤的底部一般比较稳定，而顶部极不稳定，容易破裂然后再形成。破裂的一部分随切屑排出，一部分留在加工表面上，使加工表面变得非常粗糙。因此，在精加工时必须设法避免或减小积屑瘤。

④ 对刀具耐用度的影响。积屑瘤黏附在前刀面上，对刀具有保护作用，可代替刀刃切削，能减少刀具磨损，提高刀具耐用度。但积屑瘤很不稳定，会周期性地脱落。积屑瘤脱落时可能会使刀具表面金属剥落，反而加大刀具的磨损，这一表现在硬质合金刀具中尤为明显。

3）防止积屑瘤的措施

① 提高工件材料硬度，减小加工硬化倾向。

② 增加刀具前角，以减小切屑对前刀面的压力。

③ 降低切削速度，以便降低切削温度，避免发生黏结现象；或采用高速切削，使切削温度高于积屑瘤消失的相应温度。

④ 合理使用切削液，降低切削温度和刀屑面摩擦。

⑤ 电解刃磨刀具，减小前刀面的表面粗糙度值，使刀面不易黏结积屑瘤。

(3) 影响切削变形的因素

影响切削变形的因素主要有工件材料、切削用量和刀具前角。

1）工件材料

在切削条件相同的情况下，工件材料的硬度、强度越高，材料与刀具之间的平均摩擦系数越小，变形系数也就越小，即切削变形越小。

2）切削用量

① 切削速度 v_c。切削速度 v_c 对切削变形的影响如图 3-50 所示。当切削速度小于 v_{c1}

（约为5m/min）时，由于前刀面与切屑底层的摩擦系数较小，不产生积屑瘤。当切削速度达到v_{c1}时，开始产生积屑瘤。随着切削速度的增大，积屑瘤增高，变形系数ξ减小。当切削速度达到v_{c2}（约为20m/min）时，积屑瘤高度达到最大值，变形系数ξ减小到一个较小值。随切削速度继续增大，积屑瘤开始减小，变形系数ξ增大。当切削速度达到v_{c3}（约为40m/min）时，变形系数ξ达到高峰。

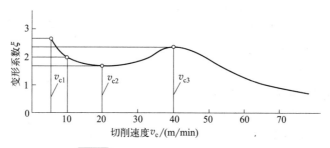

图 3-50　切削速度对切削变形的影响

② 进给量f。进给量f增大，会使切削厚度h_D增大，摩擦系数减小，剪切角φ增大，变形系数ξ减小。

3）刀具前角γ_o

刀具前角γ_o越大，剪切角ϕ越大，变形系数ξ就越小。

3.4.3　切削力及其影响因素

切削力对计算功率消耗，刀具、机床和夹具设计，选择切削用量，优化刀具几何参数等都有非常重要的意义。

（1）切削力

切削力是指金属切削时，刀具切入工件使被加工材料发生变形并成为切屑所需的力。

1）切削力的来源

切削力的来源主要有以下两方面：

① 克服被加工材料对弹性变形和塑性变形的抗力。

② 克服刀具与切屑、工件表面间的摩擦阻力所需的力。

这些力的合力形成了作用在刀具上的切削力F_r。

2）切削力的分解

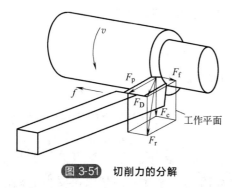

图 3-51　切削力的分解

为了便于测量和应用，切削力F_r可按空间直角坐标分解为三个互相垂直的分力：主切削力F_c、背向力F_p和进给力F_f，如图3-51所示。

主切削力F_c：总切削力F_r在主运动方向的分力。它垂直于基面，并与切削速度方向一致，是消耗机床功率最多的切削分力。

背向力F_p：总切削力F_r在垂直于工作平面方向上的分力。它在基面内，并与进给方向垂直，其数值约为主切削力的0.15～0.7倍。

进给力 F_f：总切削力 F_r 在进给运动方向上的分力。它在基面内，并与进给方向平行，其数值约为主切削力 F_c 的 0.1～0.6 倍。

总切削力 F_r 可分解为主切削力 F_c 和作用于基面 P_r 内的合力 F_D，F_D 分解为背向力 F_p 和进给力 F_f。它们之间的关系如下：

$$\begin{cases} F_r = \sqrt{F_c^2 + F_D^2} = \sqrt{F_c^2 + F_p^2 + F_f^2} \\ F_f = F_D \sin\kappa_r \\ F_p = F_D \cos\kappa_r \end{cases} \tag{3-21}$$

3）切削力的计算

为了能够从理论上分析和计算切削力矩，人们进行了深入的分析和研究，也取得了一些成果。但迄今为止，所得到的一些理论公式还不能对切削力进行精确计算。所以，目前生产实践中采用的计算公式都是通过大量的试验和数据处理而达到的经验公式。这些经验公式主要有指数形式切削力和切削层单位面积切削力两种。

① 指数形式切削力经验公式

切削力 $$F_c = C_{F_c} a_p^{x_{F_c}} f^{y_{F_c}} v_c^{n_{F_c}} k_{F_c} \tag{3-22}$$

背向力 $$F_p = C_{F_p} a_p^{x_{F_p}} f^{y_{F_p}} v_c^{n_{F_p}} k_{F_p} \tag{3-23}$$

进给力 $$F_f = C_{F_f} a_p^{x_{F_f}} f^{y_{F_f}} v_c^{n_{F_f}} k_{F_f} \tag{3-24}$$

式中 C_{F_c}，C_{F_p}，C_{F_f}——三个分力的系数，其大小与工件材料和切削条件有关；

x_{F_c}，x_{F_p}，x_{F_f}——三个分力公式中背吃刀量 a_p 的指数；

y_{F_c}，y_{F_p}，y_{F_f}——三个分力公式中进给量 f 的指数；

n_{F_c}，n_{F_p}，n_{F_f}——三个分力公式中切削速度 v_c 的指数；

k_{F_c}，k_{F_p}，k_{F_f}——当实际条件与获得经验公式的加工条件不符时，各种因素对个切削分力的修正系数。

式中各系数、指数和修正系数都可以在有关手册中查到。

② 切削层单位面积切削力经验公式

切削层单位面积切削力 p 是指切除单位切削层面积所产生的主切削力，其计算公式为：

$$p = \frac{F_c}{A_D} = \frac{F_c}{a_p f} = \frac{F_c}{h_D b_D} \tag{3-25}$$

各种工件材料的单位切削力 p 都可在有关手册中查到。

根据式（3-25）可得到主切削力 F_c 的计算公式：

$$F_c = p a_p f = p h_D b_D \tag{3-26}$$

式中，p 是指 $f = 0.3\text{mm/r}$ 时的单位切削力。硬质合金外圆车刀车削常用金属的单位切削力如表 3-13 所示。当实际进给量 f 大于或小于 0.3mm/r 时，需乘以修正系数 k_{fp}。进给量 f 对单位切削力 p 的修正系数 k_{fp} 如表 3-14 所示。

表 3-13　硬质合金外圆车刀车削常用金属的单位切削力（f= 0.3mm/r）

加工材料				实验条件		单位切削力 p/(N/mm^2)
名称	牌号	热处理状态	硬度(HBS)	车刀几何参数	切削用量范围	
碳素结构钢、合金结构钢	Q235	热轧或正火	134～137	$\gamma_o=15°,\kappa_r=75°$ $\lambda_s=0°,b_{r1}=0$ 前刀面带卷屑槽	$a_p=1～5mm$ $f=0.3mm/r$ $v_c=90～105m/min$	1884
	45		187			1962
	40Cr		212			1962
—	45	调质	299	$b_{r1}=0.2mm$ $\gamma_o=-20°$ 其余同第一项		2305
—	40Cr	—	285			2305
不锈钢	1Cr18Ni9Ti	—	170～179	$\gamma_o=20°$ 其余同第一项		2453
灰铸铁	HT200	退火	170	前刀面无卷屑槽 其余同第一项	$a_p=2～10mm$ $f=0.3mm/r$ $v_c=70～80m/min$	1118
可锻铸铁	KT300	退火	170	同第一项		1344

表 3-14　进给量 f 对单位切削力 p 的修正系数

f/(mm/r)	0.1	0.15	0.2	0.25	0.3	0.35	0.4	0.45	0.5	0.6
k_{fp}	1.18	1.11	1.06	1.03	1	0.97	0.96	0.94	0.925	0.9

（2）切削功率及其计算

切削功率 P_c 是指在切削过程中消耗的功率。它是各分力方向上消耗的功率之和。由于背向力 F_p 在其方向上没有发生位移，不消耗功率；进给力 F_f 远小于主切削力 F_c，且沿进给力 F_f 方向的进给速度相对很小，进给力 F_f 所消耗的功率很小。因此，通常用主运动消耗的功率来表示切削功率 P_c，其计算公式为：

$$P_c=F_c v_c×10^{-3} \tag{3-27}$$

（3）影响切削力的因素

影响切削力的因素主要有工件材料、切削用量、刀具几何参数及其他因素。

1）工件材料

工件材料的硬度、强度越高，剪切屈服强度越大，切削力矩越大。硬度、强度相近的材料，塑性或韧性越好，切屑越不易折断，切屑与前刀面的摩擦越大，切削力 F_r 越大。例如，不锈钢 1Cr18Ni9Ti 的硬度与 45 钢接近，但其伸长率是 45 钢的 4 倍，所以在同样条件下产生的切削力 F_r 较 45 钢增大了 25%。

切削铸铁等脆性材料时，由于塑性变形小，崩碎切屑与前刀面摩擦小，故切削力 F_r 较小。例如，铸铁与热轧 45 钢的硬度接近，但在同样条件下铸铁产生的切削力 F_r 却比 45 钢小 40% 左右。

2）切削用量

① 背吃刀量 a_p 和进给量 f。背吃刀量 a_p 和进给量 f 通过对切削宽度 b_D 和切削厚度 h_D 的影响而影响切削力 F_r，如图 3-52 所示。

如图 3-52（a）所示，背吃刀量 a_p 增大，切削宽度 b_D 增大，切削面积 A_D 和切屑与前

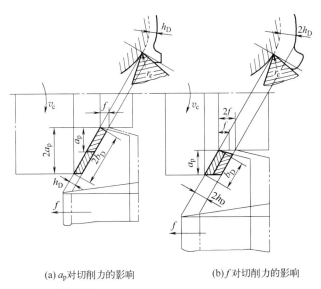

(a) a_p 对切削力的影响　　　　(b) f 对切削力的影响

图 3-52　背吃刀量、进给量对切削力的影响

刀面的接触面积按比例增大。由于进给量 f 不变，所以单位切削力 p 不变。因此，当背吃刀量 a_p 增大一倍时，主切削力 F_c 成比例增大，背向力 F_p 和进给力 F_f 也近似成比例增大。

　　如图 3-52 （b）所示，进给量 f 增大，切削厚度 h_D 增大，而切削宽度 b_D 不变。此时，切削面积 A_D 按比例增大，但切屑与前刀面的接触面积却未变化。由于进给量 f 增大，切削变形程度减小，单位切削力 p 变小。因此，进给量 f 增大一倍时，切削力 F_r 增大 70%～80%。

　　所以实际生产中，可以在不减小切削面积 A_D 的条件下减小背吃刀量 a_p 外，增大进给量 f，以减小切削力 F_r。

　　② 切削速度 v_c。切削速度 v_c 对切削力 F_r 的影响是由积屑瘤与摩擦的作用所造成的，如图 3-53 所示。切削速度 v_c 小于 40m/min 时，随着切削速度的升高，积屑瘤由小变大又变小，切削力相应地先减小后增大。在积屑瘤消失以后（v_c 大于 40m/min），随着 v_c 增大，切削温度上升，前刀面摩擦减小，切削变形减小，切削力减小。

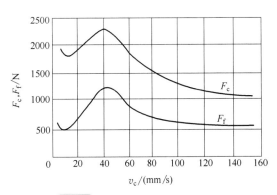

图 3-53　切削速度与切削力的关系

　　在切削脆性材料时，因塑性变形很小，前刀面的摩擦也很小，所以切削速度 v_c 对切削力 F_r 没有显著影响。

　　3）刀具几何参数

　　刀具几何参数中的前角 γ_o、负倒棱和主偏角 κ_r 对切削力具有不同程度的影响。其中，前角 γ_o 对切削力 F_r 的影响最大。

　　① 前角 γ_o。当切削塑性材料时，前角 γ_o 增大，切削层所受挤压变形和摩擦减小，切屑易于从前刀面流出，切削力 F_r 减小。当切削脆性金属时，前角 γ_o 对切削力 F_r 的影响不

明显。

②负倒棱。在前刀面上磨出负倒棱宽度 b_{r1}（如图 3-54 所示）可以提高刃口强度，但会增大切削变形，使切削力 F_r 增大。

③主偏角。如图 3-55 所示，主偏角 κ_r 从 30°增大至 60°时，切削变形减小，使主切削力 F_c 减小。随主偏角 κ_r 继续增大，刀尖圆弧半径 r_ε 也增大，挤压摩擦加剧，使主切削力 F_c 又增大。一般主偏角 κ_r 在 60°～75°范围内，主切削力值最小。

根据切削力的分解公式可知，进给力 F_f 随主偏角 κ_r 的增大而增大，背向力 F_p 随主偏角 κ_r 的增大而减小。因此，长径比超过 10 的细长轴，加工时为避免振动，常采用大于 60°的主偏角 κ_r 以减小背向力 F_p。

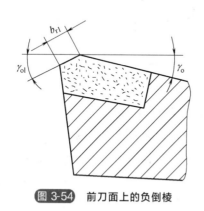

图 3-54　前刀面上的负倒棱　　　图 3-55　主偏角对切削力的影响

4）其他因素

刀具与工件之间的摩擦系数不同，对切削力的影响不同。同样的切削条件下，高速钢刀具对切削力的影响最大，硬质合金刀具次之，陶瓷刀具最小。

切削过程中合理使用切削液，可以降低切削力。所用切削液润滑性能越高，切削力降低越显著。

刀具磨损增加时，作用在前、后刀面的切削力也增大。

3.4.4　切削液

切削液是指为了提高金属切削加工效果而在加工过程中注入工件与刀具或磨具之间的液体。

（1）切削液的种类

切削加工中最常用的切削液有水溶性切削液和非水溶性切削液两大类。

1）水溶性切削液

水溶性切削液主要有水溶液、乳化液和离子型切削液等。

①水溶液。水溶液的主要成分为水，并根据需要加入防锈添加剂、表面活性剂（如石油磺酸钠、油酸钠皂等）、油性添加剂（如豆油、菜籽油、猪油等）和极压添加剂（含硫、磷、氯、碘等的有机化合物）等。水溶液具有良好的冷却和防锈性能，并有一定的润滑性。

②乳化液。乳化液是以水（占 95%～98%）为主加入适量的乳化油形成的乳白色或半透明的乳化液。根据乳化液中含乳化油的多少，乳化液分为低浓度乳化液和高浓度乳化液。

其中，低浓度乳化液（浓度为 3%～5%）冷却和清洗作用较好，适于粗加工和磨削；高浓度乳化液（浓度为 10%～20%）润滑作用较好，适于精加工（如拉削和铰孔等）。

为了进一步提高乳化液的润滑性能，还可在乳化液中加入一定量的氯、硫、磷等极压添加剂，配制成极压乳化液。

③ 离子型切削液。离子型切削液是由母液在水溶液中离解出各种强度的离子而形成的切削液。切削时，摩擦产生的静电荷可与切削液中的离子迅速反应而消除，降低切削温度，起到较好的冷却作用。

2）非水溶性切削液

① 切削油。切削油的主要成分为矿物油（如机油、煤油、轻柴油等），少数采用动植物油（如猪油、豆油等）或混合油。切削油主要起润滑作用。

② 极压切削油。极压切削油是在切削油中加入硫、氯和磷等极压添加剂而配制成的。极压切削油能形成非常结实的润滑膜，显著提高润滑效果和冷却作用。

③ 固体润滑剂。固体润滑剂是指用二硫化钼、硬脂酸和石蜡等做成的蜡棒。将固体润滑剂涂在刀具表面，切削时可减小摩擦，起润滑作用。

(2) 切削液的作用

① 冷却作用。切削液可以减小刀具、工件和切屑之间的摩擦，减少热量的产生，同时可以带走热量，降低切削温度。

② 润滑作用。切削液可以在切屑、工件与刀具界面之间形成润滑油膜，以减小前刀面与切屑、后刀面与已加工表面间产生的高速摩擦，并改善已加工表面的粗糙度，提高刀具耐用度。

③ 清洗作用。切削液能冲刷掉切削过程中产生的碎屑和磨粉，避免划伤已加工表面和机床导轨。

切削液清洗性能的好坏取决于切削液的渗透性、流动性和使用压力。水溶液或乳化液中加入剂量较大的活性剂和少量矿物油，可以改善切削液的清洗性能。

④ 防锈作用。切削液可以减小周围介质对工件、刀具、机床和夹具的腐蚀。切削液防锈效果取决于切削液本身的性能和加入的防锈添加剂的性能。

⑤ 其他作用。除了以上 4 种作用外，所使用的切削液应具备良好的稳定性，在贮存和使用中不产生沉淀或分层、析油、析皂和老化等现象；对细菌和霉菌有一定抵抗能力，不易长霉及生物降解而导致发臭、变质；不损坏涂漆零件，对人体无危害，无刺激性气味；在使用过程中无烟雾或少烟雾；便于回收，低污染，排放的废液处理简便，经处理后能达到国家规定的工业污水排放标准等。

(3) 切削液的使用方法

① 浇注法。浇注法是切削加工中普遍使用的方法。如图 3-56 所示，切削时，浇注量应充足，浇注位置尽量接近切削变形区，不应该浇注在刀具或零件上。车削时，从后刀面喷射比从前刀面好，刀具耐用度可提高一倍以上。深孔加工时，应使用大流量、高压力的切削液，以达到有效地冷却、润滑和排屑的作用。

② 高压冷却法。高压冷却法是指加工深孔（如深孔钻削和套孔钻削等）时，用高压使切削液通过刀体内部的通道直接流向切削区，以达到充分冷却和排屑的目的。

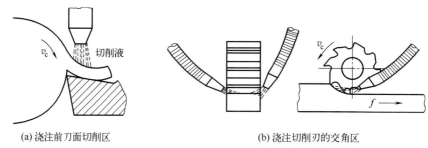

(a) 浇注前刀面切削区   (b) 浇注切削刃的交角区

图 3-56 浇注法

③ 喷雾冷却法。喷雾冷却法利用压缩空气和喷雾装置使切削液雾化，通过喷嘴高速喷向切削区。当雾化成微小液滴的切削液碰到高温的刀具、切屑和工件时迅速气化，吸收大量热量，从而有效地降低切削温度。

 本章小结

（1）切削运动、工件表面和切削用量
- 切削运动是指切削过程中刀具与工件之间存在的相对运动。
- 切削用量三要素，指切削速度、进给量和背吃刀量。
- 切削层参数影响切削变形和零件质量；切削方式影响切屑的流向及变形。

（2）金属切削刀具
- 刀具由刀柄和切削部分组成，切削部分包括"三面""二线""一点"。
- 刀具的三个主要角度：前角、切入角和后角。
- 刀具可分为切刀类、孔加工刀具、拉刀类、铣刀类和螺纹刀具等类型。

（3）刀具磨损与刀具耐用度
- 刀具磨损可分为正常磨损和非正常磨损两类。
- 刀具耐用度指刀具从切削到磨损量达到标准为止所经过的切削时间。
- 刀具几何参数的合理选择。
- 切削用量的合理选择。

（4）切削过程基本规律
- 常见的切屑有带状切屑、节状切屑、粒状切屑和崩碎切屑四种。
- 切削变形及其影响因素。
- 切削力及其影响因素。
- 切削液指在加工过程中注入工件与刀具或磨具之间的液体。

 思考题与习题

一、单项选择题

1. 车外圆时，能使切屑流向待加工表面的几何要素是（　　）。

A. 刃倾角大于 0　　　B. 刃倾角小于 0　　　C. 前角大于 0　　　D. 前角小于 0

2. 车削时，切削热传出的途径中所占比例最大的是（　　）。

A. 刀具　　　　　　　B. 工件　　　　　　　C. 切屑　　　　　　　D. 空气介质

3. 用硬质合金刀具粗加工时，一般（　　　）。

A. 用低浓度乳化液　B. 用切削油　　　　C. 不用切削液　　　D. 用水溶液

二、多项选择题

1. 车刀按结构分包括（　　　）。

A. 焊接式车刀　　　　　　　　　　　B. 机夹式车刀

C. 外圆车刀　　　　　　　　　　　　D. 端面车刀

2. 关于机夹可转位车刀，下列说法正确的是（　　　）。

A. 适用于大批量生产和数控车床　　　B. 使用中需刃磨

C. 由刀杆、刀垫、刀片及夹紧元件组成　D. 切削性能受到工人刃磨水平限制

3. 下面属于尖齿铣刀的特点的是（　　　）。

A. 齿背经铣制而成　　　　　　　　　B. 齿背经铲制而成

C. 用钝后只需刃磨后刀面　　　　　　D. 用钝后只需刃磨前刀面

三、问答题

1. 主运动和进给运动是如何定义的？各有何特点？

2. 刀具标注角度与工作角度有何区别？

3. 为什么车刀在横向切削时，进给量不宜过大？

4. 镗削内孔时，如果刀具安装低于主轴中心轴线，在不考虑合成运动的情况下，试分析刀具工作前角、工作后角的变化。

5. 切屑分为哪几种？各有何特点？如何相互转化？

6. 切削过程三个变形区有何特点？

7. 积屑瘤是如何形成的？它对切削过程有何影响？

8. 切削力的三个分力是如何定义的？它们之间的关系是怎样的？

第4章

机床基础知识

本章思维导图

本书配套资源

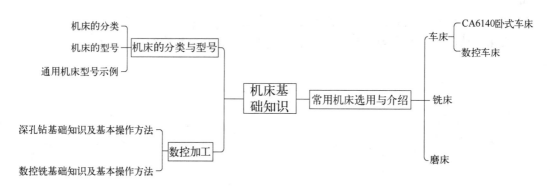

本章学习目标

■ **掌握的内容**

机床的分类，通用机床型号的构成，常用机床，车床加工范围，数控车床的主要部件，铣床的加工范围，铣床的类型，数控铣床加工范围，磨床的种类，齿轮加工机床的加工方法，Y3150E 型滚齿机的主要部件，Y5132 型插齿机的主要部件，钻床主要的加工方法，钻床的分类，镗床的分类，刨插床的分类，深孔钻的加工原理及种类，深孔钻机床的种类及型号，数控铣床的基本结构。

■ **熟悉的内容**

普通机床的类代号，CA6140 型卧式车床主要部件，XA6132 型万能升降台铣床的主要部件，磨床的主要部件，滚齿机床的加工原理及特点，插齿机床的加工原理及特点，深孔钻的加工方法。

■ **了解的内容**

机床的特性代号，CA6140 型卧式车床的传动系统，数控车床的结构特点，XA6132 型铣床的传动系统，磨床的传动系统，深孔钻的基本操作技能。

4.1　机床的分类与型号

金属切削机床简称机床，是指用切削的方法使金属工件获得所要求的几何形状、尺寸精度和表面质量的机器。因为它是制造机器的机器，所以又称为"工作母机"。

4.1.1　机床的分类

(1) 按加工性质和所用刀具分类

按加工性质和所用刀具，机床可分为 11 大类，即车床、钻床、镗床、磨床、齿轮加工机床、螺纹加工机床、铣床、刨插床、拉床、锯床及其他机床。

(2) 按其他特征分类

① 按工艺范围分类。按其工艺范围不同，机床可分为通用机床、专门化机床和专用机床等类型。

a. 通用机床：工艺范围最广，可用于完成多种工序，加工多种零件，如卧式车床和万能升降台铣床等。由于其功能较多、结构比较复杂、生产率低，因此主要用于单件、小批量生产。

b. 专门化机床：工艺范围较窄，专门用于加工某一类工件的特定工序，如凸轮轴车床、螺纹轴磨床和曲轴车床等。

c. 专用机床：工艺范围最窄，只能用于加工特定工件的特定工序，如加工机床主轴的专用镗床和加工车床导轨的专用磨床等。各种组合机床也属于专用机床，专用机床的生产率很高，适用于大批量生产。

② 按加工精度分类。按其加工精度不同，机床可分为普通精度机床、精密机床和高精度机床等类型。

a. 普通精度机床：主要包括普通车床、钻床、镗床、铣床和刨插床等类型。

b. 精密机床：主要包括磨床、齿轮加工机床、螺纹加工机床和其他各种精密机床四种。

c. 高精度机床：主要包括坐标镗床、齿轮磨床、螺纹磨床、高精度滚齿机床、高精度刻线机床和其他高精度机床六种。

③ 按布局分类。按其布局不同，机床可分为卧式机床、立式机床、台式机床和龙门机床等类型。

④ 按机床的质量和尺寸分类。按其质量和尺寸不同，机床可分为仪表机床、中型机床（一般机床）、大型机床（质量达 10t）、重型机床（质量在 30～100t 之间）和超重型机床（质量在 100t 以上）等类型。

⑤ 按自动化程度分类。按其自动化程度不同，机床可分为手动、机动、半自动和全自动机床四种。

⑥ 按机床主要工作部件数目分类。按其主要工作部件数目不同，机床可分为单轴、多轴、单刀、多刀机床等类型。

⑦ 按自动控制方式分类。按其自动控制方式不同，机床可分为仿形机床、程序控制机床、适应控制机床、数字控制机床、加工中心和柔性制造系统这几种类型。其中，数字控制机床和加工中心可统称为数控机床。

4.1.2 机床的型号

机床型号是机床产品的代号，用以表明机床的类型、通用性、结构特性和主要技术参数等。《金属切削机床 型号编制方法》（GB/T 15375—2008）规定，我国机床型号由汉语拼音字母和阿拉伯数字按一定的规律组合而成，适用于各类通用机床、专用机床和回转体加工自动线（不包括组合机床和特种加工机床）。

本节只介绍通用机床型号的编制方法。

(1) 型号的构成

通用机床型号由基本部分和辅助部分组成，中间用"/"（读作"之"）隔开。其中，基本部分需统一管理；辅助部分是否纳入型号由企业自定。型号的构成如图 4-1 所示。

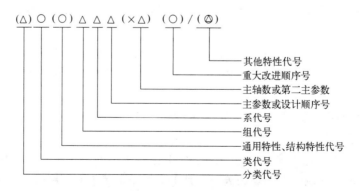

图 4-1 通用机床型号的构成

（2）机床的类代号

机床的类代号用大写的汉语拼音字母表示。若每类机床又有分类，在类别代号前用数字表示，作为型号的首位，但第一类不予表示。普通机床的类代号如表 4-1 所示。

表 4-1　普通机床的类代号

类别	车床	钻床	镗床	磨床			齿轮加工机床	螺纹加工机床	铣床	刨插床	拉床	锯床	其他机床
代号	C	Z	T	M	2M	3M	Y	S	X	B	L	G	Q
读音	车	钻	镗	磨	二磨	三磨	牙	丝	铣	刨	拉	割	其

对具有两类特性的机床编制时，主要特性应放在后面，次要特性应放在前面，例如铣镗床是以镗为主、铣为辅。

（3）机床的特性代号

机床特性包括通用特性和结构特性两种，用汉语拼音表示，书写于类代号之后。

① 通用特性代号。通用特性代号有统一的固定含义，在各类机床型号中表示的意义相同，常用的通用特性代号如表 4-2 所示。

表 4-2　通用特性代号

类别	高精度	精密	自动	半自动	数控	加工中心(自动换刀)	仿形	轻型	加重型	简式或经济型	柔性加工单元	数显	高速
代号	G	M	Z	B	K	H	F	Q	C	J	R	X	S
读音	高	密	自	半	控	换	仿	轻	重	简	柔	显	速

如果某类机床除普通形式外还具有某种通用特性时，则在类代号后加相应的通用特性代号。但如果某类机床仅有某种通用特性，而无普通形式时，则通用特性不予表示。

② 结构特性代号。结构特性代号用来区分主参数相同而结构、性能不同的机床。

结构特性代号在型号中没有统一的含义。当型号中有通用特性代号时，结构特性代号应排在通用特性代号之后；当型号中无通用特性代号时，结构特性代号直接排在类代号之后。

结构特性代号用汉语拼音字母（通用特性代号已用过的字母和"I、O"两个字母不能用）表示，当单个字母不够用时，可将两个字母组合起来使用，如 AD、AE、DA、EA 等。

（4）组、系代号

机床在类的基础上可进行组、系的进一步划分，每类机床划分为十个组，每组又划分为十个系。在同类机床中，主要布局或使用范围基本相同的机床，即为同一组；在同一组机床中，主要结构和布局形式基本相同的机床，即为同一系。

机床的组用一位阿拉伯数字表示，位于类代号或特性代号之后；机床的系也用一位阿拉伯数字表示，位于组代号之后。

（5）主参数、主轴数和第二主参数

① 主参数的表示方法。机床主参数代表机床规格的大小，用折算值（一般为主参数实

际数值的 1/10 或 1/100）表示，位于系代号之后。当无法用一个主参数表示时，则在型号中用设计顺序号表示。

② 主轴数的表示方法。对多轴车床、多轴钻床和排式钻床等机床，主轴数应以实际数值列入型号，置于主参数之后，用"×"（读作"乘"）分开。单轴机床的主轴数可以省略不写。

③ 第二主参数的表示方法。第二主参数是指最大跨距、最大工件长度和工作台工作面长度等。一般来说，第二主参数（多轴机床的主轴除外）不予表示，如果需要表示则应以两位数的折算值为宜，最多不超过三位数。其中，以长度、深度值等表示的，其折算系数为1/100；以直径、宽度值等表示的，其折算系数为 1/10；以厚度、最大模数值等表示的，其折算系数为 1。

（6）机床的重大改进顺序号

机床的重大改进顺序号，按改进的先后顺序，选用汉语拼音字母（"I""O"两个字母不得选用）来表示。它位于基本部分的尾部，用于区别原机床型号。

（7）其他特性代号

其他特性代号主要用以反映各类机床的特性。例如，对数控机床，可用来反映不同的控制系统；对柔性加工单元，可用来反映自动交换主轴箱等。

其他特性代号置于辅助部分之首，其中同一型号机床的变形代号一般应放在其他特性代号的首位。

其他特性代号可用汉语拼音字母（"I""O"两个字母除外）表示，当单个字母不够用时，可将两个字母组合使用。此外，其他特性代号也可用阿拉伯数字表示，或两者组合表示。

4.1.3 通用机床型号示例

CA6140 型卧式车床型号如图 4-2 所示。

MG1432A 型外圆磨床型号如图 4-3 所示。

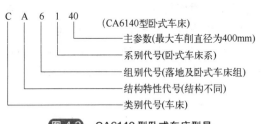

图 4-2 CA6140 型卧式车床型号

图 4-3 MG1432A 型外圆磨床型号

4.2 常用机床选用与介绍

4.2.1 车床

按其结构和用途不同，车床可分为卧式车床、立式车床、转塔车床、仿形车床及专门化车床等类型。

车床主要用于加工回转表面，其加工范围如图 4-4 所示。

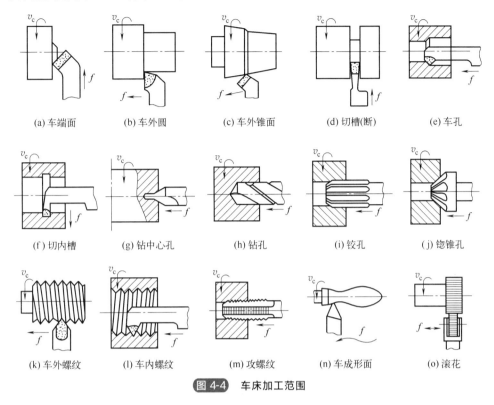

(a) 车端面　(b) 车外圆　(c) 车外锥面　(d) 切槽(断)　(e) 车孔

(f) 切内槽　(g) 钻中心孔　(h) 钻孔　(i) 铰孔　(j) 锪锥孔

(k) 车外螺纹　(l) 车内螺纹　(m) 攻螺纹　(n) 车成形面　(o) 滚花

图 4-4　车床加工范围

(1) CA6140 型卧式车床

1) 车床的主要部件

车床的主要部件有主轴箱、进给箱、床身、溜板箱、刀架、床鞍和尾座等，如图 4-5 所示。

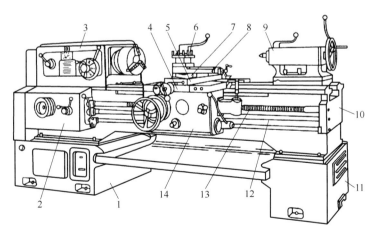

图 4-5　车床的主要部件

1,11—床腿；2—进给箱；3—主轴箱；4—床鞍；5—中滑板；6—刀架；7—回转盘；
8—小滑板；9—尾座；10—床身；12—光杠；13—丝杠；14—溜板箱

① 主轴箱。主轴箱 3 固定在床身 10 的左端。其内装有主轴和变速、换向机构，由电动机经变速机构带动主轴旋转，实现主运动，并获得多种转速和转向。主轴前端可安装三爪卡盘、四爪卡盘等夹具，用以装夹工件。

② 进给箱。进给箱 2 固定在床身 10 的左前侧。其内装有进给运动的变速机构，用于改变刀具的进给量和所加工螺纹的导程。

③ 床身。床身 10 固定在床腿 1 和床腿 11 上。床身是车床的基本支承件，其上安装着车床的各个主要部件，并在工作时使它们保持准确的相对位置或运动轨迹。

④ 溜板箱。溜板箱 14 固定在床鞍 4 的底部，它可带动刀架一起运动。溜板箱能把进给箱传来的运动传递给刀架，使刀架实现纵向进给、横向进给、螺纹切削或快速移动。

⑤ 刀架。刀架 6 位于床身 10 的刀架导轨上。刀架为多层结构，用于装夹车刀，并可带动车刀作纵向、横向和斜向的进给运动。

⑥ 尾座。尾座 9 安装于床身 10 的尾部导轨上，可沿导轨纵向移动，主要用于支承长工件或安装孔加工刀具，也可以横向调整位置以车削外圆锥面。

2）车床的主要技术参数

CA6140 型卧式车床的主要技术参数如表 4-3 所示。

表 4-3 CA6140 型卧式车床的主要技术参数

项目		单位	技术参数	项目		单位	技术参数
最大加工直径	在床身上	mm	400	主轴内孔锥度		—	6 号
	在刀架上	mm	210	主轴转速范围		r/mm	10～1400(24 级)
	棒料	mm	46	进给量范围	纵向	mm/r	0.28～6.33(64 级)
最大加工长度		mm	650、900、1400、1900		横向	mm/r	0.014～3.16(64 级)
中心高		mm	205	加工螺纹范围	公制	min	11～92(44 种)
顶尖距		mm	750、1000、1500、2000		英制	牙/in	2～24(20 种)
刀架最大行程	纵向	mm	650、900、1400、1900		模数	mm	0.25～48(39 种)
	横向	mm	320		径节	牙/in	1～97(37 级)
	刀具溜板	mm	140	主电机功率		kW	7.5

3）车床的传动系统

① 传动系统图。传动系统图是指将传动原理图所表达的传动关系用一种简单的示意图表达出来的图形。

传动系统图一般画在一个能反映机床外形和各主要部件相互位置的投影面上，并尽可能绘制在机床外形的轮廓线内。在传动系统图中，各传动元件是按照运动传递的先后顺序以展开图的形式画出来的。对展开后失去联系的传动副，要用大括号或虚线连接起来，以表示它们的传动联系。在图中还须标出齿轮及涡轮的齿数、带轮直径、丝杠的导程和头数、电动机的转速和功率以及传动轴的编号等。

分析传动系统时，应先找到传动链的两个末端件，然后按照运动传递或联系顺序，依次分析各传动轴之间的传动结构和运动传递关系。

② CA6140 型卧式车床的传动系统。CA6140 型卧式车床有主运动、进给运动和辅助运动等运动。其中，主运动是工件的旋转运动；进给运动有一般进给运动和螺纹进给运动两种，一般进给运动包括刀具的横向进给运动和纵向进给运动，螺纹进给运动是由工件与刀具

组成的复合进给运动；辅助运动有刀架的快速移动等。

CA6140 型卧式车床的传动链如图 4-6 所示，有主运动传动链、进给运动传动链和快速移动传动链等。

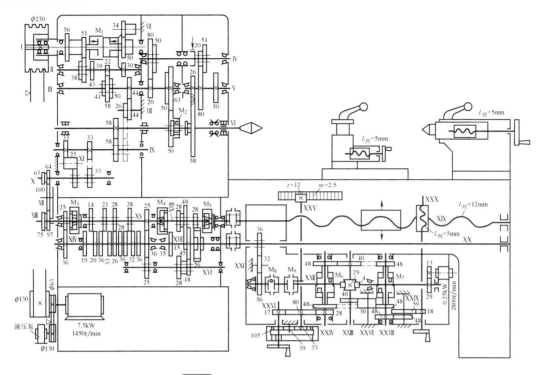

图 4-6　CA6140 型卧式车床的传动链

4）车床的操纵控制系统

双向摩擦片式离合器、制动器及其操纵机构如图 4-7 所示。

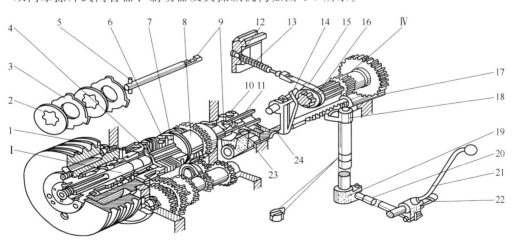

图 4-7　双向摩擦片式离合器、制动器及其操纵机构

1—空套齿轮；2—内摩擦片；3—外摩擦片；4—止推片；5—销；6—调节螺母；7—压块；8—齿轮；
9—拉杆；10—滑套；11—元宝销；12—螺钉；13—簧；14—杠杆；15—制动带；16—制动盘；
17—齿条轴；18—齿扇；19—曲柄；20,22—轴；21—手柄；23—拨叉；24—齿条

① 双向摩擦片式离合器及其操纵机构。双向摩擦片式离合器 M_1 安装在轴Ⅰ上，其作用是控制主轴正转、反转或停止。制动器安装在轴Ⅳ上，其作用是在离合器 M_1 脱开时立刻制动主轴，以缩短辅助时间。

双向摩擦片式离合器 M_1 分左离合器和右离合器两部分，左、右两部分结构相似，工作原理相同。其中，左离合器控制主轴正转，由于正转用于切削加工，需传递的转矩大，所以摩擦片的片数较多（外摩擦片 8 片，内摩擦片 9 片）；右离合器控制主轴反转，由于反转主要用于退刀，需传递的转矩小，所以摩擦片的片数较少（外摩擦片 4 片，内摩擦片 5 片）。

离合器 M_1 除了靠摩擦力传递运动和转矩外，还能起过载保护的作用。当机床过载时，摩擦片打滑，可避免损坏机床。

② 制动器及其操纵机构。制动盘 16 是钢制圆盘，与轴Ⅳ用花键联接。制动盘的周边围着制动带 15，制动带是一条钢带，内侧固定一层酚醛石棉以增加摩擦。制动带的一端通过螺钉 12 等与箱体相连，另一端与杠杆 14 连接。

为方便操纵、避免出错，制动器和离合器 M_1 共用一套操纵机构，也由手柄 21 操纵。当离合器脱开时，齿条 24 处于中间位置，这时齿条 24 上的凸起部分正处于与杠杆 14 下端相接触的位置，使杠杆 14 向逆时针方向摆动，将制动带拉紧，使轴Ⅳ和主轴迅速停转。

齿条 24 凸起的左、右两边都是凹槽，便于接通主轴的正、反转。左、右离合器中任意一个接通时，杠杆 14 都按顺时针方向摆动，使制动带放松。制动带的拉紧程度由螺钉 12 调整，调整后应保证在压紧离合器时制动带完全松开。

③ 变速操纵机构。CA6140 型卧式车床上设置了多种变速操纵机构，现以主轴箱中的一种变速操纵机构为例进行介绍。

如图 4-8 所示为轴Ⅱ—Ⅲ上滑移齿轮的变速操纵机构。轴Ⅱ上的双联滑移齿轮和轴Ⅲ上的三联滑移齿轮用一个手柄集中操纵。变速手柄每转一转，变换全部六种转速，所以手柄共有均匀分布的 6 个位置。

变速手柄装在主轴箱的前壁上，手柄通过链传动使轴 7 转动，在轴 7 上固定有曲柄 5 和盘形凸轮 6，分别用于操纵轴Ⅲ和轴Ⅱ上的滑移齿轮。

曲柄 5 上的销子 4 伸出端套有滚子，嵌在拨叉 3 的长槽中。当曲柄 5 随着轴 7 转动时，可带动拨叉 3 拨动轴Ⅲ上的滑移齿轮，使其处于左、中、右三种不同的位置。盘形凸轮 6 上有一条封闭的曲线槽，它由两段半径不同的圆弧和直线组成。凸轮转动时，曲线槽控制杠杆 10 摆动，通过拨叉 11 拨动轴Ⅱ上的滑移齿轮，使其处于左、右两种不同的位置。

顺次转动手柄 8，并每次转 60°时，曲柄 5 上的圆销 4 依次处于 a、b、c、d、e、f 六个位置，使三联滑移齿轮 2 由拨叉 3 拨动分别处于左、中、右、右、中、左六个工作位置；同时，凸轮曲线槽使杠杆 10 上的销子 9 相应地处于 a′、b′、c′、d′、e′、f′六个位置，使双联滑移齿轮 1 由拨叉 11 拨动分别处于左、左、左、右、右、右六个工作位置。两组滑移齿轮的轴向位置可实现 6 种不同的组合，从而使轴Ⅲ得到 6 种转速。

④ 纵、横向操纵机构。如图 4-9 所示为 CA6140 型卧式车床的机动进给操纵机构。

刀架的纵向和横向机动进给运动的接通和断开、运动方向的改变及刀架快速移动的接通和断开，均集中由手柄 1 来操纵，且手柄扳动方向与刀架运动方向一致。

纵向进给时，扳动手柄 1 向左或向右，手柄 1 下端缺口拨动轴 5 轴向移动，再经杠杆 11 和连杆 12 使凸轮 13 转动。凸轮上的螺旋槽通过圆销 14 带动拨叉轴 15 轴向移动，从而带动拨叉 16 移动，拨叉拨动离合器 M_6 结合，实现向左或向右的纵向机动进给运动。

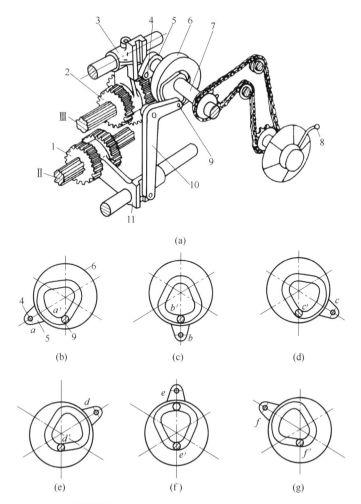

(a)

(b)　　　　　　　　(c)　　　　　　　　(d)

(e)　　　　　　　　(f)　　　　　　　　(g)

图 4-8　CA6140 型卧式车床变速操纵机构

1—双联滑移齿轮；2—三联滑移齿轮；3,11—拨叉；4,9—销子；
5—曲柄；6—盘形凸轮；7—轴；8—手柄；10—杠杆

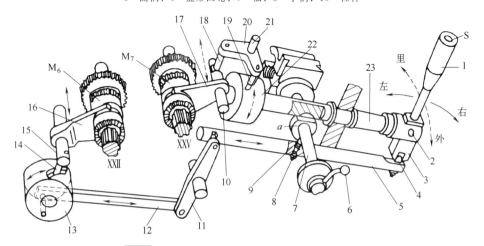

图 4-9　CA6140 型卧式车床的机动进给操纵机构

1,6—手柄；2—销轴；3—手柄座；4,9—球头销；5,7,23—轴；8—弹簧销；10,15—拨叉轴；
11,20—杠杆；12—连杆；13,22—凸轮；14,18,19—圆销；16,17—拨叉；21—销轴

横向进给时，扳动手柄 1 向里或向外，手柄 1 的方块嵌在轴 23 右端缺口，带动轴 23 及固定在其左端的凸轮 22 转动。凸轮 22 上的螺旋槽通过圆销 19 带动杠杆 20 作摆动，拨动拨叉轴 10，使拨叉 17 移动，拨叉拨动离合器 M_7 结合，实现向里或向外的横向机动进给运动。

手柄 1 处于中间位置时，离合器 M_6 和 M_7 也处于中间位置，此时断开了纵、横向机动进给。手柄 1 的顶端装有按钮 S，当需要快速移动时，按住按钮，同时向需要移动的方向扳动手柄即可。

（2）数控车床

数控车床主要用于加工轴类、盘类等回转体零件，特别适合于加工复杂形状零件。

1）数控车床的主要部件

如图 4-10 所示为数控车床的主要部件图。

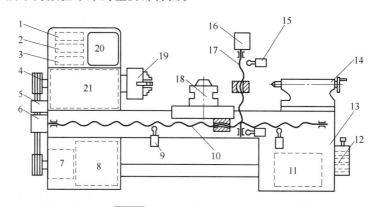

图 4-10 数控车床的主要部件图

1—X 轴伺服控制；2—Z 轴伺服控制；3—主机；4—带轮；5—轴编码器；6—Z 轴伺服电机；
7—电动机；8—控制电源；9—限位保护开关；10—滚珠丝杠；11—冷却系统；12—润滑系统；
13—床身；14—尾座；15—限位保护开关；16—X 轴伺服电机；17—滚珠丝杠；
18—回转刀架；19—三爪卡盘；20—显示器；21—主轴箱

数控车床主要由车床主体和数控装置两部分组成。

车床主体基本保持了普通车床的布局形式，包括主轴箱、导轨、床身和尾座等部件，取消了进给箱、溜板箱、小拖板、光杠及丝杠等进给运动部件，而由伺服电机和滚珠丝杠等组成并实现进给运动。

数控装置主要由计算机主机、键盘、显示器、输入输出控制器、功率放大器和检测电路等组成。

① 床身和导轨。数控车床的床身结构和导轨有多种形式。其中，床身主要有水平床身、倾斜床身和水平床身斜滑鞍等；导轨则多采用滚动导轨和静压导轨等。

② 伺服电机。伺服电机又称为执行电动机，在自动控制系统中，用作执行元件，把所收到的电信号转换成电动机轴上的角位移或角速度输出，并且带动丝杠把角度按照对应规格的导程转化为直线位移。

③ 滚珠丝杠。滚珠丝杠由螺杆、螺母和滚珠组成，它的功能是将旋转运动转化成直线运动。滚珠丝杠具有轴向精度高、运动平稳、传动精度高、不易磨损和使用寿命长等优点。

④ 数控装置。数控装置的核心是计算机及其软件，它在数控车床中起指挥作用。数控

装置接收由加工程序送来的各种信息，经处理和调配后，向驱动机构发出执行命令；在执行过程中，驱动和检测等机构同时将有关信息反馈给数控装置，以便经处理后发出新的执行命令。

2）数控车床的结构特点

① 数控车床采用直流或交流主轴控制单元来驱动主轴。其部件具有很大的刚度。

② 数控车床直接用伺服电机通过滚珠丝杠驱动溜板和刀架实现进给运动。

③ 数控车床的刀架移动一般采用滚珠丝杠副，且润滑充分，因而拖动轻便。

④ 数控车床一般采用耐磨性较好的镶钢导轨，使机床精度的保持时间较长。

⑤ 数控车床防护较严密，自动运转时一般都处于全封闭或半封闭状态。

⑥ 数控车床一般还配有自动排屑装置。

4.2.2　铣床

铣床的加工范围很广，可以加工各种平面（包括水平面、斜面和垂直面）、各种槽、成形面、曲面、齿轮和切断等。

铣床的类型很多，主要有升降台铣床、工作台不升降铣床、龙门铣床、工具铣床、仿形铣床、仪表铣床、数控铣床和各种专门化铣床等。

(1) 升降台铣床

升降台铣床是普通铣床中应用最广泛的一种类型，适用于单件、小批及成批生产中加工小型零件。升降台铣床包括卧式升降台铣床、万能升降台铣床和立式升降台铣床三类，下面以 XA6132 型万能升降台铣床为例进行介绍。

1）铣床的外形和主要部件

① 铣床的外形。XA6132 型万能升降台铣床的外形如图 4-11 所示，它与一般升降台铣床的主要区别在于工作台除了能在相互垂直的三个方向上作调整或进给运动外，还可绕垂直轴线在 ±45° 范围内回转，从而扩大了机床的工艺范围。

② 铣床的主要部件。XA6132 型万能升降台铣床主要由床身、主轴、悬梁、刀杆支架、工作台、回转盘、床鞍、升降台和主电动机等部件组成。

a. 床身：用于安装和支承其他部件。床身装有主轴部件、主变速传动装置及其变速操作机构。

b. 悬梁：安装在床身的顶部，并可沿燕尾导轨调整前后位置。

c. 升降台：安装在床身前面的垂直矩形导轨上，用于支承床鞍、回转盘和工作台，并带动它们一起上下运动。回转盘处于床鞍和工作台之间，它可使工作台在水平面上回转一定的角度（±45°），以满足对斜槽和螺旋槽的加工。

d. 主轴：为一空心轴，如图 4-12 所示，其前端锥度为 7：24 的精密定心锥孔，用于安装锥形刀柄。

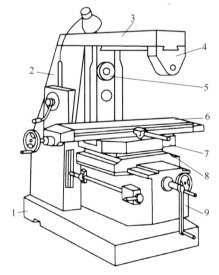

图 4-11　XA6132 型万能升降台铣床

1—底座；2—床身；3—悬梁；4—刀杆支架；5—主轴；6—纵向工作台；7—回转盘；8—床鞍；9—升降台

端面装有两个矩形的端面键，用于嵌入铣刀柄部的缺口中，以传递转矩。主轴采用三点支承结构。其中，前支承采用双列圆柱滚子轴承；中间支承采用角接触球轴承，承受径向力和轴向力；后支承采用深沟球轴承，起辅助支承作用。

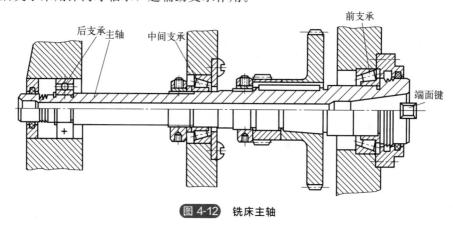

图 4-12　铣床主轴

2）铣床的主要技术参数

XA6132 型万能升降台铣床的主要技术参数如表 4-4 所示。

表 4-4　XA6132 型万能升降台铣床的主要技术参数

项目		单位	技术参数
工作台台面尺寸		mm	320×1250
工作台 T 形槽数		—	3
工作台行程	纵向(X)×横向(Y)×垂向(Z)	mm×mm×mm	680×240×300
工作台回转角度		度	45
主轴孔径		mm	29
主轴轴线至工作台面的距离		mm	30～350
主轴轴线至悬梁底面的距离		mm	155
主轴转速(18 级)		r/min	30～1500
工作台进给速度范围	纵向(X)×横向(Y)×垂向(Z)	mm/min×mm/min×mm/min	(23.5～1180)×(23.5～1180)×(8～394)
工作台快速移动速度	纵向(X)×横向(Y)×垂向(Z)	mm/min×mm/min×mm/min	2300×2300×770
主传动电动机	功率/转速	—	7.5kW/(1440r/min)
进给电动机	功率/转速	—	1.5kW/(1440r/min)
冷却泵电动机	功率/转速	—	0.125kW/(2790r/min)
工作台最大承载质量		kg	500
工作台最大水平拖力		N	15000
机床外形尺寸(长×宽×高)		mm	2294×1770×1665
机床质量		kg	2850

3）铣床的传动系统

铣床的主运动由主轴的旋转运动来实现，进给运动由工作台沿纵向、横向和垂直三个方向的直线运动来实现。XA6132 型万能升降台铣床的传动系统如图 4-13 所示。

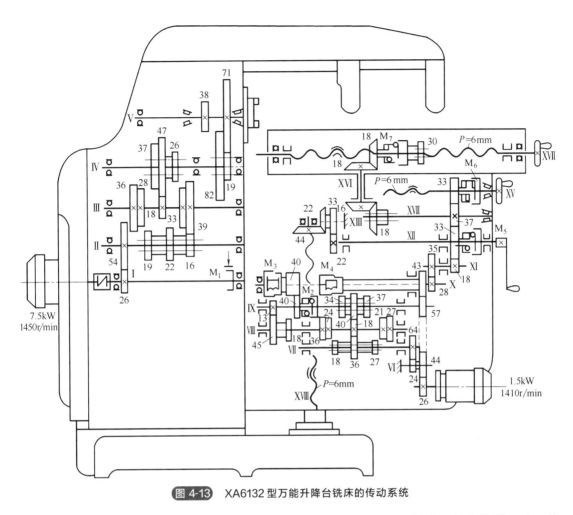

图 4-13 XA6132 型万能升降台铣床的传动系统

① 主运动传动链。主运动由主电动机（7.5kW、1450r/min）驱动，经齿轮副 26/54 传至轴Ⅱ，再经轴Ⅱ—Ⅲ之间和轴Ⅲ—Ⅳ之间的两组三联滑移齿轮变速组，以及轴Ⅳ—Ⅴ之间的双联滑移齿轮变速组，传至主轴Ⅴ，使主轴获得 18 级不同的转速。

主轴旋向的改变通过改变主电动机的旋向（正转和反转）实现。轴Ⅰ右端有电磁制动离合器 M_1，停车后 M_1 接通电源，使主轴迅速而平稳地停止转动。

② 进给运动传动链。机床的工作台可做纵向、横向和垂直三个方向的进给运动，所以有三条进给传动链。进给运动由进给电动机（1.5kW、1410r/min）驱动，电动机的运动经一对齿轮 26/44 传至轴Ⅵ，然后根据轴Ⅹ上的电磁离合器 M_3 和 M_4 的结合情况，分两条路线（进给运动传动路线和快速移动传动路线）传动。

如果轴Ⅹ上的离合器 M_3 脱开、M_4 结合，轴Ⅵ的运动经齿轮副 44/57、57/43 及离合器 M_4 传至轴Ⅹ。这条路线可使工作台作快速移动，为快速移动传动路线。

如果轴Ⅹ上的离合器 M_4 脱开、M_3 结合，轴Ⅵ的运动经齿轮副 24/64 传至轴Ⅶ，再经轴Ⅶ—Ⅷ间和轴Ⅷ—Ⅸ间两组三联滑移齿轮变速组传至轴Ⅸ，然后经轴Ⅷ—Ⅸ间的曲回机构或离合器 M_2 将运动传至轴Ⅹ。这条路线使工作台做正常进给运动，为进给运动传动路线。

轴Ⅹ的运动可经过离合器 M_7、M_6、M_5 以及相应的后续传动路线使工作台分别获得纵向、横向和垂直移动。

由上述传动路线可知，工作台在纵向、横向和垂直三个方向上均可获得 18 级不同的转速。工作台纵向、横向和垂直三个方向上的进给运动是互锁的，只能按需要接通一个方向的进给运动，不能同时接通。进给运动的变向通过改变进给电动机的旋转方向实现。

4）分度头

升降台式铣床配备有多种附件，用于扩大工艺范围，提高生产率，其中分度头是常用的一种附件。

分度头是指用卡盘或顶尖夹持工件，并使之回转和分度定位的机床附件。分度头主要用在以下工作中：铣削离合器、齿轮和花键轴等一些加工中需要分度的工件；铣削螺旋槽或凸轮时，配合工作台移动并使工件旋转；铣削斜面和斜槽时，使工件轴线相对工作台倾斜一定角度等。

分度头可分为万能分度头、半万能分度头、等分分度头和光学分度头等。其中，使用最广泛的是万能分度头。

① 万能分度头的传动与结构。如图 4-14 所示为万能分度头的传动系统。转动分度手柄时，通过一对 1∶1 齿轮和 1∶40 蜗杆减速传动，使主轴旋转。侧轴是用于安装交换齿轮的交换齿轮轴，它通过一对 1∶1 螺旋齿轮与空套在分度手柄轴上的分度盘相联系。

如图 4-15 所示，分度盘上排列着一圈圈在圆周上等分的小孔，用以分度时插定位销。每圈孔数为：24、25、28、30、34、37、38、39、41、42、43、46、47、49、51、53、54、57、58、59、62、66。为减少每次分度时数孔的麻烦，可调整分度盘上分度叉的夹角，形成固定的孔间距数，在每次分度时只要拨动分度叉即可准确分度。

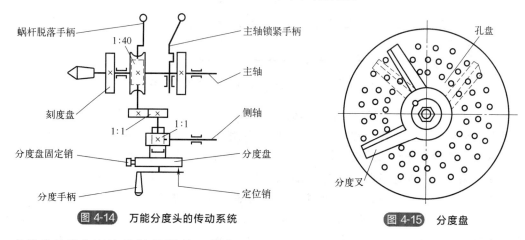

图 4-14　万能分度头的传动系统　　　　图 4-15　分度盘

交换齿轮是分度头的随机附件，共有 12 只交换齿轮，齿数为 25、25、30、35、40、50、55、60、70、80、90、100。

② 分度方法。分度方法有简单分度、角度分度、直接分度和差动分度等方法。下面以简单分度为例进行介绍。

简单分度的传动路线为：主轴—涡轮副 1∶40—齿轮副 1∶1—手柄。主轴与手柄的传动比是 1/40∶1，即主轴转过 1/40 圈时，手柄需转一圈。

（2）数控铣床

数控铣床是指主要采用铣削方式加工工件的数控机床。数控铣床能进行平面或曲面型腔铣削、外形轮廓铣削和三维复杂型面铣削等，也可对零件进行钻、扩、铰、镗、锪及螺纹加工等。

数控铣削常用于加工平面类、变斜角类和曲面类三种零件。

平面类零件：加工面为平面，或可以展开成平面的曲线轮廓面和圆台侧面的零件。目前数控铣床上加工的绝大多数零件都属于平面类零件。

变斜角类零件：加工面与水平面的夹角呈连续变化的零件。它的加工面不能展开为平面，但加工时，加工面与铣刀圆周接触的瞬间为一条直线，如飞机上的整体梁、框及缘条等。加工变斜角类零件一般使用四轴或五轴联动数控铣床。

曲面类零件：加工面为空间曲面的零件。这类零件的加工面也不能展成平面，一般使用球头铣刀切削，加工面与铣刀始终为点接触，如弯板、叶轮及叶片等。加工立体曲面类零件一般使用三轴联动数控铣床；若曲面周围有干涉表面，则需用四轴或五轴联动数控铣床。

(3) 加工中心

加工中心的类型很多。根据主轴的布置形式，加工中心可分为立式加工中心、卧式加工中心、龙门加工中心和复合加工中心等类型。根据刀库形式，加工中心可分为带刀库和机械手的加工中心、无机械手的加工中心和转塔刀库式加工中心等类型。

加工中心主要适用于加工形状复杂、工序多、精度要求高的工件，如箱体类工件、复杂曲面类工件、异形件、盘类、套类、板类工件等。

4.2.3 磨床

磨床加工材料范围广泛，主要用于磨削淬硬钢和各种难加工材料。由于磨削加工容易得到高的加工精度和好的表面质量，因此，磨床主要用于精加工。

磨床的种类很多，主要类型有：

① 外圆磨床：包括万能外圆磨床、普通外圆磨床和无心外圆磨床等类型。

② 内圆磨床：包括普通内圆磨床、行星内圆磨床和无心内圆磨床等类型。

③ 平面磨床：包括卧轴矩台平面磨床、立轴矩台平面磨床、卧轴圆台平面磨床和立轴圆台平面磨床等类型。

④ 工具磨床：包括万能工具磨床、工具曲线磨床、钻头沟槽磨床和丝锥沟槽磨床等类型。

⑤ 各种专门化磨床：包括花键轴磨床、曲轴磨床、轧辊磨床、螺纹磨床等类型。

下面以 M1432A 型万能外圆磨床为例进行介绍。

(1) 磨床的主要部件

M1432A 型万能外圆磨床如图 4-16 所示。

M1432A 型万能外圆磨床不仅可以磨外圆、端面和外圆锥面，还可以磨内圆表面、内台阶面和锥度较大的内圆锥面等。它由工作台、尾座、头架、砂轮架、内圆磨具和床身等主要部件组成。

① 工作台：由上下两层组成。其中，上工作台可绕下工作台在水平面内回转一定角度（±10°），以便磨削圆锥面；下工作台可沿床身的导轨做纵向进给运动。

② 砂轮架：用于支承并传动高速旋转的砂轮主轴。当需磨削短锥面时，砂轮架可以在水平面内调整至一定角度（±30°）。

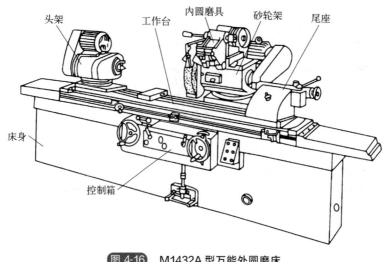

图 4-16　M1432A 型万能外圆磨床

③ 内圆磨具：是磨内孔用的砂轮主轴，它做成独立部件，安装在支架的孔中，可以方便地进行更换。通常每台万能外圆磨床都备有几套尺寸与极限工作转速不同的内圆磨具。

（2）磨床的主要技术参数

M1432A 型万能外圆磨床的主要技术参数如表 4-5 所示。

表 4-5　M1432A 型万能外圆磨床的主要技术参数

项目		单位	技术参数	项目	单位	技术参数
外圆最大磨削长度		mm	1000、1500、2000	外圆磨削直径	mm	8～320
砂轮尺寸		mm	$\phi400 \times 50 \times \phi203$	内孔磨削直径	mm	30～100
机床外形尺寸	长度	mm	3200、4200、5800	内孔最大磨削长度	mm	125
	宽度	mm	1500～1800	砂轮转速	r/min	1670
	高度	mm	1420	磨削工件最大质量	kg	150

（3）磨床的传动系统

如图 4-17 所示为 M1432A 型万能外圆磨床的传动系统图。

M1432A 型万能外圆磨床的传动系统为机械和液压联合传动，除了工作台的纵向往复运动、尾座顶尖套筒的退回、砂轮架的周期性快速自动切入和快速进退是液压传动外，其余均为机械传动。主要传动系统如下。

① 头架的传动。磨削加工时，被加工工件支撑在头架和尾座的顶尖上，或用头架上的卡盘夹持，由头架上的传动装置带动旋转，实现圆周进给运动。由于驱动电机是双速的（700r/min 或 1350r/min），且轴Ⅰ—Ⅱ之间采用三级 V 带塔轮变速。因此，工件可以获得 6 种转速。

② 内圆磨具的传动。内圆磨具装在支架上，只有内圆磨具支架翻到磨削内圆的工作位置时，内圆砂轮电动机才能启动，以确保工作安全。另外，当支架翻到工作位置时，砂轮架快速进给手柄会在原位置自锁，使砂轮架不能快速移动。

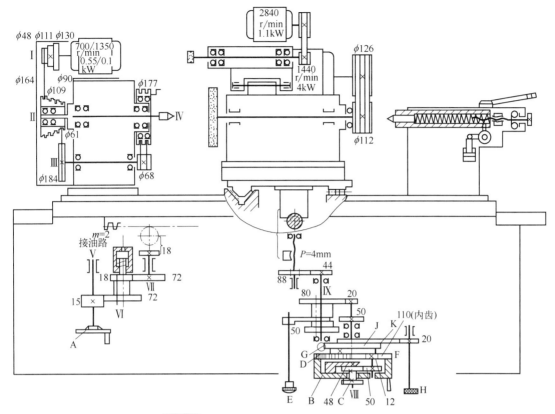

图 4-17　M1432A 型万能外圆磨床的传动系统图

③ 外圆砂轮的传动。

④ 工作台的手动驱动。调整机床及磨削阶梯轴的台阶时，工作台可以用手轮 A 驱动。

⑤ 砂轮架的横向进给。砂轮架的横向进给可由手轮 B 实现，或者由自动进给液压缸驱动。

4.3　数控加工

4.3.1　深孔钻基础知识及基本操作方法

(1) 深孔钻的加工原理及种类

1) 深孔钻的加工原理

将加工过程所需的各种操作和步骤以及工件的形状尺寸用数字化的代码表示；通过控制介质将数字信息送入数控装置；数控装置对输入的信息进行处理与运算，发出各种控制信号；控制机床的伺服系统或其他驱动元件，使机床自动加工出所需要的工件。加工原理如图 4-18 所示。

2) 深孔钻机床的种类及型号

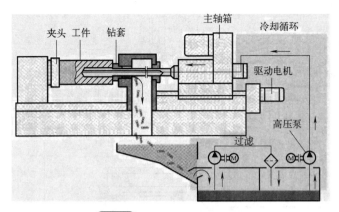

图 4-18　深孔钻的加工原理图

深孔钻机床的种类及型号如表 4-6 所示。

表 4-6　深孔钻机床的种类及型号

设备名称及型号	图例	操作系统	行程极限与承重	加工精度	加工范围
2.6S 环球五轴钻铣复合机床		FANUC 六轴数控系统	X:2500mm Y:1500mm Z:800mm W:1500mm A:+25°,−15° B:360°旋转 机床承重:20000kg 孔径范围:ϕ3～35mm 最高转速:0～4000r/min	0.005～0.1mm	用于钻铣加工
SKD1615 数控卧式深孔钻床		SYNTEC 11MA 台湾新代数控系统	X:1600mm Y:1200mm Z:1500mm 机床承重:12000kg 孔径范围:ϕ3～35mm 最高转速:0～6000r/min	0.005～0.1mm	用于钻孔加工

深孔钻三轴机床规格及主要参数如表 4-7 所示。

表 4-7　深孔钻三轴机床规格及主要参数

三轴机床规格及主要参数			
规格		单位	参数
加工行程	加工孔径范围	mm	ϕ3～35
	最大钻孔深度(Z 轴)	mm	1500
	工作台(X 轴)行程	mm	1600
	滑块(Y 轴)行程	mm	1200
加工速度	主轴最高转速	r/min	6000
	工作台快进(X 轴)	mm/min	8000
	滑台快进(Y 轴)	mm/min	8000
	钻杆箱工进(Z 轴)	mm/min	0～3000

三轴机床规格及主要参数

规格		单位	参数
动力参数	主轴电机	kW	7.5/11(30min)
	X 轴电机	N·m	27
	Y 轴电机	N·m	19
	Z 轴电机	N·m	10
	切削冷却泵电机(钻孔)	kW	$2×7.5$
	循环泵电机	kW	0.4
	排屑器电机	kW	0.2
机床总功率		kW	35
工作台 T 型槽		mm	22
工作台载重		t	12
工作台工作面积(长×宽)		mm×mm	1700×1200
机床外形尺寸($L×W×H$)		mm×mm×mm	5300×4000×3100
控制系统			SYNTEC 11MA
整机质量		t	12

(2) 深孔钻机床简介

① 设备类型：卧式深孔钻床、立式深孔钻床和三坐标式深孔钻床三类。

② 型号：2.6S 环球五轴钻铣复合机床、SKD1615 深孔钻床两种。

③ 结构：深孔钻机床的主要结构有 X、Y、Z 轴，主轴，工作台，控制面板，等。

④ 用途：深孔钻设备主要负责加工水路、油路、顶针孔、螺钉孔、避空孔等孔位的加工，五轴机床还可以使用铣削功能。

⑤ 优势：三轴机床相对传统的老式摇臂钻床，它的加工效率、孔位精度、孔位垂直度以及光洁度都有很大的提升。相对五轴更是增加了 A、B 两轴，可以自由切换角度，钻铣加工可以自由切换，大大提升了加工效率，避免了反复上下机，更是大幅度提升了斜孔以及双斜孔的加工精度。

(3) 深孔钻的加工方法及优势

1) 加工方法

① 直孔的加工方法：直孔加工法是深孔钻加工中最为简单也是最为普遍的加工方法之一。以加工水孔、顶针、避空孔、螺钉孔等为主，利用导向套顶出贴死工件表面，进行定位导向，通过枪钻内孔出油带出铁屑。

② 斜孔的加工方法：工件打点后，手动调节工件角度，参照加工工艺单所标注的尺寸，手动编写程序后，使用加长套定位，启动加工。斜水孔结构如图 4-19 所示。

③ 顶针孔的加工方法：枪钻加工 10mm 后退出钻头，使用通尺规研配加工孔位，孔位达到使用标准后再继续加工。顶针孔结构如图 4-20 所示。

④ 斜杆孔的加工方法：使用铣刀加工引孔（铣出来的孔位，必须比钻头大 0.05～0.1mm），引孔替代导向套起定位导向作用。

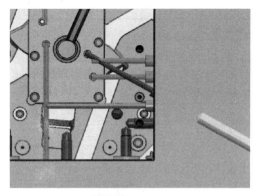

图 4-19　斜水孔

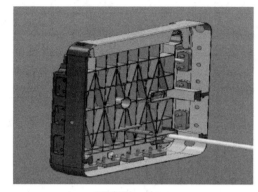

图 4-20　顶针孔

2）加工优势

传统立式钻床和三轴数控卧式深孔钻床在工件表面粗糙度、孔径表面精度、孔直线度、加工速度、加工孔深度等方面的加工精度对比如表 4-8 所示。

表 4-8　加工精度表

加工项目	传统立式钻床	三轴数控卧式深孔钻床
工件表面粗糙度	极差	$0.3 \sim 4\mu m$
孔径表面精度	极差	H8～H9
孔直线度	极差	1/1000mm
加工速度 $\phi 10 \times 300mm$	1～2h	7～10min
加工孔深度	超过 300mm 加工十分困难	600～2000mm

三轴数控卧式深孔钻床与五轴钻铣复合机床加工精度对比如表 4-9 所示。

表 4-9　加工精度对比表

加工项目	三轴数控卧式深孔钻床	五轴钻铣复合机床
加工范围	只可以钻孔加工	可自由切换铣钻加工
斜孔加工	人工摆放角度	全自动进行角度调节
精密斜孔加工	无法加工	精度 0.005～0.1mm

（4）深孔钻枪钻、夹具及工量具的运用

① 枪钻（图 4-21）：最早是用来加工枪管的，也因此得名，它只有一个切削部分，在进行加工时，切削液是通过钻杆的中间并从钻头的小孔喷射到切削区的。枪钻用于钻孔加工。

图 4-21　枪钻

② 枪钻打磨。枪钻打磨如图 4-22 所示。

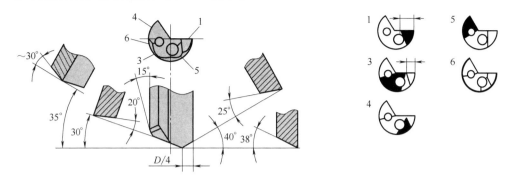

(a) 直径≤5mm的单刀枪钻的标准磨削角度

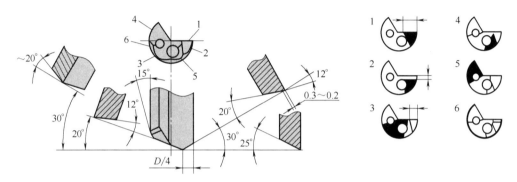

(b) 5～20mm之间的单刀枪钻的标准磨削

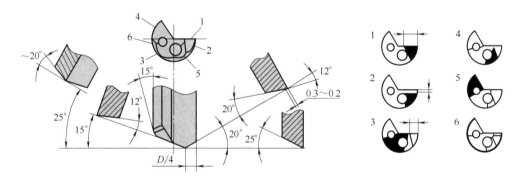

(c) 20mm以上的单刀枪钻的标准磨削

图 4-22 枪钻打磨

③ 导向套（图 4-23）：导向、定位，用于 $\phi3\sim35$mm 的枪钻加工。

④ 加长套（图 4-24）：导向、定位、延长，用于 $\phi3\sim35$mm 的枪钻加工。

⑤ 小导向套（图 4-25）：辅助套配合小导向套，适合小数点枪钻的定位、导向，用于不规则枪钻加工。

⑥ 橡胶套（图 4-26）：用于稳定枪钻。

⑦ BT50 锁刀座（图 4-27）：用于组装、拆卸枪钻及刀具。

⑧ 枪钻打磨机（图 4-28）：枪钻打磨的专业工具，用于打磨枪钻。

图 4-23　导向套

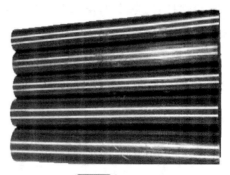

图 4-24　加长套

图 4-25　小导向套

图 4-26　橡胶套

图 4-27　BT50 锁刀座

图 4-28　枪钻打磨机

⑨ 百分表（图 4-29）：用于校正工件水平。

⑩ 分中棒（图 4-30）：用于寻找工件坐标系。

图 4-29　百分表

图 4-30　分中棒

⑪ 光电式寻边器（图 4-31）：用于寻找工件坐标系。

⑫ 带表卡尺（图 4-32）：用于测量枪钻、工件等，精度可达到 0.05mm 以内。

图 4-31　光电式寻边器　　　　　　　　　图 4-32　带表卡尺

⑬ 游标卡尺（图 4-33）：用于测量枪钻、工件等，精度可达到 0.1mm 以内。

⑭ 万能角度尺（图 4-34）：用于测量斜度（斜孔加工时，测量工件斜度）。

图 4-33　游标卡尺　　　　　　　　　　　图 4-34　万能角度尺

(5) 深孔钻的基本操作技能

1) 深孔钻控制面板

① 电源开。当机床的动力电源供给后，面板上的红色（电源关）按键指示灯亮起。此时按下（电源开）按键，机床上电，控制启动，按键绿色指示灯亮起。

② 电源关。机器使用完后，按下红色（电源关）按键，机床关电。此时，（电源关）按键的指示灯亮起。

③ 程序跳段。在人员安全或机台操作发生安全顾虑时，压下此钮，机台所有机电控制会跳脱，此时，控制器进入（未就绪）状态，伺服、主轴驱动器的使能信号切除，切削液、刀库等设备一并关闭。

④ 程序启动。在自动或者 MDI 模式下，可执行程序自动执行。

⑤ 程序暂停。系统处于加工状态时，按下此按键，系统会进入暂停状态。

⑥ 加工进给率旋钮开关。此旋钮开关亦用于调整 JOG 倍率（0%～150%）。注：当倍率为 0 时机床停止运动。

⑦ 主轴倍率旋钮开关。用于调整主轴的转速倍率（50%～120%）。

2）深孔钻程序的运用

① 深孔钻加工程序的产生：

a. 设计部下发加工数据；

b. 由工艺审核人员编制加工工艺；

c. 编程人员按照工艺编制加工程序；

d. 产生程序进入加工设备系统。

② 深孔钻程序常见代码的含义。M 代码及含义如表 4-10 所示。

表 4-10　M 代码及含义

M 代码	含义	M 代码	含义
M0	程序停止	M9	冷却关
M1	选择停止	M10	前导向夹紧
M2	程序结束	M11	前导向放松
M3	主轴正转	M29	刚性攻牙
M4	主轴反转	M30	程序结束
M5	主轴停止	M98	调用子程序
M7	内冷却开	M99	子程序结束
M8	外冷却开		

③ 枪钻的进给、转速及油压的调节。枪钻的进给、转速根据不同材料的硬度选择进行调节，如表 4-11 所示。

表 4-11　枪钻的进给、转速参数表

孔径/mm	冷却压力/(N/mm^2)	挡位选择	碳素钢		p20,718,738		718H	
			S	F	S	F	S	F
ϕ3	70～80	I	4200	12～28	2940	8～13	2550	7～13
ϕ4	64～70	I	3980	24～40	2800	18～30	2400	12～20
ϕ5	60～68	I	3820	30～50	2560	21～35	1920	18～30
ϕ6	57～66	I	3780	36～60	2660	24～40	1860	24～40
ϕ7	57～62	I	3640	57～95	2740	42～70	1820	27～45
ϕ8	48～58	I	3200	60～100	2400	45～75	1600	27～45
ϕ9	44～55	I	2840	60～100	2140	45～75	1420	24～40
ϕ10	40～51	I	2560	63～105	1920	48～80	1280	24～40
ϕ11	37～48	I	2320	63～105	1740	48～80	1160	21～35
ϕ12	34～43	I	2140	60～100	1600	45～75	1080	21～35
ϕ14	28～36	I	1820	54～90	1380	42～70	920	21～35
ϕ15	25～35	II	1700	52～85	1300	42～70	880	21～35
ϕ16	20～30	II	1600	48～80	1200	42～70	840	21～35

④ 三轴深孔钻程序的传输：

a. 寻找加工程序指定摆放文件夹；

b. 复制程序进入设备系统文件夹；

c. 控制面板进入程序储存点，复制加工程序进入加工页面；

d. 启动程序开始加工。

3）深孔钻的工艺程序单

① 工件上机前参考工艺加工单对应模具编号、尺寸、基准角、形状。

② 工件上机后，严格按照加工工艺单进行打表、分中、装夹。

③ 装夹完毕后，根据加工工艺单所标注的日期，寻找加工程序进行对应。

④ 根据刀具名称选取加工枪钻，进行装夹及调节转速进给，进行加工。

⑤ 加工前必须完成前 5 点异常排查，进行自我检验。

⑥ 加工工艺单上的特殊指示，必须小心谨慎对待。

4）深孔钻的加工流程及注意事项

① 深孔钻加工各步骤的先后顺序：

a. 开启设备：开启总开关，开启电源按键，回归机械坐标。

b. 按加工工艺单寻找工件：在指定位置寻找工件，对应工件编号、尺寸、形状、基准角，标注加工上下级时间并签名。

c. 工件上机装夹校正：确认摆放方向，校正工件平面、固定工件、定位坐标、装夹枪钻，导入数控程序、对刀，检验工件，确认各方面数据无出错。

d. 工件加工：按工艺单所标注的加工要求对工件进行加工，时刻关注枪钻的转速、进给、油压，随时进行调节。

e. 工件下机：排查工件加工完毕后有无遗漏；清理工件铁屑、切削油；将工件摆放到指定区域，保证美观清洁；工件上标注工件编号。

② 机床操作注意事项及异常处理：

a. 人员：工作人员必须时刻关注工件加工状态，不得擅离职岗。

b. 枪钻：关注枪钻状态，出现异常立刻停机打磨枪钻（弯曲、响声、加工压力）。

c. 交叉孔位：孔位破孔相交应减少进给输出，缓慢安全通过后再逐次提高进给。

d. 堵油：孔位相交时会出现大面积漏油，导致油压下降及排削困难，应及时封堵出油口。

③ 工件下机前的检测流程及注意事项：

a. 观察工件有无加工遗漏；

b. 拆卸压板；

c. 起吊工件；

d. 清洁油渍；

e. 整齐放置在已加工区域；

f. 在加工工艺单上记录工件下机时间及相关记录。

5）工件孔的种类及用途

① 工件孔（图 4-35）的种类及用途：

a. 水孔：使产品均匀冷却，并在短时间内使产品顶出成形。

b. 顶针：将产品从模具上分离开来。

c. 避空孔：减少受力面积。

d. 螺钉孔：固定。

e. 水井：使产品均匀冷却，并在短时间内使产品顶出成形。

工件孔种类如图 4-35 所示。

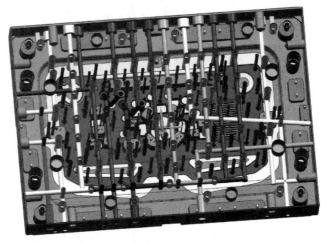

图 4-35　工件孔

② 工件加工面（图 4-36）以及孔位的加工顺序：

a. 先打侧面后打底面。

b. 先打小孔后打大孔。

c. 先打深孔面，后打短孔面。

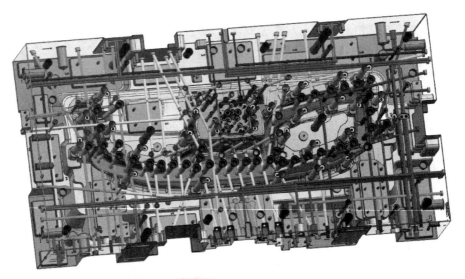

图 4-36　工件加工面

（6）深孔钻机床的维护与保养

① 机床的日保养：

a. 按照 6S 标准清扫地面、工具架、电脑桌、枪钻柜、机床踏板、产品放置区及来料区；

b. 实行设备日常点检。

② 机床的月保养：

a. 清洗过滤网；

b. 添加导轨油；

c. 添加加工冷却油；

d. 设备精度保养；

e. 检测工作台水平；

f. 校正 AB 两轴的旋转中心。

(7) 案例分析

1）深孔钻加工技术要点

① 打表分中误差保持在 0.05mm 之内。

② 打磨的枪钻能进行良好的加工作业。

③ 按照实际操作要求，自行调节枪钻的进给及转速。

④ 加工遇到破孔或交叉孔时，熟练运用应对方法。

⑤ 加工精密孔位时，按照加工标准要求进行加工。

2）案例分析

① 不良原因：枪钻断刀，如图 4-37 所示。

a. 原因描述：磨损、破孔、撞刀、操作人员离岗。

b. 改进措施：时刻关注加工动态，发现异常立马暂停加工。

② 不良原因：孔位垂直度过低，如图 4-38 所示。

a. 原因描述：百分表校正出错、压板未压紧偏移、钻头磨损。

b. 改进措施：工件装夹后检验工件平行度，时刻关注枪钻动态。

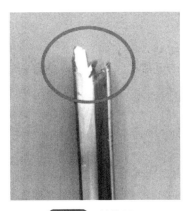
图 4-37　枪钻断刀

图 4-38　孔位垂直度过低

③ 不良原因：顶针孔位过大或过小，如图 4-39 所示。

a. 原因描述：拿错钻头、顶针孔位未研配、研配标准不清晰。

b. 改进措施：顶针孔位加工 20mm 深后，应暂时停止加工，使用通尺规研配达到标准后，再行加工。

④ 不良原因：孔位偏差，如图 4-40 所示。

a. 原因描述：分中数据出错、编程程序出错、导向套弯曲、分中面有毛刺。

b. 改进措施：第一点检测、分中自检。

⑤ 不良原因：方向打错。

a. 原因描述：未对应基准角、形状、尺寸。

b. 改进措施：加工前严格对照工艺单上前5点并填写。

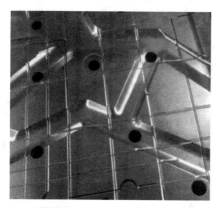

图4-39 顶针孔位过大或过小

图4-40 孔位偏差

4.3.2 数控铣基础知识及基本操作方法

(1) 数控铣床的基础知识

1) 数控铣床的概述

数控铣床是主要采用铣削方式加工零件的数控机床。它能够进行外形轮廓铣削、平面或曲面型腔铣削及三维复杂型面的铣削，如凸轮、模具、叶片等；另外数控铣床还具有孔加工的功能，通过特定的功能指令可进行一系列孔的加工，如钻孔、扩孔、铰孔、镗孔和攻螺纹等。

2) 数控铣床的发展

数控技术出现以来，数控机床给机械制造业带来了革命性的变化。数控加工具有如下特点：加工柔性好，加工精度高，生产率高，减轻操纵者劳动强度、改善劳动条件，有利于生产治理的现代化以及经济效益的进步。数控机床是一种高度机电一体化的产品，适用于加工多品种小批量零件、结构较复杂且精度要求较高的零件、需要频繁改型的零件、价格昂贵的关键零件、要求精密复制的零件、需要缩短生产周期的急需零件以及要求100%检验的零件。

① 高速化。随着汽车、国防、航空、航天等产业的高速发展以及铝合金等新材料的应用，数控机床加工对高速化要求越来越高。具体体现在以下几个方面：

a. 主轴转速：机床采用电主轴（内装式主轴电机），主轴最高转速达200000r/min。

b. 进给率：在分辨率为0.01μm时，最大进给率达到240m/min且可获得复杂型面的精确加工。

c. 运算速度：微处理器的迅速发展为数控系统向高速、高精度方向发展提供了保障，开发出32位以及64位的数控系统，频率进步到几百兆赫、上千兆赫。由于运算速度的极大进步，使得当分辨率为0.1μm、0.01μm时仍能获得高达24~240m/min的进给速度。

d. 换刀速度：目前国外先进加工中心的刀具交换时间普遍已在1s左右，高的已达0.5s。德国Chiron公司将刀库设计成篮子样式，以主轴为轴心，刀具在圆周布置，其换刀时间仅0.9s。

② 高精度化。数控机床精度的要求现在已经不局限于静态的几何精度，机床的运动精度、热变形以及对振动的监测和补偿越来越获得重视。具体体现在以下几个方面：

a. 进步 CNC 系统控制精度：采用高速插补技术，以微小程序段实现连续进给，使 CNC 控制单位精细化，并采用高分辨率位置检测装置，进步位置检测精度（日本已开发装有 106 脉冲每转的内置位置检测器的交流伺服电机，其位置检测精度可达到 $0.01\mu m$/脉冲），位置伺服系统采用前馈控制与非线性控制等方法。

b. 采用误差补偿技术：采用反向间隙补偿、丝杆螺距误差补偿和刀具误差补偿等技术，对设备的热变形误差和空间误差进行综合补偿。研究结果表明，综合误差补偿技术的应用可将加工误差减少 $60\%\sim80\%$。

c. 采用网格解码器检查加工中心的运动轨迹精度，并通过仿真猜测机床的加工精度，以保证机床的定位精度和重复定位精度，使其性能长期稳定，能够在不同运行条件下完成多种加工任务，并保证零件的加工质量。

③ 功能复合化。复合机床的含义是指在一台机床上实现或尽可能完成从毛坯至成品的多种要素加工。根据其结构特点可分为工艺复合型和工序复合型两类。工艺复合型机床有镗铣钻复合—加工中心、车铣复合—车削中心、铣镗钻车复合—复合加工中心等；工序复合型机床有多面多轴联动加工的复合机床和双主轴车削中心等。采用复合机床进行加工，减少了工件装卸、更换和调整刀具的辅助时间以及中间过程中产生的误差，提高了零件加工精度，缩短了产品制造周期，提高了生产效率和制造商的市场反应能力，相对传统的工序分散的生产方法具有明显的上风。

④ 控制智能化。随着人工智能技术的发展，为了满足制造业生产柔性化、制造自动化的发展需求，数控机床的智能化程度在不断进步。具体体现在以下几个方面：

a. 加工过程自适应控制技术：通过监测加工过程中的切削力、主轴和进给电机的功率、电流、电压等信息，利用传统的或现代的算法进行识别，以辨识出刀具的受力、磨损、破损状态及机床加工的稳定性状态，并根据这些状态实时调整加工参数（主轴转速、进给速度）和加工指令，使设备处于最佳运行状态，以提高加工精度、降低加工表面粗糙度并改进设备运行的安全性。

b. 加工参数的智能优化与选择：将工艺专家或技师的经验、零件加工的一般与特殊规律，用现代智能方法构造成基于专家系统或基于模型的"加工参数的智能优化与选择器"，利用它获得优化的加工参数，从而实现更优编程效果。

3）数控铣床与普通铣床的区别

数控铣床是在普通铣床的基础上发展起来的，两者的加工工艺基本相同，结构也有些相似，但数控铣床是靠程序控制的自动加工机床，所以其结构也与普通铣床有很大区别。普通铣床结构如图 4-41 所示，数控铣床结构如图 4-42 所示。

（2）数控铣床的基本结构

数控铣床具有铣床、镗床、钻床的功能，使工序高度集中，在更换工件时只需调用存储于数控装置中的加工程序、装夹工具和调整刀具数据即可，因而大大缩短了生产周期，提高了生产效率。数控铣床形式多样，不同类型的数控铣床在组成上虽有所差别，但却有许多相似之处。典型的数控铣床分为六大部分，即床身、铣头、工作台、横向进给部分、升降台以及切削油冷却循环系统。下面简单介绍数控铣床的结构组成和各部件的作用。

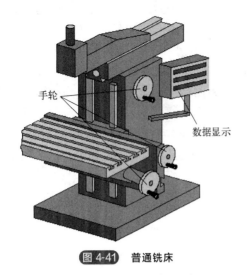

图 4-41　普通铣床

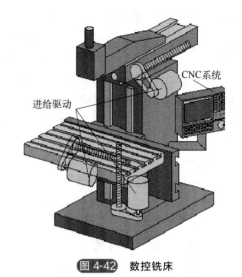

图 4-42　数控铣床

① 床身：床身内部加强肋布置合理，具有良好的刚性，底座上设有四个调节螺栓，便于机床调整水平，切削油池设在床身内部。

② 铣头：铣头部分由有级变速箱和铣头两个部件组成。铣头主轴支承在高精度轴承上，保证主轴具有高回转精度和良好的刚性。主轴装有快速夹紧刀螺母，采用机械无级变速，调节范围宽、传动平稳、操作方便。制动机构能使主轴迅速制动，节省辅助时间。制动时通过制动手柄撑开止动环，使主轴立即制动。启动主电动机时，应注意松开主轴制动手柄。铣头部件还装有伺服电动机、内齿带轮、滚珠丝杠副及主轴套筒，它们形成垂向进给传动链，使主轴做垂直方向直线运动。

③ 工作台：工作台与床鞍支承在升降台较宽的水平导轨上，工作台的纵向进给是由安装在工作台右端的伺服电动机驱动的，通过内齿带轮带动精密滚珠丝杠副，从而使工作台获得纵向进给。工作台左端装有手轮和刻度盘，以便手动操作进给。提高了导轨的耐磨性、运动的平稳性和精度的保持性，消除了低速爬行现象。

④ 横向进给部分：在升降台前方装有交流伺服电动机，驱动床鞍作横向进给运动，其工作原理与工作台纵向进给相同。另外，在横向滚珠丝杠前端还装有进给手轮，可实现手动进给。

⑤ 升降台：在其左侧装有锁紧手柄，它的前端装有长手柄，可带动锥齿轮及升降台丝杠旋转，从而实现升降台的升降运动。

⑥ 切削油冷却系统：冷却部分由切削油泵、出油管、回油管、开关及喷嘴等组成。切削油泵安装在机床底座的内腔里，将切削油从底座内储油池泵至出油管，再经喷嘴喷出，对切削区进行冷却。润滑部分采用机动润滑方式，用润滑泵通过分油器对主轴套筒、导轨及滚珠丝杠进行润滑，以提高机床的使用寿命。数控铣床在整体布局、外观造型、传动系统、刀具系统的结构以及操作机构等方面都已经发生了很大的变化，这种变化的目的是满足数控铣床的要求和充分发挥数控铣床的特点。

(3) 数控铣的种类及加工区别

1) 按主轴的位置分类

① 立式数控铣床：数控立式铣床在数量上一直占据数控铣床的大多数，应用范围也最

广。从机床数控系统控制的坐标数量来看，目前 3 坐标数控立铣仍占大多数；一般可进行 3 坐标联动加工，但也有部分机床只能进行 3 个坐标中的任意两个坐标联动加工（常称为 2、5 坐标加工）。此外，还有机床主轴可以绕 X、Y、Z 坐标轴中的其中一个或两个轴做数控摆角运动的 4 坐标和 5 坐标数控立铣。

② 卧式数控铣床：与通用卧式铣床相同，其主轴轴线平行于水平面。为了扩大加工范围和扩充功能，卧式数控铣床通常采用增加数控转盘或万能数控转盘来实现 4、5 坐标加工。这样，不但工件侧面上的连续回转轮廓可以加工出来，而且可以实现在一次安装中，通过转盘改变工位，进行"四面加工"。

立式、卧式数控铣床性能区别如表 4-12 所示。

表 4-12　立式、卧式数控铣床性能

机床名称	图例	操作系统	主要参数	加工精度
高锋 CV-11B 立式数控铣床		FANUC Oi-MF 操作系统	工作台面积:1200mm×600mm 行程:1100mm×600mm×700mm 主轴转数:10000r/min	$(X/Y/Z)$ 0.01mm
TSH 台湾世宏 MHC-630 卧式数控铣床		FANUC Oi-MD 操作系统	工作台面积:500mm×500mm 行程:1000mm×600mm×550mm 主轴转数:8000r/min	$(X/Y/Z)$ 0.01mm

2）立式数控铣床与卧式数控铣床的区别

① 轴位置不同。卧式的主轴水平布置，立式的主轴垂直布置。

② 卧式铣床一般都带立铣头，虽然这个立铣头功能和刚性不如立式铣床强大，但这使得卧式铣床总体功能比立式铣床强大。立式铣床没有此特点，不能加工适合卧铣的工件，但生产率要比卧式铣床高，刚度相对好些。

③ 适用范围大小不同。立式数控铣床是数控铣床中数量最多的一种，应用范围最广。卧铣扩大了使用范围，并且加工精度一般来说比立式的要高。

a. 卧式铣床特点：用于铣削平面和成形面，床身水平布置，通常工作台沿床身导轨纵向移动，主轴可轴向移动，结构简单，生产效率高。

b. 立式铣床特点：具有可沿床身导轨垂直移动的升降台，通常安装在升降台上的工作台和滑鞍可分别做纵向、横向移动。

3）普通数控铣与加工中心的区别

数控铣床又分为不带刀库和带刀库两大类。其中，带刀库的数控铣床又称为加工中心。加工中心是一种功能较全的数控加工机床。它能把铣削、镗削、钻削、攻螺纹和切削螺纹等功能集中在一台设备上，使其具有多种工艺手段。它的综合加工能力较强，工件一次装夹后能完成较多的加工内容，而且加工精度较高，就中等加工难度的批量工件而言，其效率是普通设备的5～10倍，特别是它能完成许多普通设备不能完成的加工，对形状较复杂、精度要求高的单件加工或中小批量多品种生产更为适用。

① 加工中心特点。与其他数控机床相比，加工中心具有以下特点：

a. 加工的工件复杂、工艺流程较长，能排除人为干扰因素，具有较高的生产效率和质量稳定性；

b. 工序集中、具有自动换刀装置，工件在一次装夹后能完成有高精度要求的铣、钻、镗、扩、铰、攻螺纹等复合加工；

c. 在具有自动交换工作台时，一个工件在加工时，另一个工作台可以实现工件的装夹，从而大大缩短辅助时间，提高加工效率。

② 刀库认知。刀库结构如图4-43所示。刀库容量越大，加工范围越广，加工的柔性化程度越高。

图 4-43　刀库

刀库系统是提供自动化加工过程中所需储刀及实现换刀需求的一种装置。其具有自动换刀机构及可以储放多把刀具的刀库，改变了传统以人为主的生产方式。大幅缩短加工时程，降低生产成本，这是刀库系统的最大特点。

近年来，刀库的发展已超越其为工具机配件的角色，在其特有的技术领域中发展出符合工具机高精度、高效能、高可靠度及多工复合等概念的产品。其产品品质的优劣，关系到工具机的整体效能表现。

刀库主要是提供储刀位置，并能依程式的控制正确选择刀具加以定位，以进行刀具交换；换刀机构则是执行刀具交换的动作。刀库必须与换刀机构同时存在，若无刀库则加工所需刀具无法事先储备；若无换刀机构，则加工所需刀具无法自刀库依序更换，无法完成降低非切削时间的目的。此二者在功能及运用上相辅相成、缺一不可。

刀库的容量、布局，针对不同的工具机，其形式也有所不同。根据容量、外形和取刀方式，刀库可大致分为以下几种：

a. 斗笠式刀库。一般只能存16～24把刀具，斗笠式刀库在换刀时整个刀库向主轴移动。当主轴上的刀具进入刀库的卡槽时，主轴向上移动脱离刀具，这时刀库转动。当要换的刀具对正主轴正下方时主轴下移，使刀具进入主轴锥孔内，夹紧刀具后，刀库退回原来的位置。

b. 圆盘式刀库。圆盘式刀库通常应用在小型立式综合加工机上。"圆盘刀库"一般称"盘式刀库"，以便和"斗笠式刀库""链条式刀库"相区分。圆盘式刀库容量不大，需搭配自动换刀机构ATC（Auto Tools Change）进行刀具交换。

c. 链条式刀库。链条式刀库的特点是可储放较多数量的刀具，一般都在20把以上，有些可储放120把以上。它是借由链条将要换的刀具传到指定位置，由机械手将刀具装到主轴上。

换刀动作均采用电机加机加工中心使用的刀库，最常见的形式是圆盘式刀库和链条式刀库。

4）按加工精度分类

机床的加工精度在很大程度上决定了加工出来的产品精细化程度，操作技术水平相同时，数控机床的加工精度就要高一些，因为电脑控制更准确、精细。机床老化、机床零件出问题、电气系统故障，都会降低机床的精度。

现在多数厂家都使用数控机床。数控机床加工精度的影响因素也比较多，有数据统计显示，65.7%以上的数控机床在安装时就没有完全符合精度标准，而更有90%的数控机床在工作中处在失准的状态下，存在动态精度上的误差。这说明了机床工作状态监控的重要性，其对保证机床精度起到了重要的作用。

机床的精度误差产生的原因很多，以导轨与丝杠的间隙为例，数控的重复定位是靠设备完成的，而普通车床是由人来控制的，重复的定位也是用量具和人工来完成，这都会有一定的误差。误差是不可避免的，所以机床的精度是有一定范围的，在合理合规的范围之内的误差都可以接受，而超出部分太多就意味着机床的精度不够。

机床的加工精度是有区别的，其中分为静态精度和动态精度两种。静态精度是在机床不工作状态下检测出来的，其中又主要包括机床的几何精度和机床的定位精度两种；动态精度是在机床加工工件过程中检测出来的，主要包括刀具、工件、振动等带来的误差。

机床加工精度是指被加工零件达到的尺寸精度、形态精度和位置精度；机床静态精度是指机床的几何精度、运动精度、传动精度、定位精度等在空载条件下检测的精度。显然，后一种精度对机床的加工精度影响更大，但是这种精度控制起来也是特别难的。它不仅仅跟机床设备本身有很大的关系，还跟电压、操作工人的技术水平、加工产品的难度、操作规范有很大的关系。

欧洲机床生产商，特别是德国厂家，标定精度时一般采用 VDI/DGQ 3441 标准。美国机床生产商标定精度时通常采用 NMTBA（National Machine Tool Builder's Assn）标准。日本机床生产商标定精度时，通常采用 JISB6201 或 JISB6336 或 JISB6338 标准。

数控机床的几何精度反映机床的关键机械零部件（如床身、溜板、立柱、主轴箱等）的几何形状误差及其组装后的几何形状误差，包括工作台面的平面度，各坐标方向上移动的相互垂直度，工作台面 X、Y 坐标方向上移动的平行度，主轴孔的径向圆跳动，主轴轴向的窜动，主轴箱沿 Z 坐标轴心线方向移动时的主轴线平行度，主轴在 Z 轴坐标方向移动的直线度和主轴回转轴心线对工作台面的垂直度，等。

数控机床的定位精度，是指所测机床运动部件在数控系统控制下运动时所能达到的位置精度。该精度与机床的几何精度一样，会对机床切削精度产生重要影响，特别会影响到孔隙加工时的孔距误差。目前通常采用的数控机床定位精度标准是 ISO 230-2 标准和国标 GB/T 17421.2—2023。

看一台机床性能水平的高低，要看它的重复定位精度。一台机床的重复定位精度如果能达到 0.005mm，就是一台高精度机床；重复定位精度在 0.005mm（ISO 标准、统计法）以下，就是超高精度机床。

5）普通数控铣与高速数控铣的加工区别

普通数控铣采用低的进给速度和大的切削参数，而高速数控铣则采用高的进给速度和小的切削参数。高速数控铣相对普通数控铣有如下特点：

① 高效。高速数控铣的主轴转速一般为 15000～40000r/min，最高可达 100000r/min。在切削钢时，其切度削速约为 400m/min，比传统的铣削加工高 5～10 倍；在加工模具型腔时，与传统的加工方法（传统铣削、电火花成形加工等）相比，其效率提高 4～5 倍。

② 高精度。高速数控铣精度一般为 $10\mu m$，有的精度还要高。

③ 高的表面质量。由于高速铣削时工件温升小（约为 $3℃$），故表面没有变质层及微裂纹，热变形也小。最好的表面粗糙度 Ra 小于 $1\mu m$，减少了后续磨削及抛光工作量。

④ 可加工高硬材料。可铣削 $50\sim54HRC$ 的钢材，铣削的最高硬度可达 $60HRC$。普通数控铣效果如图 4-44 所示，高速数控铣效果如图 4-45 所示。

图 4-44　普通数控铣

图 4-45　高速数控铣

6）按数控系统联动轴数分类

我们一般说的数控铣加工中心指的就是常见的三轴的机床，因为它包含有 X、Y、Z 三个轴，所以又称为三轴数控铣加工中心，但是还有一些机床在一般的机床上又添加了一到两个轴，也就是四轴、五轴的数控铣加工中心。其他的多轴数控铣加工中心都是在这个基础上增加了不同数量的旋转轴。

三轴数控铣：三轴加工中心指的是常见的数控铣，它拥有三条不同方向直线运动的轴，比如上下、前后、左右。一般上下的是主轴，可以装刀具，高速旋转。

四轴数控铣：四轴数控铣指的是在原有的三轴再加一个旋转轴，一般是水平面 360°旋转，但不能高速旋转。

五轴数控铣：五轴加工中心是在普通的三轴数控铣上增加了两个旋转轴，一般是直立 360°旋转，但不能高速旋转。这个轴通常加在上下轴上面，也就是主轴上面。五轴可以进行全面加工，可以一次装夹做雕像。

① 三轴与多轴数控铣床的加工特点。三轴是 X、Y、Z 三个直线轴，加工有局限性，比如不能加工叶片。

② 四轴加工中心的四个轴可以实现同时联动的控制，这个同时联动时的运动速度是合成的速度，并不是各自的运动控制，是空间一点经四个轴的同时运动到达空间的另外一点，从起始点同时运动，到终点同时停止，中间各轴的运动速度是根据编程速度经过控制器的运动插补算法经内部合成得到的。四轴加工中心，就是 X、Y、Z 轴再加上一个旋转轴 A（也可以是 B 轴或 C 轴），A、B 和 C 轴的定义是分别对应绕 X、Y 和 Z 轴旋转的轴，一般第四轴是轴线绕 X 轴旋转的 A 轴，或轴线绕 Y 轴旋转的 B 轴。第四轴不但可以独自运动，而且还可以分别和其他一个轴或两个轴联动，或这四个轴同时联动。有的机床虽然有四个轴，但其只能单独运动，只作为分度轴，即旋转到一个角度后停止并锁紧这个轴不参与切削加工，只作分度，这种只能叫作四轴三联动。四轴联动机床可以不止四个轴，它可以有五个轴或者更多，但它的最大联动轴数是四个。

③ 五轴加工是指在一台机床上至少有五个坐标轴，X、Y、Z 加 A、C 或 B、C 轴，即

三个直线轴加两个旋转轴，而且可在计算机数控（CNC）系统的控制下同时协调运动进行加工。联动是数控机床的轴按一定的速度同时到达某一个设定的点，五轴联动是五个轴都可以联动。五轴联动数控机床是一种科技含量高、精密度高、专门用于加工复杂曲面的机床。

④ 车铣复合加工中心。复合加工是指对工件进行一次装夹，然后对工件进行车削、铣削、钻削加工等，可以提高零件加工精度，提高生产率。同时节约作业面积，为企业带来经济效益。车铣是利用铣刀旋转和工件旋转的合成运动来实现对工件的切削加工，使工件在形状精度、位置精度、已加工表面完整性等多方面达到使用要求的一种先进切削加工方法。车铣复合加工不是单纯地将车削和铣削两种加工手段合并到一台机床上，而是利用车铣合成运动来完成各类表面的加工，是在当今数控技术得到较大发展的条件下产生的一种新的加工理论和加工技术。

（4）数控铣床的行程极限影响因素

数控铣床的行程极限影响因素包括 X、Y、Z 坐标轴最大行程，工作台面积（长×宽），工作台最大载重，工作台 T 形槽数、槽宽、槽间距，主轴端面到工作台距离，主轴转速范围，工作台快进速度、切削进给速度范围，主轴电机功率，定位精度、重复定位精度数控系统，等等。数控铣床的行程极限影响因素如表 4-13 所示。

表 4-13　数控铣床的行程极限影响因素

影响因素主要内容项	作用
X、Y、Z 坐标轴最大行程	影响加工工件的尺寸范围（重量）、编程范围及刀具、工件、机床之间干涉
工作台面积（长×宽）	
工作台最大载重	
主轴端面到工作台距离	
主轴套筒移动距离	
工作台 T 形槽数、槽宽、槽间距	影响工件及刀具安装
主轴孔锥度、直径	
主轴转速范围	影响加工性能及编程参数
工作台快进速度、切削进给速度范围	
主轴电机功率	影响切削负荷
伺服电机额定转矩	
定位精度、重复定位精度	影响加工精度及一致性
分度精度（回转工作台）	

（5）数控铣床的加工原理

根据零件形状、尺寸、精度和表面粗糙度等技术要求制定加工工艺，选择加工参数。通过手工编程或利用 CAM 软件自动编程，将编好的加工程序输入到控制器。控制器对加工程序处理后，向伺服装置传送指令。伺服装置向伺服电机发出控制信号。主轴电机使刀具旋转，X、Y 和 Z 向的伺服电机控制刀具和工件按一定的轨迹相对运动，从而实现工件的切削。流程如下：

① 首先根据零件加工图样进行工艺分析，确定加工方案、工艺参数和位移数据。

② 用规定的程序代码和格式规则编写零件加工程序单，或用自动编程软件进行 CAD/CAM 工作，直接生成零件的加工程序文件。

③ 将加工程序的内容以代码形式完整记录在信息介质（如穿孔带或磁带）上。

④ 通过阅读机把信息介质上的代码转变为电信号，并输送给数控装置。手工编写的程序可以通过数控机床的操作面板输入；由编程软件生成的程序，通过计算机的串行通信接口直接传输到数控机床的数控单元（MCU）。

⑤ 数控装置将所接收的信号进行一系列处理后，再将处理结果以脉冲信号形式向伺服系统发出执行的命令。

⑥ 伺服系统接到执行的信息指令后，立即驱动铣床进给机构严格按照指令的要求进行位移，使铣床自动完成相应零件的加工。

（6）数控铣床的加工范围

加工范围包括工件上的曲线轮廓，有直线、圆弧、螺纹或螺旋曲线，特别是由数学表达式给出的非圆曲线与列表曲线等曲线轮廓。已给出数学模型的空间曲线或曲面，形状虽然简单，但尺寸繁多、存在检测困难的部位，用普通机床加工时难以观察、控制及检测的内腔、箱体内部等。

对有严格尺寸要求的孔或平面，或能够在一次装夹中顺带加工出来的简单表面或形状，采用数控铣削加工能有效提高生产率、减轻劳动强度。适合数控铣削的主要加工对象有：平面轮廓零件、变斜角类零件、空间曲面轮廓零件、孔和螺纹等。

（7）数控铣的加工特点

1）数控铣床的加工精度

数控铣床加工精度是指零件加工后的实际几何参数（尺寸、形状和位置）与图纸规定的理想几何参数符合的程度。这种相符合的程度越高，加工精度也越高。普通数控铣床的加工精度一般可达 $0.02 \sim 0.03$mm，高速铣削加工精度一般为 10μm，有的精度还要高。普通数控铣的加工效果如图 4-46 所示，高速数控铣的加工效果如图 4-47 所示。

在加工过程中，加工精度难免会受到各种各样因素的影响，机床、刀具、装夹工具等诸多因素都会对其产生影响，其中刀具尤为重要。

图 4-46　普通数控铣的加工效果

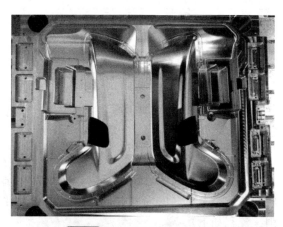

图 4-47　高速数控铣的加工效果

2）数控铣床的加工效率

① 普通铣床跟数控铣床加工效率的对比。工件加工所需时间包括机动时间和辅助时间，数控机床能有效地减少这两部分时间。数控机床的主油转速和进给量的调整范围都比普通机床设备的范围大，因此数控机床每一道工序都可选用最有利的切削用量；从快速移动到停止采用了加速、减速措施，既提高了运动速度，又保证了定位精度，有效地降低了机动时间。数控设备更换工件时，不需要调整机床，同一批工件加工质量稳定，无须停机检验，辅助时间大大缩短。据统计，数控铣床加工比普通铣床加工生产效率可提高 3～5 倍，对复杂的成形面加工，生产效率可提高十几倍，甚至几十倍。

② 普通数控铣床跟加工中心加工效率的对比。加工中心可以实现一次装夹完成多道加工工序的工作，在多工序的持续加工过程中，操作者不需要人工介入，大大减轻了操作者的劳动强度，提高了加工效率。

3）数控铣床的加工优势

对比传统机械加工，数控铣床加工的加工优势主要有：

① 工序集中。数控机床一般带有可以自动换刀的刀架、刀库，换刀过程由程序控制自动进行，因此，工序比较集中，机床占地面积少、节约厂房，同时减少或没有中间环节（如半成品的中间检测、暂存搬运等），既省时间又省人力。

② 自动化程度高。数控机床加工时，不需人工控制刀具，自动化程度高，对操作工人的要求降低。数控操作工在数控机床上加工出的零件比普通工在传统机床上加工出的零件精度高，而且省时、省力，降低了工人的劳动强度。

③ 产品质量稳定。数控机床的加工自动化，免除了普通机床上工人的疲劳、粗心等人为误差，提高了产品的一致性。

④ 加工效率高。数控机床的自动换刀等自动化操作使加工过程紧凑，提高了劳动生产率。

⑤ 柔性化高。改变数控加工程序，就可以在数控机床上加工新的零件，且又能自动化操作，柔性好，效率高，因此数控机床很适应市场竞争。

⑥ 加工能力强。数控机床能精确加工各种轮廓，而有些轮廓在普通机床上无法加工。

(8) 数控铣常用刀具的识别及使用方法

1）刀具的识别及用途

与传统加工方法相比，数控加工对刀具的要求更高。尤其在刀具的刚性及耐用度方面较传统加工更为严格。因为刀具若刚性不好，会影响生产效率的提高，在加工中极易出现打刀的事故，也会降低加工精度。若刀具耐用度差，则需经常换刀、对刀，从而增加辅助时间，并且容易在工件轮廓上留下接刀痕迹，影响工件表面质量。此外，还要求刀具精度高，尺寸稳定，安装调整方便。所以刀具的选择是数控加工工艺中重要内容之一，选择时要注意对工件的结构及工艺性认真分析，结合机床加工能力、工件材料及工序内容等综合考虑。

2）刀具分类

① 按直径分类。公制（mm）刀常用直径为：0.5、1、1.5、2、2.5、3、4、6、8、10、12、16、20、25、30、35、50、63。

② 按刀具材料分类。

a. 高速钢刀具：最常见的刀具，价格便宜、购买方便，但易磨损，损耗较大。

b. 合金刀具：采用合金材料制成，耐高温、耐磨损、主轴转速高，加工效率和加工质量高。能加工高硬材料（如烧焊过的模具），因此价格贵，一般用于精度高、质量高的加工场合。

c. 舍弃式刀具：此类刀具的刀粒由合金制成，刀粒可更换，耐磨性较好，价格适中，因此广泛用于加工钢料场合。刀粒形状有方形、菱形、圆形几种。方形、菱形刀粒两个角磨损后就要更换，而圆形刀粒的圈表面都可以使用，因此耐用性较好。比较常用的型号有：25R5、30R5、32R5、35R6、16R0.8、20R0.6、25R0.8、6R1、8R0.5、10R0.5。

③ 按刀具形状分类。

a. 平头铣刀：进行粗铣，去除大量毛坯，小面积水平平面或者轮廓精铣。

b. 球头铣刀：也叫 R 刀，可进行曲面半精铣和精铣，广泛用于各种曲面、圆弧沟槽加工。

c. 成形铣刀：包括倒角刀、T 形铣刀（或叫鼓形刀）、齿型刀、内 R 刀。

d. 倒角刀：倒角刀外形与倒角形状相同，分为铣圆倒角和斜倒角的铣刀两种。

e. T 形刀：又叫 T 形槽铣刀、半圆铣刀、键槽铣刀，用于行位槽加工。

f. 镗刀：分粗镗刀和精镗刀；先用铣刀或钻头预加工底孔，预留 0.5～2mm，再用镗刀进行粗镗和精镗加工，这样加工出来的圆孔精度比较高，表面光洁度也比较高。

g. 钻头：用于圆形孔加工，加工出来的孔的精度不太好。

h. 丝锥：用于内螺纹加工，可以手工用，也可以装在数控机床上用。

i. 铰刀：具有一个或多个刀齿，是用以切除已加工孔表面薄层金属的旋转刀具，具有直刃或螺旋刃，也用于扩孔或修孔。

j. 球飞刀：合金刀杆上装合金的球形刀头，常用于半精加工和精加工曲面，尺寸规格较多。

k. 中心钻：用于定位加工，如用钻头钻孔前先用中心钻加工定位。

l. 刻字刀具：专门用于小的字体加工或花纹图案加工。

m. 盘铣刀：主要用于毛坯材料粗加工、大的平面去材料加工。

3）加工刀具的选用

① 依据加工材料选刀。

a. 软钢：如 45 钢、50 钢，这些材料比较容易加工，国产的高速钢刀具（如 ATA 刀）即可加工，也可采用进口的 YG、SKT、LBK 等刀具加工。

b. 硬钢：如 P20、738 等，这些钢料采用国产的高速钢（如 ATA）刀具较难加工，可采用进口的 YG、SKT、LBK 等刀具加工，也可采用合金刀加工。

c. 特硬钢：如 S136、718、油钢、五金合金钢等，这些材料非常硬，采用国产的高速钢刀（如 ATA 刀）已无法加工，这时可采用合金刀具加工。

d. 铜铝材料：比较软，一般采用各种刀具均可以加工，考虑软性材料的韧性大，因此刀具要锋利，主轴转速快；淬过火、烧焊过的模料，应采用合金刀具加工。

② 依加工深度选刀。深度越深，刀直径应越大。

③ 依加工步骤选刀。粗加工应选用大刀，并且一般用圆鼻刀开粗，严禁用球刀开粗，而精加工曲面则应采用球刀，用平铣刀或圆鼻刀精加工曲面的效果不理想。加工步骤一般为选用大刀粗加工整个工件，用小刀加工大刀余留下的残料角。为避免走过的空刀、提高加工效率，建议采用区域加工，以限定走刀范围。

④ 依加工效率选刀。平面，用平铣刀或圆鼻刀加工的效率高；而光斜度面，则用斜度刀加工的效率高些。

各种刀具根据其刀具直径的大小，选择最合适的刀具长度，如表 4-14 所示。

表 4-14　刀具直径、长度选择标准

直径/mm	长度/mm	直径/mm	长度/mm
12	≤60	4	≤20
10	≤50	3	≤15
8	≤40	2	≤8
6	≤30	1	≤4

4）刀柄的识别及使用方法

刀柄作为连接机床和刃具的重要"桥梁"，关系着加工精度、刃具寿命、加工效率等的优劣，最终影响加工质量与加工成本。因此，如何正确选择合适的刀柄就显得非常重要。各种加工的要求不尽相同，与之相呼应的是不同夹紧方式的刀柄。本部分对各种刀柄的普遍特点做简单介绍。刀柄是连接加工中心主轴与切削刀具的装备。这就如同人用手拿着笔写字，人是机床，笔是切削刃具，手就是刀柄。

① 弹簧夹套式刀柄。

工作原理：利用有锥度的弹簧夹套在轴向移动（锁紧）的过程中逐渐收缩，实现夹紧刃具。就是通过旋紧螺母，使用弹簧夹套压紧刃具的连接方式。

适用范围：钻头、铰刀、精加工立铣刀等。

弹簧夹套刀柄的特点：最常用的是 ER 弹簧夹头，使用方便，价格便宜，通用性好，但夹持力不强；在夹持大的场合，可选各种强力弹性夹头刀柄；弹簧刀柄以其结构简单、夹持精度高而被广泛使用；因为弹簧夹套刀柄夹持力有限，主要用于夹持柄径相对较小的钻头、立铣刀、绞刀、丝锥等直柄刀具。

② 液压刀柄。

工作原理：液压式刀柄利用液压使刀柄内径收缩实现夹紧刃具，其旋进螺钉后，液压油使刀柄内腔形变，达到压紧刃具的目的。

适用范围：立铣刀、硬质合金钻头、金刚石铰刀等的高精度加工。

特点：操作方便，只需 1 根 T 形扳手即可拧紧，属于所有刀柄中夹持方式最简单的；精度稳定，扭紧力不直接作用于夹持部分，即使新入职的操作人员也可以稳定装夹；完全防水、防尘；防干涉性能好，市面上部分细长型液压刀柄，已可媲美热缩刀柄的防干涉性能。

液压式刀柄的优点：装夹精度高；装夹方便。

液压式刀柄的缺点：价格高；维护不便，易漏油；夹紧力不强，刚度低。

③ 热缩刀柄。

工作原理：热缩刀柄利用刀柄和刀具的热膨胀系数之差，实现夹紧刃具。加热刀柄夹持部分，使夹持孔扩张，装进刃具之后，夹持部分冷却，达到固定刃具的目的。

适用范围：干涉条件要求较高的加工场合。

特点：防干涉性好；夹持范围小，只能夹持一个尺寸的刀具；初期跳动精度较好（随着加热次数的增加下降较快）；需专门的加热冷却装置，安全性差，对操作人员要求高。

优点：动平衡好，适合于高速加工；重复定位精度高，一般在 0.002mm 以内；紧力大，支承好；径向跳动小，为 0.002~0.005mm；清洗方便。

缺点：需要额外的热胀装置；装夹操作不便；刀柄寿命受限；刀柄的柔性差。

④ 强力铣刀柄。

工作原理：通过螺母压迫刀柄本体收缩，实现夹持刃具。

适用范围：立铣刀的重切削。

特点：高刚性；夹持力强，是所有夹持类刀柄中夹持力最大的；防干涉性不好；跳动精度一般，普遍在 0.02mm 以下，但也有厂家做到了 5~10μm。

⑤ 侧固式刀柄。

工作原理：侧固式刀柄正如其名，通过侧面固定螺钉锁紧刃具，就是使用专用螺钉从侧面顶紧刃具，使刃具与刀柄牢固连接。

适用范围：根据侧固式刀柄的特点，用于柄部削平的钻头、铣刀等粗加工。一般用于粗加工、转速不高的加工或重切削加工等，如螺纹底孔的加工、粗钻加工等。

特点：结构简单，夹紧力大；但精度和通用性较差。

优点：装夹方便；传递转矩大；使用内冷无须附件。

缺点：装夹精度不高；刀柄动平衡不好；通用性不好。

⑥ 钻夹头刀柄。又称为整体式精密钻夹头刀柄，不需要弹性套筒而可以在一个大的尺寸范围内锁紧刀具，具有钻孔、攻螺纹、立铣以及铰孔等功能。

⑦ 伸缩浮动攻牙刀柄。用于柔性攻螺纹（也称浮动攻螺纹），用伸缩补偿攻螺纹刀柄，当螺纹攻到底或者机器主轴下降长度过大时，可以利用刀柄的伸缩性来保护丝锥，防止丝锥折断。攻完螺纹反转时，为了防止主轴反转时破坏螺纹，伸缩攻牙刀柄在拉伸方向也提供补偿，同时也缓解了主轴第一次反转时对丝锥产生的作用力，减少对丝锥的损伤，延长丝锥的使用寿命。

 本章小结

（1）机床的分类与型号
- 机床按加工性质和所用刀具分为车床、钻床、镗床、磨床、齿轮加工机床、螺纹加工机床、铣床、刨插床、拉床、锯床及其他机床。
- 通用机床型号由基本部分和辅助部分组成。

（2）常用机床选用与介绍
- CA6140 型卧式车床的主要部件有主轴箱、进给箱、床身、溜板箱、刀架、床鞍和尾座等。
- 传动系统图是指将传动原理图所表达的传动关系用一种简单的示意图表达出来的图形。
- CA6140 型卧式车床有主运动、进给运动和辅助运动等运动。
- 数控车床的主要部件有主轴箱、导轨、床身、尾座、伺服电机、滚珠丝杠、数控装置等。
- XA6132 型万能升降台铣床由床身、主轴、悬梁、刀杆支架、工作台、回转盘、床鞍、升降台和主电动机等主要部件组成。
- M1432A 型万能外圆磨床由工作台、尾座、头架、砂轮架、内圆磨具和床身等主要部件组成。

（3）NC 加工
- 深孔钻机床包括卧式深孔钻床、立式深孔钻床和三坐标式深孔钻床三种。
- 数控铣床按主轴的位置分为立式数控铣床和卧式数控铣床两类。

思考题与习题

一、选择题

1. 下列机床中，主运动为刀具旋转运动的是（　　　）。

A. 车床　　　　　B. 铣床　　　　　C. 刨床　　　　　D. 磨床

2. 数控机床与普通机床相比，最显著的优势是（　　　）。

A. 加工精度高　　B. 价格便宜　　　C. 操作简单　　　D. 具有自动换刀装置

3. 铣床的主要加工表面不包括（　　　）。

A. 平面　　　　　B. 沟槽　　　　　C. 回转体表面　　D. 各种成形面

4. 磨床在加工过程中，用于修整砂轮的工具是（　　　）。

A. 车刀　　　　　B. 铣刀　　　　　C. 金刚石笔　　　D. 钻头

二、思考题

1. 简述车床、铣床、磨床的主要加工对象及加工特点。

2. 说明数控机床的工作原理及组成部分。

第5章

机床夹具及工件的装夹

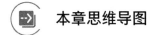 **本章思维导图**

本书配套资源

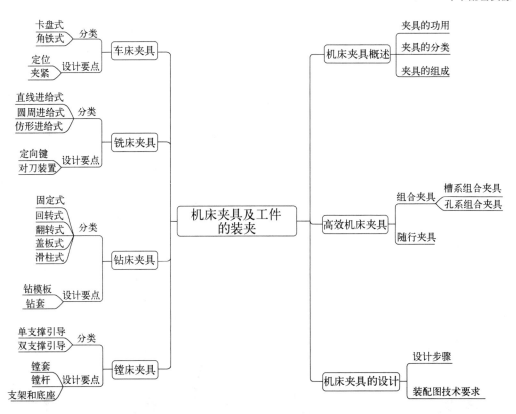

本章学习目标

■ 掌握的内容

夹具的作用、组成，工件装夹的方法，夹具的工作原理；六点定位原理；常见的定位方式与定位元件；完全定位与不完全定位，欠定位与过定位；定位误差的分析与计算方法。

夹紧装置的组成及要求；夹紧力的确定；基本夹紧机构；车床夹具的分类，典型车床夹具的结构；铣床夹具的分类、设计要点；钻床夹具的分类，典型钻床夹具的结构；镗床夹具的分类、设计要点；机床夹具的设计要求、步骤。

■ 熟悉的内容

基准及分类；定位夹紧符号；铣床夹具对刀装置；钻套的主要结构参数设计；镗杆的结构特点。

■ 了解的内容

组合夹具的特点、组成、分类，随行夹具的特点。

5.1　机床夹具概述

5.1.1　机床夹具的基本知识

(1) 夹具的功用

① 提高生产效率。

② 保证加工精度。

③ 减轻劳动强度。

④ 扩大机床的工艺范围。

(2) 夹具的分类

① 通用夹具。通用夹具是指结构、尺寸已经标准化，且具有一定通用性，在一定范围内可加工不同工件的夹具。

② 专用夹具。专用夹具是指按照某一工件某个工序的加工要求而专门设计制造的夹具。

③ 成组夹具。成组夹具又称专用可调夹具，是指根据成组工艺的要求，针对一组形状、尺寸及工艺相似的工件所设计的夹具。

④ 组合夹具。组合夹具是由一套制造好的标准元件和部件组装而成的夹具。

⑤ 拼装夹具。拼装夹具是指在成组工艺的基础上，用标准化、系列化的夹具元件装配而成的夹具。

(3) 夹具的组成

定位元件：在夹具上起定位作用的零部件，如支承钉、支承板、V 形块、圆柱销等。

夹紧装置：在夹具上起夹紧作用的装置，包括夹紧元件、夹紧机构和动力装置等。

对刀与引导元件：用于确定或引导刀具相对工件加工表面处于正确位置的零部件。其中，用于确定刀具在加工前处于正确位置的元件称为对刀元件，如对刀块；用于确定刀具位置并引导刀具进行加工的元件，称为引导元件，如钻套、镗套等。

连接元件：用于连接夹具与机床，并确定夹具与机床主轴、工作台或导轨相互位置的零部件，如定向键、过渡盘等。

夹具体：将夹具所有元件和装置连接成一个整体的基础件，如底座、本体等。

其他装置或元件：根据工件的某些特殊加工要求而设置的装置，如分度装置、靠模装置、上下料装置等。

如图 5-1（a）所示为某端盖零件钻床夹具，它用于加工如图 5-1（b）所示的端盖零件上的孔。其中，圆柱销、菱形销和支承板是它的定位元件，螺杆（与圆柱销合成为一个零件）、螺母和开口垫圈组成了夹紧装置。这些元件和装置安装在夹具体上，可实现对端盖零件的定位和夹紧。钻套和钻模板用来确定刀具的位置，并引导刀具，防止其在加工过程中偏移和倾斜，从而保证孔的加工精度。

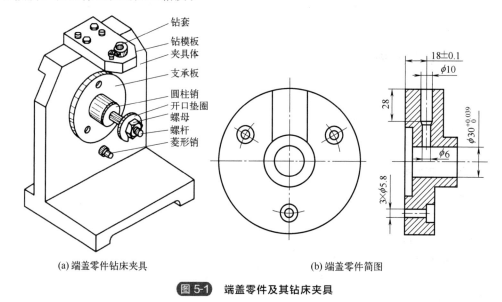

(a)端盖零件钻床夹具　　　　　　　　　　　(b)端盖零件简图

图 5-1　端盖零件及其钻床夹具

5.1.2　工件在夹具中的定位

(1) 基准及其分类

① 设计基准。设计基准是指设计图样上所采用的基准，即标注尺寸所依据的点、线、面。它用于确定零件在机器或部件中的位置或零件间的相对位置。

② 工艺基准。工艺基准是指在工艺过程中所采用的基准，可分为定位基准、工序基准、测量基准、装配基准和调刀基准等几种。

工序基准是在工序图上用来确定本工序所加工面加工后的尺寸、形状和位置的基准。尽可能用设计基准作为工序基准。所选工序基准尽可能用于工件的定位和工序尺寸检查。

定位基准是在加工中用作定位的基准。

粗基准是采用未经机械加工的表面作为定位的基准。

精度基准是以经过机械加工的表面作为定位的基准。

附加基准根据加工工艺需要而专门设计。

测量基准是测量时使用的基准。

装配基准是装配时确定零部件相对位置所采用的基准。

(2) 六点定位原理

任何一个不受约束的工件在空间直角坐标系中有六种活动的可能性，它可以在三个正交方向上移动，还可绕三个正交方向转动。通常把这六种活动的可能性称为自由度。如图 5-2 所示，在空间直角坐标系中，工件沿 x、y、z 三个坐标轴移动的自由度用 $\vec{x}$、$\vec{y}$、$\vec{z}$ 表示，绕 x、y、z 三个坐标轴转动的自由度用 $\hat{x}$、$\hat{y}$、$\hat{z}$ 表示。

要完全确定工件在夹具中的位置，必须限制工件的六个自由度。通过合理布置六个支承点来限制工件的六个自由度，使工件在夹具中完全定位，这一原理称为六点定位原理。

如图 5-3 所示，底面 xOy 内的三个支承点限制了 $\hat{x}$、$\hat{y}$、$\vec{z}$ 三个自由度，侧面 yOz 内的两个支承点限制了 $\vec{x}$ 和 $\hat{z}$ 两个自由度，端面 xOz 内的一个支承点限制了 $\vec{y}$ 一个自由度。

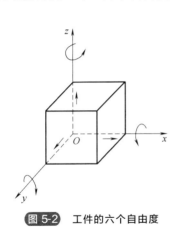

图 5-2　工件的六个自由度

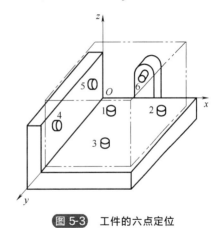

图 5-3　工件的六点定位

(3) 常见的定位方式与定位元件

典型定位方式与定位元件如表 5-1 所示。

表 5-1　典型定位方式与定位元件

工件定位基面	定位元件	定位方式及所限制的自由度	工作特点及适用范围
平面	支承钉	$\bar{x}\cdot\hat{z}$　$\bar{y}$　$\bar{z}\cdot\hat{x}\cdot\hat{y}$	支承钉有平头、球头和齿纹头三种。其中，平头支承钉适用于定位已加工平面；球头支承钉适用于定位未加工平面；齿纹头支承钉适用于定位未加工且需要较大摩擦力的侧面

工件定位基面	定位元件	定位方式及所限制的自由度	工作特点及适用范围
平面	支承板	$\overline{x} \cdot \hat{z}$ $\overline{z} \cdot \hat{x} \cdot \hat{y}$	支承板用于定位面积较大、平面度较高的精基准面。支承板有不带斜槽和带斜槽两种,不带斜槽的支承板适用于定位侧面和顶面,带斜槽的支承板便于清除切屑,适用于定位底面
	固定支承与自位支承	$\overline{x} \cdot \hat{z}$ $\overline{z} \cdot \hat{x} \cdot \hat{y}$	自位支承可增加夹具与工件的接触点,使工件支承稳固,同时避免过定位,适用于以毛坯定位或刚度较差的工件
	固定支承与辅助支承	$\overline{x} \cdot \hat{z}$ $\overline{z} \cdot \hat{x} \cdot \hat{y}$	辅助支承不起定位作用,但可提高工件在加工过程中的刚度
圆孔	圆柱销	$\overline{x} \cdot \overline{y}$	圆柱销主要用于定位直径小于 50mm 的孔,可分为固定式和可换式两类。固定式圆柱销通过过盈配合直接安装在夹具体中;可换式圆柱销按间隙配合通过套筒再装在夹具体中,适用于凸肩端面易磨损的场合。 将圆柱销削边可得到菱形销,它适用于一面两孔定位的场合,避免两孔都采用圆柱销而产生过定位
	芯轴	$\overline{x} \cdot \overline{y}$ $\hat{x} \cdot \hat{y}$	芯轴主要用于盘类、套类零件的车削、磨削和齿形加工场合。 过盈配合芯轴的定位精度高,但装卸不便;间隙配合芯轴装卸方便,但定位精度不高,常采用孔和端面联合定位
	圆锥销	$\overline{x} \cdot \overline{y} \cdot \overline{z}$	圆锥销适用于套筒、空心轴等工件的定位,工件用单个圆锥销定位易倾倒,因此常与其他定位元件组合定位,适用于同时以圆孔和端面定位的工件
	固定圆锥销与浮动圆锥销组合	$\hat{x} \cdot \hat{y}$ $\overline{x} \cdot \overline{y} \cdot \overline{z}$	

续表

工件定位基面	定位元件		定位方式及所限制的自由度	工作特点及适用范围
外圆柱面	V 形块	短 V 形块	$\overline{y}\cdot\overline{z}$	V 形块两斜面夹角一般为 60°、90°或 120°,其中 90°最常见。V 形块对中性好,不受工件基准直径误差的影响,常用于定位与轴线有对称度要求的外圆表面
		长 V 形块	$\overline{y}\cdot\overline{z}$ $\hat{y}\cdot\hat{z}$	
		可调式 V 形块	$\overline{y}$	
	定位套	短定位套	$\overline{y}\cdot\overline{z}$	定位套结构简单,适用于定位精度较高的圆柱面,但定心精度不高。定位套常与端面联合定位,以限制工件轴向移动的自由度
		长定位套	$\overline{y}\ \overline{z}$ $\hat{y}\cdot\hat{z}$	
	半圆套	短半圆套	$\overline{y}\cdot\overline{z}$	半圆套适用于大型轴和曲轴等圆柱面不便使用定位套定位的工件,常用于定位精度较高的外圆柱面。半圆套通常配有另一半圆部分用于夹紧工件,可使夹紧力在定位基面均匀分布
		长半圆套	$\overline{y}\ \overline{z}$ $\hat{y}\cdot\hat{z}$	

续表

工件定位基面	定位元件	定位方式及所限制的自由度	工作特点及适用范围
外圆柱面	锥套	固定锥套 $\bar{x} \cdot \bar{z} \cdot \bar{y}$	对中性好，装卸方便，但定位时容易倾斜，所以常与其他元件组合起来使用
		固定锥套与浮动锥套组合 $\bar{x} \cdot \bar{y} \cdot \bar{z}$ $\hat{y} \cdot \hat{z}$	

（4）工件的定位情况

① 完全定位。完全定位是指工件的六个自由度都被限制的定位。如图 5-4（a）所示，在工件上铣削键槽时，其在三个坐标轴移动和转动的方向上均有尺寸和相互位置的要求，因此必须采用完全定位，限制其全部六个自由度。

② 不完全定位。不完全定位是指工件被限制的自由度数量少于六个，但仍能保证加工要求的定位。如图 5-4（b）所示，在工件上铣削台阶面时，工件沿 y 轴的移动自由度对工件的加工要求无影响，可以不限制，因此这种情况下可以采用不完全定位而只限制五个自由度。加工图 5-4（c）所示工件的上表面时，工件只有厚度和平行度的要求，所以只需要限制 $\hat{x}$、$\hat{y}$、$\bar{z}$ 三个自由度即可。

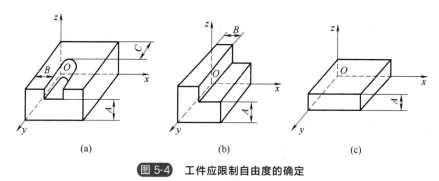

图 5-4　工件应限制自由度的确定

③ 欠定位。欠定位是指根据工件的加工要求，应该限制的自由度没有被完全限制。欠定位不能保证加工要求，是不允许的。

④ 过定位。过定位又称重复定位，是指工件的一个或几个自由度被定位元件重复限制。过定位是否允许，应根据具体情况分析确定。如果工件定位面的形状、尺寸和位置精度均较高，过定位是允许的，此时过定位还可提高工件装夹的刚度和稳定性；反之，如果工件的定位面是毛坯面或加工精度不高，过定位是不允许的，因为它可能会造成工件定位不准确或不

稳定、定位元件变形或损坏、工件无法正确安装等情况。

5.1.3 定位误差的分析与计算

(1) 定位误差 Δ_D 的分析

定位误差 Δ_D 是指因工件在夹具上的定位不准确而产生的加工误差。造成定位误差的原因主要有基准不重合误差和基准位移误差两方面。

1) 基准不重合误差

基准不重合误差是指由于工件的工序基准和定位基准不重合而造成的加工误差，用 Δ_B 表示。

如图 5-5 (a) 所示在工件上铣缺口，加工尺寸为 A 和 B。如图 5-5 (b) 所示为加工示意图，加工尺寸 A 的工序基准是 F 面，定位基准是 E 面，两者不重合。刀具相对夹具的对刀尺寸 C 在加工范围内是不变的。一批工件中尺寸 S 的公差 δ_S 会使 F 面（工序基准）的位置在一定范围内变动，从而使加工尺寸 A 产生误差，这个误差就是基准不重合误差。

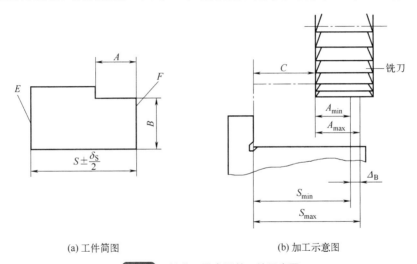

(a) 工件简图　　　　　　　　　(b) 加工示意图

图 5-5 基准不重合误差工件示意图

由图 5-5 (b) 可知，基准不重合误差为

$$\Delta_B = A_{max} - A_{min} = S_{max} - S_{min} = \delta_S \tag{5-1}$$

S 是定位基准和工序基准间的距离尺寸，称为定位尺寸。当工序基准变动方向与加工尺寸的方向相同时，基准不重合误差等于定位尺寸误差，即

$$\Delta_B = \delta_S \tag{5-2}$$

当工序基准的变动方向与加工尺寸方向不同，其夹角为 α 时，基准不重合误差为

$$\Delta_B = \delta_S \cos\alpha \tag{5-3}$$

2) 基准位移误差

当工序基准与定位基准相同时，由于定位副（工件定位工作面与夹具定位元件定位工作面的合称）的制造误差和最小间隙配合引起定位基准的位置产生变动，从而造成加工误差，这种误差称为基准位移误差，用 Δ_Y 表示。

如图 5-6 所示，工件以圆柱孔在芯轴上定位，在圆柱面上铣键槽，加工尺寸为 A 和 B。

加工尺寸 A 的定位基准和工序基准都是内孔轴线，两者重合，基准不重合误差 $\Delta_B = 0$。但工件内孔和芯轴存在制造误差和最小配合间隙，使工件内孔轴线和芯轴轴线不重合，导致加工尺寸 A 产生误差，这个误差就是基准位移误差。

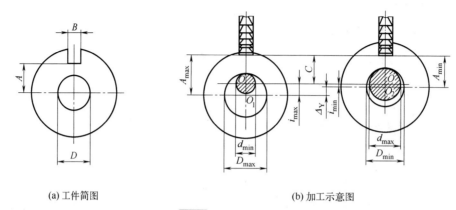

(a) 工件简图   (b) 加工示意图

图 5-6   基准位移误差

由图 5-6（b）所示，基准位移误差为

$$\Delta_Y = O_1 O_2 = A_{max} - A_{min} = i_{max} - i_{min}$$

$$= \frac{D_{max} - d_{min}}{2} = \frac{D_{min} - d_{max}}{2} = \frac{\delta_D \mp \delta_d}{2} = \delta_i \qquad (5\text{-}4)$$

式中　$O_1 O_2$——工件内孔轴线和芯轴轴线不重合误差；

　　　　i——定位基准的位移量；

　　　　δ_i——定位基准的变动范围。

当定位基准的变动方向与加工尺寸方向相同时，基准位移误差等于定位基准的变动范围，即

$$\Delta_Y = \delta_i \qquad (5\text{-}5)$$

当定位基准的变动方向与加工尺寸方向不同，其夹角为 α 时，基准位移误差为

$$\Delta_Y = \delta_i \cos\alpha \qquad (5\text{-}6)$$

（2）定位误差的计算方法

1）合成法

根据上述定位误差产生的原因，定位误差应由基准不重合误差和基准位移误差组合而成。因此，可先根据定位方式分别计算出基准不重合误差 Δ_B 和基准位移误差 Δ_Y，然后将两者组合成定位误差 Δ_D，即

$$\Delta_D = \Delta_B \pm \Delta_Y \qquad (5\text{-}7)$$

式（5-7）中"±"的确定方法如下：

① 如果工序基准不在定位基面上，应将两项相加，取"＋"号。

② 如果工序基准在定位基面上，在定位基面尺寸变动方向一定的条件下，当 Δ_B 与 Δ_Y 变动方向相同，即对加工尺寸影响相同时，取"＋"号；当二者变动方向相反，即对加工尺寸影响相反时，取"－"号。

2）极限位置法

极限位置法的具体计算方法是：

① 根据定位误差的定义，直接计算出工序基准在加工尺寸方向上相对位置的最大位移量，即加工尺寸的最大变动范围。

② 在进行具体计算时，通常要先画出工件的定位简图，并在图中画出工序基准变动的两个极限位置。

③ 直接按照几何关系求出加工尺寸的最大变动范围，即可求出定位误差。

5.1.4 工件在夹具中的夹紧

(1) 夹紧装置的组成及要求

夹紧装置主要由力源装置、中间传力机构和夹紧元件组成。

力源装置：是指产生夹紧作用力的装置，通常是指机动夹紧时所用的气动、液压、电动等装置。

中间传力机构：是指将力源装置产生的力传递给夹紧元件的机构。其作用是改变作用力的方向或大小，并实现自锁，保证力源装置提供的夹紧力消失后仍能可靠地夹紧工件。

夹紧元件：是指夹紧装置的最终执行元件，它与工件直接接触并将工件夹紧。

如图 5-7 所示为液压夹紧装置，其中活塞杆、液压缸和活塞组成了液压力源装置，铰链臂是中间传力机构，压板是夹紧元件。

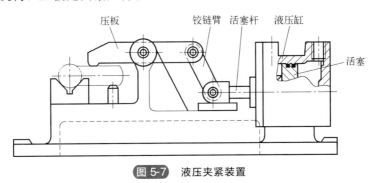

图 5-7 液压夹紧装置

夹紧装置的要求：

① 夹紧时不能破坏工件定位后所占据的正确位置。

② 夹紧力大小要合适，既要保证工件在加工过程中不移动、不转动、不振动，又要避免工件变形和工件表面损伤。

③ 夹紧动作要迅速、可靠，操作要方便、省力、安全。

④ 结构紧凑，易于制造与维修。

(2) 夹紧力的确定

1) 夹紧力大小的确定

夹紧力的大小应适当，过大会引起工件变形，过小则无法可靠夹紧工件，两种情况都会影响加工精度。

计算夹紧力时，可将夹具和工件看作一个刚性系统以简化计算。根据工件在切削力和夹紧力（重型工件要考虑重力，高速运动时要考虑惯性力）作用下所处的静力平衡状态，列出静力平衡方程，即可计算出理论夹紧力。理论夹紧力再乘以安全系数 K，作为所需的实际夹紧力。一般情况下，粗加工时 K 取 $2.5\sim3$，精加工时 K 取 $1.5\sim2$。

在实际生产中，夹紧力的大小通常根据同类夹具的使用情况用类比法进行估算。对一些关键性的重要夹具，还要通过试验来确定夹紧力的大小。

2）夹紧力方向的确定

① 夹紧力的方向应垂直于主要定位基面。

如图 5-8（a）所示，在直角支座上镗孔，孔与 A 面有垂直度要求，所以 A 面为主要定位基面，夹紧力 F_J 方向与之垂直。若夹紧力朝向 B 面，如图 5-8（b）所示，则有可能因 A、B 两面之间的垂直度误差而影响 A 面的垂直度。

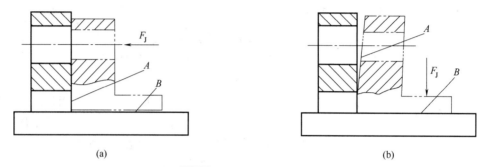

(a)　　　　　　　　　　　　　　(b)

图 5-8　夹紧力方向示意图

② 夹紧力的方向应使所需夹紧力最小。

如图 5-9（a）所示，夹紧力 F_1 和 F_2、钻削轴向切削力 F_x 和工件自身重力 G 都垂直于定位基面且方向相同。这些力的合力作用在限位基面上产生的摩擦力矩较大，可平衡钻削产生的转矩，因此此时所需的夹紧力较小。采用这种方法夹紧工件，既可使夹紧机构轻便、紧凑，还可减小工件的变形。

如图 5-9（b）所示，夹紧力 F_1、F_2 和钻削轴向切削力 F_x、工件自身重力 G 方向相反。由于这些力的合力作用在限位基面上产生的摩擦力矩较小，因此需要更大的夹紧力来产生足够的摩擦力矩，以平衡钻削产生的转矩。

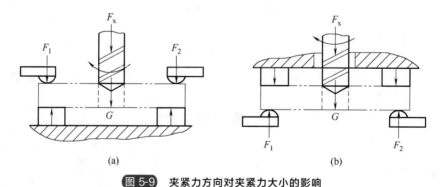

(a)　　　　　　　　　　　　　　(b)

图 5-9　夹紧力方向对夹紧力大小的影响

③ 夹紧力作用方向应使工件的变形尽可能小。

工件在不同方向上的刚度是不一样的，不同的受力面也会因其面积不同而产生不同的变形。因此，夹紧力的方向应指向工件刚度较好的位置，尤其在夹紧薄壁工件时，更加需要注意。如图 5-10（a）所示为薄壁套筒，将其径向夹紧时易引起工件变形；若将其轴向夹紧，如图 5-10（b）所示，则会因其轴向刚度较好而不易产生变形。

3）夹紧力作用点的确定

夹紧力的作用点应位于支承元件或几个支承元件形成的稳定受力区域内。

如图 5-11 所示，若夹紧力的作用点落在定位元件的支承范围之外，夹紧时将会使工件倾斜或移动，破坏工件的定位。

夹紧力的作用点应位于工件刚度大的部位，可避免和减小工件的夹紧变形，夹紧也更为可靠。如图 5-12 所示薄壁箱体，夹紧力不应作用在箱体

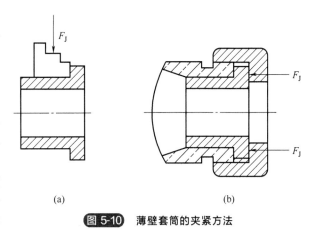

图 5-10 薄壁套筒的夹紧方法

顶面，而应作用在刚度较大的凸缘上。当箱体没有凸缘时，可在顶部采用多点夹紧，以分散夹紧力。

夹紧力的作用点应尽量靠近加工面，以防止工件产生振动和变形，提高定位的稳定性和可靠性。当因受工件结构形状的影响，加工面与夹紧力作用点的距离较远时，可增加辅助支承并附加夹紧力，以增加夹紧刚度，如图 5-13 所示。

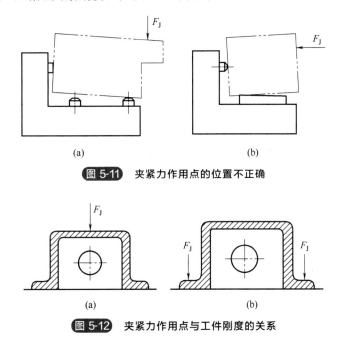

图 5-11 夹紧力作用点的位置不正确

图 5-12 夹紧力作用点与工件刚度的关系

(3) 定位夹紧符号

在选定定位基准及确定夹紧力之后，应在图样上标注定位符号和夹紧符号，以便选择合适的夹具。

常用的定位夹紧符号如表 5-2 所示。

标注定位夹紧符号时应注意：当在工件的一个定位面上布置一个定位点时，可直接用定位夹紧符号表示；当在工件的一个定位面上布置两个以上的定位点，且对每个点的位置无特

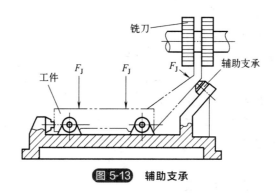

图 5-13　辅助支承

殊要求时，允许用定位符号右边加数字的方法进行表示，不必将每个定位点的符号都画出。

表 5-2　常用的定位夹紧符号（摘自 GB/T 24740—2009）

类型		符号			
		独立		联合	
		标注在视图轮廓线上	标注在视图正面	标注在视图轮廓线上	标注在视图正面
定位支承	固定式				
	活动式				
辅助定位支承					
手动夹紧					
液压夹紧		Y	Y	Y	Y
气动夹紧		Q	Q	Q	Q
电磁夹紧		D	D	D	D

（4）基本夹紧机构

① 斜楔夹紧机构。斜楔夹紧机构是指利用楔块上的斜面直接将工件夹紧的机构。如图 5-14（a）所示，该斜楔夹紧机构通过转动螺栓推动斜楔，从而使杠杆夹爪夹紧工件。斜楔夹紧机构可增加夹紧力，虽然夹紧行程小且机构简单，但操作较为不便，因此主要与其他元件或装置组合使用。

② 螺旋夹紧机构。螺旋夹紧机构是指通过螺旋元件直接夹紧或采用螺旋元件与其他元件组合实现夹紧的机构。如图 5-14（b）所示为带有摆动压块的螺旋夹紧机构，可在夹紧工件过程中避免损伤工件表面及带动工件旋转。

③ 偏心夹紧机构。偏心夹紧机构是指利用偏心元件直接或与其他元件组合，间接实现夹紧工件的机构。常用的偏心元件是偏心轮和偏心轴，如图 5-14（c）所示为偏心轮夹紧机

构。虽然偏心夹紧机构是一种快速夹紧机构，但由于其夹紧力小、自锁性能较差且夹紧行程短，因此多用于切削力小、无振动、工件尺寸公差不大的场合。

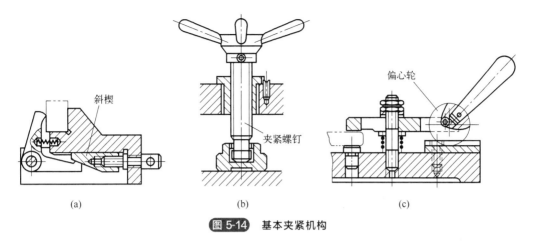

图 5-14　基本夹紧机构

5.1.5　组合定位分析

(1) 一面一孔

图 5-15（a）所示为孔与端面组合定位，其中图 5-15（a）为长销大端面，长销限制了 $\bar{x}$ 移动、$\bar{y}$ 移动、$\hat{x}$ 转动、$\hat{y}$ 转动四个自由度，大端面限制了 $\bar{z}$ 移动、$\hat{x}$ 转动、$\hat{y}$ 转动三个自由度，显然 $\hat{x}$ 转动、$\hat{y}$ 转动自由度被重复限制，产生过定位。解决的方法有三个：采用大端面和短销组合定位，如图 5-15（b）；采用长销和小端面组合定位，如图 5-15（c）；仍采用大端面和长销组合定位，但在大端面上装一个球面垫圈，以减少两个自由度的重复约束。

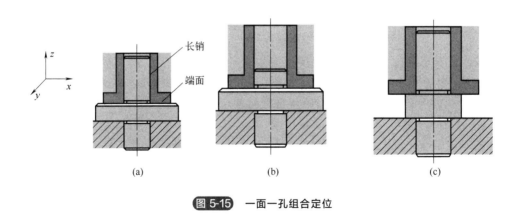

图 5-15　一面一孔组合定位

(2) 一面两孔

如图 5-16（a）所示，工件的定位面为其底平面和两个孔，夹具的定位元件为一个支承板和两个短圆柱销，考虑了定位组合关系，其中支承板限制了 $\bar{z}$ 移动、$\hat{x}$ 转动、$\hat{y}$ 转动三个自由度，左侧短圆柱销 1 限制了 $\overline{x}$ 移动、$\overline{y}$ 移动两个自由度，右侧短圆柱销 2 限制了 $\overline{x}$ 移动、$\hat{z}$ 转动两个自由度，因此在 $\overline{x}$ 移动上同时有两个定位元件的限制，产生了过定位。在装夹时，由于工件上的两孔或夹具上的两个短圆柱销在直径或间距尺寸上有误差，则会产生工件不能定位（即装不上）。如果要装上，只能是短圆柱销或工件产生变形。解决的方法是：将其中的一个短圆柱销改为菱形销，如图 5-16（b）所示，且其削边方向应在 x 向，即可消除在 $\overline{x}$ 移动上的干涉。

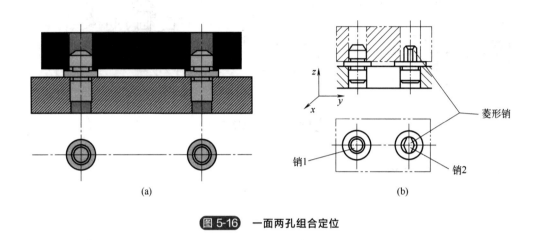

(a)　　　　　　　　　　　(b)

图 5-16　一面两孔组合定位

5.2　车床夹具

5.2.1　车床夹具的分类

根据工件的加工特点和夹具在车床上的安装位置，车床夹具可分为以下两种基本类型：

① 安装在车床主轴上的夹具。这类夹具安装在车床主轴上，加工时夹具带动工件一起随主轴做旋转主运动，刀具做进给运动。这类夹具中除了各种卡盘、花盘和顶尖等通用夹具或机床附件外，还可根据加工需要设计出各种芯轴或其他专用夹具。实际生产中所使用的车床夹具基本上都属于这一类。

② 安装在车床床鞍上的夹具。对某些形状不规则或尺寸较大的工件，常把夹具安装在车床床鞍上，加工时夹具带动工件一起做进给运动，刀具安装在车床主轴上做旋转主运动。这类车床夹具应用较少。

本节主要介绍安装在车床主轴上的车床夹具。

5.2.2　典型车床夹具

(1) 卡盘式车床夹具

卡盘式车床夹具一般用一个以上的卡爪来夹紧工件，多采用定心夹紧装置，其结构对称，用于加工以外圆、内圆及端面等定位的回转体。

如图 5-17 所示为三爪自定心卡盘。当扳手方榫插入小锥齿轮的方孔转动时，与其啮合的大锥齿轮随之转动。大锥齿轮的背面是平面螺纹，平面螺纹与三个卡爪背面的螺纹啮合。当平面螺纹转动时，就带动卡爪同时向心或离心移动，从而实现夹具的夹紧或松开。因此，三爪卡盘的三爪是联动的，并能自动定心，装夹工件一般不需校正，生产率高。

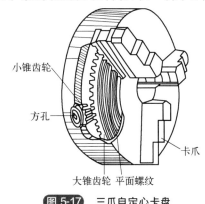

三爪自定心卡盘适用于中、小型零件的装夹。其装夹方法如下：

当工件直径较小时，将工件置于三个卡爪之间装夹，如图 5-18（a）所示。当装夹带内孔的零件时，可将三爪伸入工件内孔中，利用卡爪的径向张力装夹，如图 5-18（b）所示。

图 5-17　三爪自定心卡盘

当工件直径较大时，用正爪不便装夹，可将三个正爪换成反爪进行装夹，如图 5-18（c）所示。

当工件长度较长时，应采用"一夹一顶"的方法装夹，如图 5-18（d）所示。

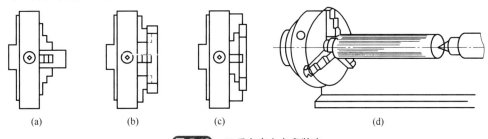

图 5-18　三爪自定心卡盘装夹

（2）角铁式车床夹具

角铁式车床夹具的夹具体呈角铁状，其结构不对称，主要用于加工壳体、支座、杠杆和接头等零件的回转面和端面。

如图 5-19 所示为加工轴承座内孔的角铁式专用车床夹具。工件以一面（底面）两孔为定位基准，在夹具的定位支承板、圆柱销和削边销上定位，用两块压板夹紧工件。

5.2.3　车床夹具的设计要点

（1）定位元件

为保证定位准确，夹具上定位元件的结构和布置必须使工件加工面的轴线与车床主轴的旋转轴线重合。

（2）夹紧装置

在车削过程中，夹具和工件一起随主轴旋转，夹具除受切削力的作用外，还受到离心力的作用。因此，夹紧装置必须能够产生足够的夹紧力，且自锁性能要可靠。

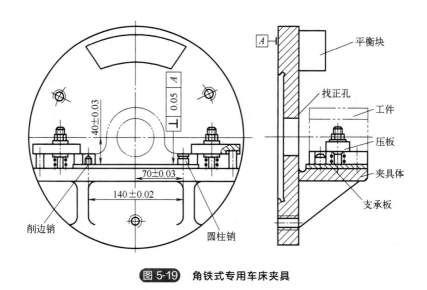

图 5-19 角铁式专用车床夹具

（3）车床夹具与车床主轴的连接

根据车床夹具径向尺寸大小的不同，其与机床主轴的连接方式主要有以下两种：

① 对径向尺寸 $D < 140mm$ 或 $D < (2～3) \times d$ 的小型夹具，如图 5-20 所示，一般用锥柄安装在车床主轴的锥孔中，并用螺杆拉紧。

② 对径向尺寸较大的夹具，如图 5-21 所示，一般用过渡盘与车床主轴前端连接，过渡盘与主轴配合处的形状取决于主轴前端的结构。

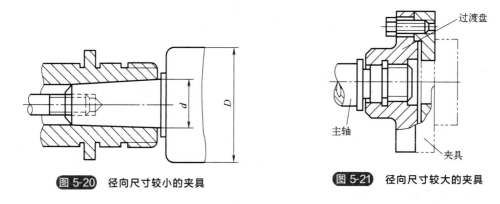

图 5-20 径向尺寸较小的夹具　　　　**图 5-21** 径向尺寸较大的夹具

（4）夹具总体结构

① 车床夹具一般都是在悬臂状态下工作的，为保证加工过程的稳定性，夹具结构应力求简单紧凑，悬伸长度尽量小，使重心尽可能靠近主轴。

② 对角铁式或花盘式等结构不对称的车床夹具，设计时应采用平衡装置，以减少由于回转不平衡而引起的振动现象。

③ 为保证安全，夹具体应制成圆形，夹具体上的各元件不允许伸出圆形轮廓之外。此外，夹具的结构还应便于工件的安装、测量和切屑的排出或清理等。

5.3 铣床夹具

5.3.1 铣床夹具的分类

(1) 直线进给式铣床夹具

这是最常见的一种铣床夹具，它在加工过程中同工作台一起做直线进给运动。

按一次装夹工件数目的多少，可以将其分为单件铣床夹具和多件铣床夹具。其中，在单件、小批量生产时，使用单件铣床夹具较多；在大批量生产小零件时，使用多件铣床夹具较多。

如图 5-22 所示为一直线进给式铣床夹具。工件以 V 形块和支承套定位。转动手柄带动偏心轮回转，使 V 形块移动，实现夹具的夹紧和松开。定向键与机床工作台上的 T 形槽配合确定了夹具与机床间的相互位置后，再用螺栓紧固。对刀块用来确定刀具的位置及方向。

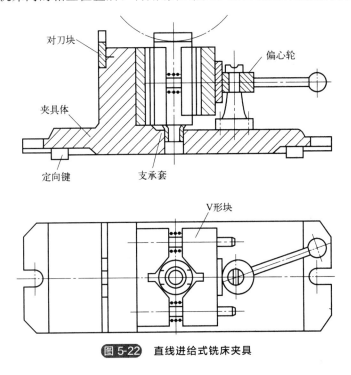

图 5-22 直线进给式铣床夹具

(2) 圆周进给式铣床夹具

这类夹具主要用在有回转工作台的铣床上或组合机床上。如图 5-23 所示，工作台上一般有多个工位，每个工位都安装一套夹具。加工过程中，夹具随工作台旋转做连续的圆周进给运动，使工件依次经过切削区域进行加工。在装卸区域可进行工件的安装和拆卸，这样可以实现切削加工和装卸工件的同时进行。因此，这类夹具的生产率较高，适用于大批、大量生产加工中小型零件。

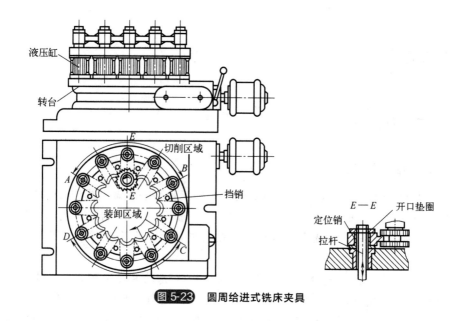

图 5-23 圆周给进式铣床夹具

(3) 仿形进给式铣床夹具

这类夹具主要用在立式铣床上进行机械仿形加工。仿形运动是在加工过程中，利用靠模在主进给运动的基础上使工件获得辅助进给运动而形成。

按主进给运动方式的不同，仿形进给式铣床夹具又可分为直线进给式仿形铣床夹具和圆周进给式仿形铣床夹具两种。仿形进给式铣床夹具主要适用于中小批量生产。

5.3.2 铣床夹具的设计要点

(1) 保证工件定位的稳定性和夹紧的可靠性

铣床夹具的受力元件和夹具体要有足够的刚度和强度，以保证工件在夹具上定位的稳定性和夹紧的可靠性。

设计和布置定位元件时，应使支承面积尽量大一些，以增加工件定位的稳定性。

设计夹紧装置时，为防止工件在加工过程中松动，夹紧装置要有足够的夹紧力和自锁能力，且夹紧力的作用点和方向要适当。

(2) 定向键 (定位键)

为确定夹具与机床工作台的相对位置，在夹具体底面上应设置定向键。定向键与铣床工作台上的 T 形槽配合确定夹具在机床上的正确位置；同时它还能承受部分切削力，有利于减轻夹紧螺栓的负荷，增加夹具的稳定性。

定向键安装在夹具底面的槽中，一般用两个，并安装在一条直线上，其距离应尽量远些，小型夹具也可使用一个断面为矩形的长键作为定向键。定向键有矩形和圆柱形两种。

常用的矩形定向键有两种结构。一种是在侧面开有沟槽或台阶将定向键分为上下两部分，如图 5-24 (a) 所示。其上部尺寸按 H7/h6 与夹具体上的键槽配合，下部宽度尺寸为 b，常按 H8/h8 或 H7/h6 与工作台上的 T 形槽配合；另一种没有开出沟槽或台阶，如

图 5-24（b）所示，其上下两部分尺寸相同，定向精度不高。

如图 5-24（c）所示为圆柱形定向键。使用这种定向键时，其圆柱面和工作台 T 形槽平面是线接触，容易磨损，所以应用较少。

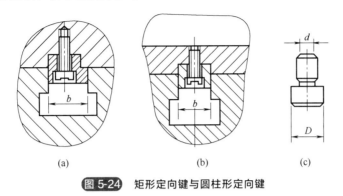

(a)　　　　　　　　(b)　　　　　　　(c)

图 5-24　矩形定向键与圆柱形定向键

(3)　对刀装置

铣床夹具上一般都设计有确定刀具位置及方向的对刀装置。对刀装置由对刀块和塞尺组成。其中，对刀块用来确定夹具和刀具的相对位置；塞尺用来防止对刀时碰伤刀刃和对刀块。使用时，将塞尺塞入刀具和对刀块之间，根据接触的松紧程度来确定刀具的最终位置。

如图 5-25 所示为几种常见的对刀装置。

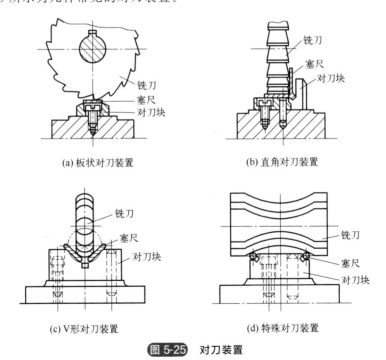

(a) 板状对刀装置　　　　　　　　(b) 直角对刀装置

(c) V 形对刀装置　　　　　　　　(d) 特殊对刀装置

图 5-25　对刀装置

对刀块通常用销钉或螺钉紧固在夹具体上，其位置应便于对刀和工件的装卸。对刀块的工作表面与定位元件之间应有一定的位置精度要求，即应以定位元件的工作表面或对称中心作为基准，来校准其与对刀块之间的位置尺寸关系。

采用对刀块对刀，加工精度一般不超过 IT8 级。当精度要求较高，或者不便于设置对刀块时，可以用试切法、标准件对刀法或者百分表来校正定位元件相对刀具的位置。

5.4 钻床夹具

钻床夹具上除夹具的一般元件或装置外，还装有钻模板和钻套，因此，钻床夹具又称为钻模。钻模的主要特点是通过钻套引导刀具进行加工。

5.4.1 钻模的分类

按其结构的不同，钻模可分为固定式钻模、回转式钻模、翻转式钻模、盖板式钻模和滑柱式钻模等类型。

（1）固定式钻模

固定式钻模主要用于在立式钻床上加工较大的单孔或在摇臂钻床上加工平行孔系。在使用过程中，固定式钻模的位置是固定不动的，其加工精度较高。

当加工图 5-26（b）所示杠杆上 $\phi10mm$ 孔时，常选用图 5-26（a）所示固定式钻模。

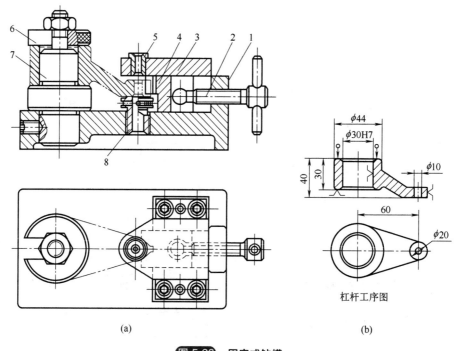

（a）   （b）

图 5-26 固定式钻模

1—夹具体；2—固定手柄压紧螺钉；3—钻模板；4—活动 V 形块；
5—钻套；6—开口垫圈；7—定位销；8—辅助支承

（2）回转式钻模

回转式钻模主要用于加工同一圆周上的平行孔系或分布在圆周上的径向孔系。按回转轴线方位的不同,回转式钻模可分立轴、卧轴和斜轴三种形式。

图 5-27 (a) 所示为用来加工图 5-27 (b) 所示 $\phi70$mm 圆周上均匀分布的 6 个 $\phi10$mm 孔的立轴回转式钻模。

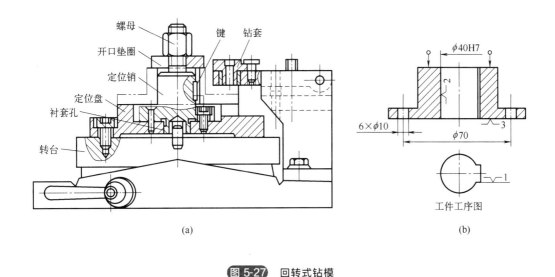

(a)   (b)

图 5-27 回转式钻模

(3) 翻转式钻模

翻转式钻模主要用于加工小型工件分布在不同表面上的小孔。使用过程中可在工作台上翻转,实现加工表面的转换。由于翻转需人工进行,所以夹具连同工件的质量不能太大,一般小于 8kg。

图 5-28 所示为用来加工套筒圆柱面上 4 个径向小孔的翻转式钻模。

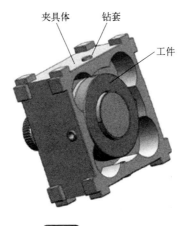

图 5-28 翻转式钻模

（4）盖板式钻模

盖板式钻模主要用于在大型工件上加工多个平行小孔。它没有夹具体，使用时，钻模板直接在工件上定位，用夹紧装置将钻模板夹紧在工件上。

图 5-29 所示为用来加工车床溜板箱上多个小孔的盖板式钻模。

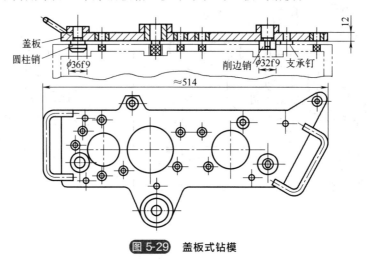

图 5-29 盖板式钻模

（5）滑柱式钻模

滑柱式钻模带有可升降钻模板，其结构简单，操作方便，动作迅速，制造周期短，生产中应用较广。但钻孔的垂直度和孔距精度不太高。

图 5-30 为手动滑柱式钻模底座。升降钻模板通过导杆与夹具体的导孔相连。转动操作手柄，经斜齿轮带动斜齿条轴移动，实现钻模板升降。

5.4.2　钻模的设计要点

（1）钻模板

钻模板是指在钻模上用于安装钻套的零件。按其与夹具体连接方式的不同，钻模板可分为固定式钻模板、铰链式钻模板和分离式钻模板三种。

① 固定式钻模板。如图 5-31 所示，固定式钻模板直接固定在夹具体上，其钻孔精度高，但对有些工件

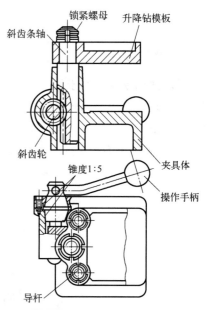

图 5-30 手动滑柱式钻模底座

装卸不方便。固定式钻模板与夹具体的连接可做成连体式、装配式或焊接式等。

② 铰链式钻模板。如图 5-32（a）所示，铰链式钻模板是用铰链装在夹具体上的。由于铰链与孔之间存在间隙，所以其钻孔精度比固定式钻模板低，但装卸工件方便。

③ 分离式钻模板。如图 5-32（b）所示，分离式钻模板与夹具体是分开的，工件在夹具体中每装卸一次，钻模板也要装卸一次。分离式钻模板的钻孔精度高，但装卸费时费力，生产率低。

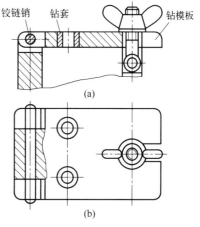

图 5-32 铰链式钻模板与分离式钻模板

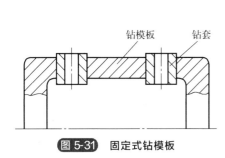

图 5-31 固定式钻模板

(2) 钻套

1）钻套的形式

钻套是指确定钻头等刀具位置及方向的引导元件。按其结构，钻套可分为固定钻套、可换钻套、快换钻套和特殊钻套等形式。

① 固定钻套。如图 5-33 所示为固定钻套，它有两种形式：无肩钻套和带肩钻套，如图 5-34 所示。固定钻套直接压入钻模板或夹具体中，其与钻模板的配合一般选用 H7/n6 或 H7/r6。固定钻套钻孔的位置精度较高，结构简单，但磨损后不易更换，因此主要用于中小批量生产中。

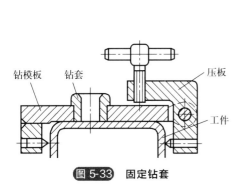

图 5-33 固定钻套

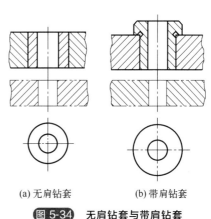

图 5-34 无肩钻套与带肩钻套

② 可换钻套。图 5-35 所示为可换钻套。在钻套磨损后，松开螺钉即可以更换新的钻套，因此，可换钻套主要用于大批量生产中。在钻套与钻模板之间有一衬套，可换钻套和衬套的配合一般选用 H7/g6 或 H6/g5。

③ 快换钻套。如图 5-36 所示为快换钻套。当要取下钻套时，只要将钻套反转一定角度，使螺钉的头部刚好对准钻套上的缺口，再往上一拔，即可取下钻套。当工件孔需要多把刀具进行顺序加工时，可采用快换钻套。快换钻套与钻模板之间也有中间衬套，其配合情况与可换钻套基本相同。

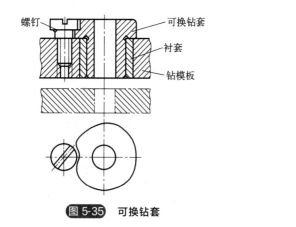

图 5-35 可换钻套

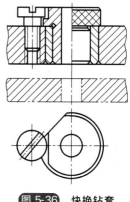

图 5-36 快换钻套

④ 特殊钻套。当受工件的形状或加工孔位置的分布等限制不能采用上述标准钻套时，可根据需要设计特殊结构的钻套。如图 5-37 所示为几种特殊钻套。其中，图（a）所示钻套用于加工沉孔或凹槽上的孔；图（b）所示钻套用于加工斜面或圆弧面上的孔；图（c）所示钻套用于加工多个近距离孔。

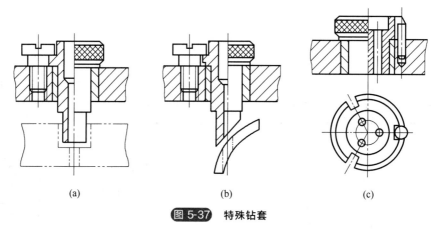

(a)   (b)   (c)

图 5-37 特殊钻套

2）钻套的主要结构参数设计

在选定了钻套结构类型后，需要确定钻套的内孔直径 d、引导高度 H 及钻套与工件间的排屑间隙 h 等参数，如图 5-38 所示。

① 钻套的内孔直径 d。一般钻套内孔的基本尺寸应等于刀具的最大极限尺寸，钻套与刀具之间取基轴间隙配合。当所加工孔精度低于 IT8 级时，钻套内孔可按 F8或 G7 加工；当所加工孔精度高于 IT8 级时，钻套内孔可按 H7 或 G6 加工。

② 钻套的引导高度 H。一般情况下，取 $H=(1\sim$

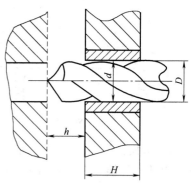

图 5-38 钻套的主要结构参数设计

$5)\times d$。当加工精度较高或孔直径较小且刀具刚性较差时，取较大值；反之，取较小值。

③ 钻套与工件间的排屑间隙 h。一般取 $h=(1/3\sim1)\times D$。加工钢材等塑性材料时，h 取大值；加工铸铁等脆性材料时，h 取小值。另外，在斜面上钻孔或钻斜孔时，h 应尽可能取小些；所加工孔的位置精度要求较高时，h 取小值或 $h=0$；加工深孔时，一般 h 不小于 5。

5.5　镗床夹具

镗床夹具也采用镗套作为引导元件，因此，镗床夹具又称为镗模。

镗模的加工精度较高，主要用于箱体类工件的精密孔系加工。采用镗模后，可以不受镗床精度的影响而加工出具有较高精度要求的工件。

镗模不仅广泛应用于镗床和组合机床中，还可以用在通用机床（如车床、铣床和钻床等）上加工具有较高精度要求的孔及孔系。

5.5.1　镗模的类型

按镗套布置形式的不同，镗模可以分为单支承引导镗模和双支承引导镗模两类。

(1) 单支承引导镗模

单支承引导镗模中只有一个镗套作引导元件，镗杆与机床主轴刚性连接。使用这种镗模加工时，主轴的回转精度会影响镗孔精度。

单支承引导镗模的引导方式主要有单支承前引导和单支承后引导两种。

① 单支承前引导。如图 5-39（a）所示，镗套在镗杆前端，加工面在中间。这种支承形式适用于加工 $D>60mm$，且 $l<D$ 的通孔。一般镗杆的引导部分直径 $d<D$，因此，引导部分直径不受加工孔径大小的影响。

② 单支承后引导。如图 5-39（b）所示，加工面在镗杆的前端，镗套在中间。这种支承形式适用于加工 $D<60mm$ 的通孔或盲孔。

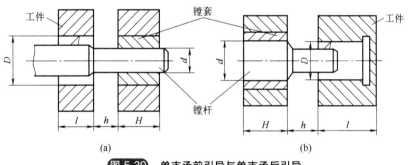

图 5-39　单支承前引导与单支承后引导

当孔的长度 $l<D$ 时，可使刀具引导部分直径 $d>D$。这样，镗杆的刚度好，加工精度高；且在换刀具时，可以不用更换镗套。

当孔的长度 $l>D$ 时，应使刀具引导部分直径 $d<D$，以便镗杆引导部分可伸入加工孔，从而缩短镗套与工件之间的距离及镗杆的悬伸长度。

为便于排屑、更换刀具、装卸和测量工件等，单支承引导镗模的镗套与工件之间的距离 h 一般在 $20\sim80mm$ 之间，常取 $h=(0.5\sim1)\times D$。

(2) 双支承引导镗模

双支承引导镗模上有两个镗套作引导元件，镗杆与机床主轴采用浮动连接，镗孔的位置精度取决于镗套的精度，与机床主轴的回转精度无关。

双支承引导镗模的引导方式主要有前后双支承引导和双支承后引导两种，如图 5-40 所示。

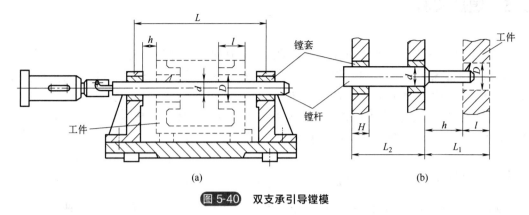

图 5-40 双支承引导镗模

① 前后双支承引导。如图 5-40（a）所示，镗模的两个支承分别在刀具的前方和后方。这种支承形式适用于加工孔径较大、孔的长径比 $l/D>5$ 的通孔或孔系，其加工精度较高，但更换刀具不方便。当镗套间距 $L>10d$ 时，应增加中间支承，以提高镗杆刚度。

② 双支承后引导。如图 5-40（b）所示，镗模的两个支承设在刀具的后方。这种支承形式便于装卸工件和刀具，也便于观察和测量，其适用性与单支承后引导相似。为保证导向精度，一般应使 $L_1<5d$，$L_2>(25\sim5)\times l$。

5.5.2 镗模的设计要点

（1）镗套

按其结构，镗套可以分为固定式镗套和回转式镗套。

① 固定式镗套。固定式镗套在加工过程中不随镗杆一起转动，其结构与快换钻套相似。它有两种形式：图 5-41（a）所示为不带油杯和油槽形式，图 5-41（b）所示为带油杯和油

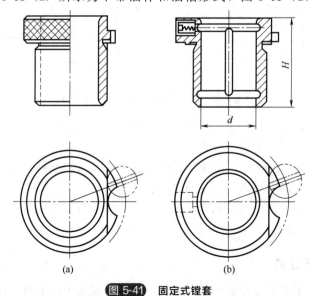

图 5-41 固定式镗套

槽形式。

固定式镗套结构紧凑，精度高，但易磨损，故只适用于低速镗孔，一般镗杆线速度 $v <$ 0.3m/s。固定式镗套的引导长度常取 $H = (1.5 \sim 2) \times d$。

② 回转式镗套。回转式镗套在镗孔过程中随镗杆一起转动，镗杆与镗套之间的磨损大大减少，故其适用于高速镗孔。

回转式镗套有滑动式［如图 5-42（a）和图 5-42（b）所示］和滚动式［如图 5-42（c）所示］两种。

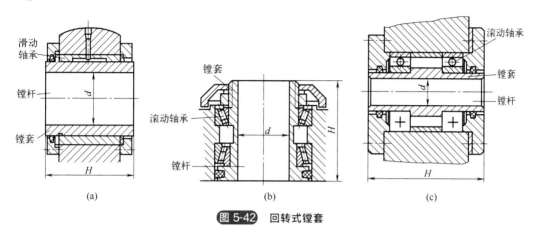

图 5-42　回转式镗套

滑动回转镗套的引导长度 $H = (5 \sim 3) \times d$，滚动回转镗套双支承时引导长度 $H = 0.75d$，单支承时与固定式镗套相同。

(2) 镗杆

镗杆的引导部分是镗杆和镗套的配合处，按与之配合的镗套不同，镗杆的引导部分可分为固定式镗套的镗杆引导部分和回转式镗套的镗杆引导部分两种。

① 固定式镗套的镗杆引导部分。固定式镗套的镗杆引导部分有整体式和镶条式两种结构。

当镗杆引导部分的直径小于 50mm 时，镗杆常采用整体式结构，如图 5-43（a）～（c）所示。其中，图 5-43（a）所示为开油槽的镗杆，图 5-43（b）和图 5-43（c）所示为开深直槽和螺旋槽的镗杆。

当镗杆引导部分直径大于 50mm 时，镗杆常采用镶条式结构，如图 5-43（d）所示。

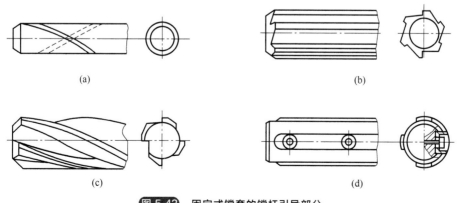

图 5-43　固定式镗套的镗杆引导部分

② 回转式镗套的镗杆引导部分。回转式镗套的镗杆引导部分有在镗杆上装平键和在镗杆上开键槽两种形式。其中，图 5-44（a）所示为在镗杆上装平键，键下装有压缩弹簧，键的前部有斜面，适用于有键槽的镗套；图 5-44（b）所示为在镗杆上开键槽，镗杆头部做成的螺旋引导结构，可与装有键的镗套配合使用。

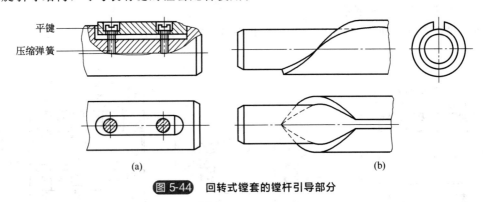

平键
压缩弹簧

(a)　　　　　　　　　　　(b)

图 5-44　回转式镗套的镗杆引导部分

（3）支架和底座

镗模支架和底座为铸铁件，常分开制造，这样便于加工、装配和时效处理。它们应有足够的刚度和强度，以保证加工过程的稳定性；应尽量避免采用焊接结构，宜采用螺钉和销钉刚性连接。

支架在使用中不允许承受夹紧力。支架设计时，除了要有适当的壁厚外，还应合理设置加强肋。

在底座面对操作者一侧应加工有一窄长平面，用于找正基面，以便将镗模安装于工作台上。底座上应设置适当数目的耳座，以保证镗模在机床工作台上安装牢固可靠。底座上还应有起吊环，以便于搬运。

5.6　高效机床夹具

5.6.1　组合夹具

组合夹具是由一套预先制造好的具有各种形状、功用、规格及尺寸的标准元件和组件组装而成的。

（1）组合夹具特点

① 可拆装、重组，有利于降低生产成本，提高生产率。

② 加工精度高。

③ 可多次使用。

④ 不受生产类型的限制。

⑤ 体积大，刚度差，成本高。

（2）组合夹具的组成

基础件：包括长方形、圆形和方形基础板及基础角铁等，常作为组合夹具的夹具体。

支承件：包括 V 形支承、长方支承、角度支承和加肋角铁等，是组合夹具中的骨架元件，数量最多，应用最广。支承件既可作为各元件间的连接件，又可作为大型工件的定位件。

定位件：包括各种键、定位销、定位盘和定位支承等，主要用于工件的定位和元件与元件之间的定位。

引导件：包括钻套、镗套和引导支承等，主要用于确定刀具与夹具的相对位置，并起引导刀具的作用。

夹紧件：包括各种压板，主要用于压紧工件，也可用作垫板和挡板。

紧固件：包括各种螺栓、螺钉、螺母和垫圈等，主要用于紧固组合夹具中的各种元件及压紧被加工件。

其他件：包括有三爪支承、支承环、手柄、连接板和平衡块等，在组装中起辅助作用。

合件：是指由若干零件组合而成，在组装过程中不拆散使用的独立部件，包括尾座、可调 V 形块、折合板和回转支架等。使用合件可以扩大组合夹具的使用范围，加快组装速度，简化组合夹具的结构。

（3）组合夹具的分类

按组装连接基面形状的不同，组合夹具可分为槽系组合夹具和孔系组合夹具两大类。

① 槽系组合夹具。槽系组合夹具在生产中应用比较广泛，其连接基面为 T 形槽。它分大型、中型和小型三种规格，其主要参数如表 5-3 所示。

表 5-3　槽系组合夹具参数表

规格	槽宽/ mm	槽距/ mm	连接螺栓	键用螺钉	支承件截面/ (mm×mm)	最大载荷/ N	工件最大尺寸/ (mm×mm×mm)
大型	16	75	M16×1.5	M5	75×75 90×90	200000	2500×2500×1000
中型	12	60	M12×1.5	M15	60×60	100000	1500×1000×500
小型	8	30	M8	M3	30×30	50000	500×250×250
	6		M6	M3、M2.5	22.5×22.5		

其中，大型组合夹具主要适用于重型机械制造业；中型组合夹具主要适用于机械制造业；小型组合夹具主要适用于仪器、仪表和电信、电子工业，也可用于较小工件的加工。

② 孔系组合夹具。孔系组合夹具的连接基面为圆柱孔组成的坐标孔系，如图 5-45 所示。孔系组合夹具中元件与元件间用两个销钉定位，一个螺钉紧固。孔径公差为 H7，孔距公差为 ±0.01mm。

5.6.2　随行夹具

随行夹具是指切削加工中随带安装好的工件在各工位间被自动运送转移的机床夹具。随行夹具主要用在自动生产线、加工中心和柔性制造系统等自动化生产中。

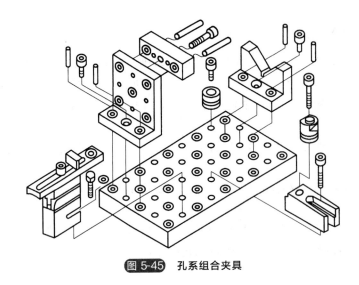

图 5-45　孔系组合夹具

　　工件在随行夹具上安装定位后，由运送装置把随行夹具运送到各个工位上，由该工位的机床夹具对其进行定位和夹紧。因此，随行夹具的上方设有工件的定位和夹紧装置，下方设有供输送和定位用的平面和装置。当它带着工件被输送到机床夹具中后，能够精确定位和夹紧。

5.7　机床夹具的设计

5.7.1　基本要求

　　① 保证加工工件的各项技术要求。
　　② 具有较高的生产率和较低的制造成本。
　　③ 尽量选用标准化零部件。
　　④ 操作方便、省力。
　　⑤ 具有良好的结构工艺性。

5.7.2　设计步骤

　　① 研究原始资料，明确设计任务。
　　② 确定夹具的结构方案，绘制结构草图。确定夹具的结构方案时，主要解决如下问题：
　　a. 确定工件的定位方式，设计定位元件。
　　b. 确定对刀或引导方式，选择或设计对刀装置或引导元件。
　　c. 确定工件的夹紧方案，设计夹紧装置。
　　d. 确定其他元件或装置的结构形式，如分度装置和定向键等。
　　e. 确定夹具体的形式和夹具的总体结构。
　　③ 绘制夹具装配图。夹具装配图应遵循国家标准绘制，绘制比例一般取 1：1。绘制夹具装配图可按如下顺序进行：用双点画线画出被加工工件的外形轮廓、定位面和加工面；然

后，把被加工工件视为透明体，依次画出定位元件、引导元件、夹紧装置及其他元件或装置；最后画出夹具体，形成完整的夹具装配图。

④ 确定并标注有关尺寸和夹具技术要求。

⑤ 绘制夹具零件图。

5.7.3　夹具装配图技术要求的制订

(1) 夹具装配图上应标注的尺寸与公差

① 夹具的外形轮廓尺寸。

② 与夹具定位元件、引导元件以及夹具安装基面有关的配合尺寸、位置尺寸及公差。

③ 工件与定位元件间的联系尺寸。

④ 夹具引导元件与刀具的配合尺寸。

⑤ 夹具与机床的联系尺寸及配合尺寸。

⑥ 其他主要配合尺寸。

(2) 夹具装配图上应标注的位置精度

① 定位元件之间的相互位置精度要求。

② 定位元件与连接元件（连接夹具与机床的元件）或找正基面间的相互位置精度要求。

③ 引导元件与连接元件或找正基面间的相互位置精度要求。

④ 定位元件与引导元件间的相互位置精度要求。

⑤ 引导元件之间的相互位置精度要求。

(3) 夹具装配图上技术条件的确定

确定夹具尺寸精度的总原则是：在满足加工的前提下，应尽量降低对夹具的加工精度要求。

夹具的有关尺寸公差和形位公差通常取工件相应工序公差的 1/5～1/2。

当工序尺寸未标注尺寸公差时，夹具的尺寸公差取 ±0.1mm，角度公差取 ±10′，要求严格的取 ±1′～±5′。

在具体选用时，要结合生产类型和工件的加工精度等因素综合考虑：在生产批量较大，夹具结构较复杂，且加工精度要求较高时，夹具的尺寸公差取小值；反之，取大值。

为保证工件的加工精度，在确定夹具的尺寸偏差时，一般应采用双向对称分布，基本尺寸应为工件相应尺寸的平均值。

与工件的加工精度要求无直接联系的夹具公差可参照表 5-4 进行选择。

表 5-4　加工精度要求无直接联系的夹具公差

工作形式	精度要求		示例
	一般精度	较高精度	
定位元件与工件定位基准间	H7/h6,H7/g6,H7/f7	H6/h5,H6/g5,H6/f5	定位销与工件基准孔
有引导作用并有相对运动的元件间	H7/h6,H7/g6,H7/f7	H6/h5,H6/g5,H6/f5	钻头与钻套
	H7/h6,G7/h6,F7/h6	H6/h5,G6/h5,F6/h5	

工作形式	精度要求		示例
	一般精度	较高精度	
无引导作用但有相对运动的元件间	H7/f9，H9/d9	H7/d8	滑动夹具与底座
没有相对运动的元件间	H7/n6，H7/p6，H7/r6，H7/s6，H7/u6，H8/t7（无紧固件）		固定支承钉和定位销
	H7/m6，H7/k6，H7/js7，H7/m7，H8/k7（有紧固件）		固定支承钉和定位销

5.7.4 综合实训

如图 5-46 所示为钢套钻孔工序图，零件材料为 Q235A 钢，生产批量为 500 件，所用机床为 Z525 型立式钻床，所用钻头外径为 $\phi5\text{mm}$。其他尺寸均已精加工完毕，现需钻 $\phi5\text{mm}$ 的孔，其加工精度为 IT9 级，面粗糙度 Ra 为 $6.3\mu\text{m}$。要求设计钻 $\phi5\text{mm}$ 孔的夹具（定位元件均有较高精度，能满足要求）。

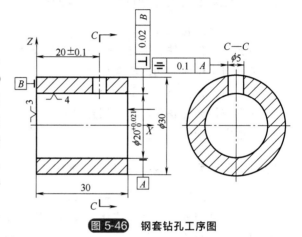

图 5-46 钢套钻孔工序图

(1) 实训过程

1）分析零件的工艺过程和本工序的加工要求，明确设计任务

本工序是在 Z525 型立式钻床上用钻头进行加工的。由于 $\phi5\text{mm}$ 孔为通孔，其直径尺寸由钻头外径保证，孔的轴线与基准面 B 的距离尺寸 $20\text{mm}\pm0.1\text{mm}$ 通过夹具保证。

该工序的定位基面为端面 B 和 $\phi20^{+0.021}_{0}\text{mm}$ 孔。

2）确定夹具的结构方案

① 定位方案的确定。定位方案如图 5-47 所示，采用一台阶面加一芯轴定位。芯轴限制工件的四个自由度 $\overline{y}$、$\overline{z}$、$\hat{y}$ 和 $\hat{z}$，台阶面限制 $\overline{x}$、$\hat{y}$ 和 $\hat{z}$ 三个自由度，所以上述两个定位元件重复限制了 $\hat{y}$ 和 $\hat{z}$ 两个自由度，属于过定位。但由于工件定位端面 B 与定位孔 $\phi20^{+0.021}_{0}\text{mm}$ 均已经过精加工，其垂直度较高，且定位芯轴和台阶端面的垂直度也能满足要求，因此，这种过定位是允许的。

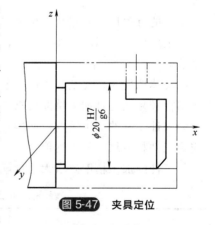

图 5-47 夹具定位

应注意，定位芯轴与工件上 $\phi5\text{mm}$ 孔接触的部位应铣平，用来让刀，避免钻孔后的毛刺妨碍工件装卸。

② 定位元件尺寸的确定。取定位孔 $\phi20^{+0.021}_{0}\text{mm}$ 直径的最小值为定位芯轴的基本尺寸。由于需要加工的 $\phi5\text{mm}$ 孔表面粗糙度 Ra 为 $6.3\mu\text{m}$，精度一般，根据夹具上常用配合的参考表可选芯轴与孔按 H7/g6 配合，则芯轴的直径和公差为 $\phi20^{-0.007}_{-0.02}\text{mm}$。

根据夹具上常用配合的参考表，选择定位元件与夹具体的连接用过渡配合 H7/r6。

3）钻套及其尺寸的确定

为了确定刀具相对工件的位置，夹具上应设置钻套作为引导元件。由于只需要加工 $\phi5$mm 孔，且生产批量不大，所以可采用固定钻套。钻套安装在钻模板上，钻模板采用固定式钻模板，如图 5-48 所示。

由于所加工孔精度为 IT9 级，低于 IT8 级，所以，钻套内孔可按 F8 或 G7 加工，取钻套的内孔直径尺寸 d 为 $\phi5$F8。钻套外径取 $\phi10$mm，钻套与钻模板的配合取 H7/r6。

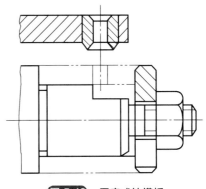

图 5-48　固定式钻模板

钻套的引导高度 $H=(1\sim2.5)\times d=(1\sim2.5)\times5=5\sim12.5$mm。由于所加工孔的加工精度要求一般，因此，钻套的引导高度可取中间值 $H=10$mm。

钻套与工件间的排屑间隙 $h=(1/3\sim1)\times D=(1/3\sim1)\times5=5/3\sim5$mm。由于所加工零件材料为 Q235A 钢，因此，钻套与工件间的排屑间隙可取大值 $h=5$mm。

4）夹紧装置的确定

由于工件较小，且生产批量不大，为使夹具结构简单，工件装卸迅速、方便，可采用如图 5-49 所示带开口垫圈的手动螺旋夹紧装置。

5）夹具体的确定

夹具体的设计应通盘考虑，使各组成部分通过夹具体有机地联系起来，形成一个完整的夹具。

如图 5-49 所示的整体夹具装配图，由盘 1 和套 2 组成。定位芯轴安装在盘 1 上，用防转销钉 10 保证定位芯轴的缺口朝上，套 2 上部兼作钻模板。盘 1 和套 2 采用三个螺钉紧固。此方案制造周期短、成本低、钻模刚度好、重量轻。

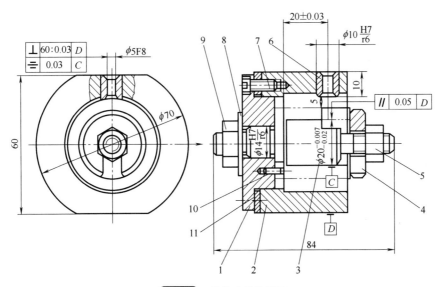

图 5-49　整体夹具装配图

1—盘；2—套；3—定位芯轴；4—开口垫圈；5—夹紧螺母；6—固定钻套；
7—螺钉；8—垫圈；9—锁紧螺母；10—防转销钉；11—调整垫圈

(2) 夹具装配图设计

绘制夹具装配图并标注有关尺寸、公差配合和技术条件。夹具装配图如图 5-49 所示。

1) 夹具装配图上应标注的尺寸及公差配合

① 夹具的外形轮廓尺寸为 70mm×84mm×60mm。

② 芯轴的尺寸为 $\phi 20^{-0.007}_{-0.02}$ mm。

③ 钻套的内孔直径尺寸 $\phi 5F8$，钻套的引导高度为 10mm，钻套与工件间的排屑间隙为 5mm。

④ 其他配合尺寸，如定位元件与夹具体的配合尺寸为 $\phi 14H7/r6$。

2) 夹具装配图上应标注的技术要求

① 加工孔的中心线对基准 C 的对称度为 0.03mm。

② 加工孔的中心线对基准 D 的垂直度公差为 0.03mm。

③ 芯轴对基准 D 的平行度公差为 0.05mm。

(3) 实训总结

通过对钢套钻孔夹具的设计，可掌握机床夹具的基础知识、机床夹具的设计和钻模的设计要点等。

本章小结

(1) 车床夹具
- 卡盘式和角铁式。
- 定位元件、夹紧装置、车床夹具与车床主轴的连接和夹具的总体结构。

(2) 铣床夹具
- 直线进给式、圆周进给式和仿形进给式。
- 保证工件定位的稳定性和夹紧的可靠性、定向键和对刀装置。

(3) 钻床夹具
- 固定式钻模、回转式钻模、翻转式钻模、盖板式钻模和滑柱式钻模等。
- 包括钻套和钻模板两部分。

(4) 镗床夹具
- 单支承引导镗模和双支承引导镗模。
- 包括镗套、镗杆、支架和底座四部分。

(5) 组合机床夹具
- 由基础件、支承件、定位件、引导件、夹紧件、紧固件等组成。
- 分为槽系和孔系两大类。

(6) 机床夹具的设计步骤
- 研究原始资料，明确设计任务。
- 确定夹具的结构方案，绘制结构草图。
- 绘制夹具装配图。
- 确定并标注有关尺寸和夹具技术要求。
- 绘制夹具零件图。
- 制订夹具装配图技术要求。

思考题与习题

一、不定项选择题

1. 安装在机床主轴上，能带动工件一起旋转的夹具是（　　）。

A. 钻床夹具　　　　　　B. 车床夹具　　　　　　C. 铣床夹具　　　　　　D. 镗床夹具

2. 用于铣槽的对刀装置是（　　）。

A. 板状对刀装置　　　　　　　　　　B. 直角对刀装置

C. V 形对刀装置　　　　　　　　　　D. 特殊对刀装置

3. 加工小型工件分布在不同表面上的小孔宜采用（　　）。

A. 固定式钻模　　　　　　　　　　　B. 回转式钻模

C. 翻转式钻模　　　　　　　　　　　D. 盖板式钻模

4. 属于夹具装配图上应标注的尺寸是（　　）。

A. 轮廓尺寸　　　　　　　　　　　　B. 配合尺寸

C. 引导元件与定位元件的位置尺寸　　D. 定位元件之间的尺寸

二、思考题

1. 试述工件装夹的含义。在机械加工中有哪几种装夹工件的方法？简述每种装夹方法的特点及其应用场合。

2. 什么是六点定位原理？什么是完全定位和不完全定位？什么是欠定位和过定位？试举例说明。

3. 什么是基准？基准分哪几类？试述各类基准的含义及其相互间的关系。

第6章

机械加工工艺规程设计

 本章思维导图

本书配套资源

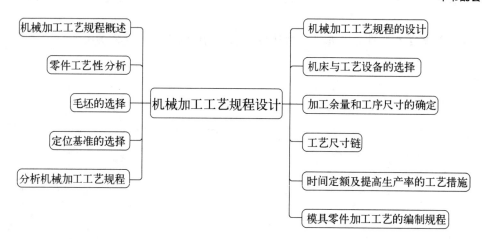

本章学习目标

■ 掌握的内容

工艺路线的确定，包括加工顺序、工艺装备选择等内容；工艺参数的确定，如切削用量、夹具定位等；生产节拍和工艺时间的计算；工艺文件的编制，包括工艺卡片、操作规程等。

■ 熟悉的内容

加工零件的尺寸、形状和精度要求；设计合理的加工步骤和装夹方式；制定加工参数和检测方案。

■ 了解的内容

工艺流程的制定；工艺参数的选择；设备与工具的选用原则；质量控制方法。

6.1 机械加工工艺规程概述

工艺规程是指用文字、图表和其他载体形式，规定产品或零部件制造工艺过程和操作方法等的工艺文件，是一切与产品生产有关的人员都应严格执行、认真贯彻的纪律性文件。

工艺规程主要分为毛坯制造、机械加工、热处理、表面处理及装配等多种类型。

6.1.1 机械加工工艺规程的形式

机械加工工艺规程的形式有机械加工工艺过程卡片、机械加工工艺卡片、机械加工工序卡片三种。

(1) 机械加工工艺过程卡片

机械加工工艺过程卡片是指以工序为单位，用来简要说明产品或零部件加工过程的一种工艺文件，如表 6-1 所示。在简单零件的单件小批生产中，通常不编制其他较为详细的工艺文件，而以这种卡片指导生产。

表 6-1 机械加工工艺过程卡片

（工厂名）	机械加工工艺过程卡片			产品型号		零件图号					
				产品名称		零件名称			共 页		第 页
材料牌号		毛坯种类		毛坯外形尺寸			每毛坯可制件数		每台件数		备注
工序号	工序名称	工序内容			车间	工段	设备	工艺装备			工时 准终 / 单件
						设计（日期）	校对（日期）	审核（日期）	标准化（日期）		会签（日期）
标记	处数	更改文件号	签字	日期	标记	处数	更改文件号	签字	日期		

（2）机械加工工艺卡片

机械加工工艺卡片是指以工序为单位，详细说明产品或零部件机械加工工艺过程的一种工艺文件，如表6-2所示。机械加工工艺卡片可用于指导工人生产，帮助管理人员和技术人员掌握整个零件加工的过程，适用于成批生产及复杂零件的单件小批生产。

表6-2　机械加工工艺卡片

（工厂名）	机械加工工艺卡片				产品型号		零件图号				
					产品名称		零件名称		共　页	第　页	
材料牌号		毛坯种类		毛坯外形尺寸		每毛坯可制件数		每台件数		备注	
工序	安装	工步	工序内容	同时加工数	工艺参数				设备	工艺装备	工时
					主轴转速/(r/min)	切削速度/(m/min)	进给量/(mm/r)	切削深度/mm			准终　单件
					设计（日期）	校对（日期）	审核（日期）	标准化（日期）		会签（日期）	
标记	处数	更改文件号	签字	日期	标记	处数	更改文件号	签字	日期		

（3）机械加工工序卡片

在大批大量生产中，除了有较详细的机械加工工艺卡片外，还要编制机械加工工序卡片。机械加工工序卡片是指在机械加工工艺过程卡片的基础上，按每道工序所编制的一种工艺文件，其一般含有工艺简图，并详细说明该工序每个工步的加工内容、工艺参数、操作要求以及所用设备和工艺装备等。机械加工工序卡片的格式如表6-3所示。

6.1.2　机械加工工艺规程的作用、设计原则以及设计步骤

（1）机械加工工艺规程的作用

① 机械加工工艺规程是指导生产的主要技术文件。
② 机械加工工艺规程是生产准备工作的基本依据。
③ 机械加工工艺规程是新建、扩建工厂或车间的基本资料。

（2）机械加工工艺规程的设计原则

① 应保证产品加工质量达到设计图样上规定的各项技术要求，这是设计机械加工工艺规程应首先考虑的问题。

表 6-3　机械加工工序卡片

（工厂名）	机械加工工序卡片		产品型号		零件图号			
			产品名称		零件名称		共 页	第 页
工艺简图：			车间	工序号	工序名称		材料编号	
			毛坯种类	毛坯外形尺寸		每件毛坯可制件数	每台件数	
			设备名称	设备型号		设备编号	同时加工数	
			夹具编号		夹具名称		切削液	
			工位器具编号		工位器具名称		工序工时	
							准终	单件

工步号	工步名称	工步内容	工艺装备	主轴转速/(r/min)	切削速度/(m/min)	进给量/(mm/r)	切削深度/mm	进给次数	工步工时	
									机动	辅助
				设计（日期）	校对（日期）	审核（日期）	标准化（日期）	会签（日期）		
标记	处数	更改文件号	签字	日期	标记	处数	更改文件号	签字	日期	

② 在保证加工质量的前提下，应尽可能提高生产率，减少能源和材料消耗，降低生产成本。

③ 在充分利用现有生产条件的基础上，应尽可能采用国内外先进工艺技术和经验。

④ 尽可能减轻工人的劳动强度，保证生产安全，创造良好、文明的劳动条件，并避免污染环境。

⑤ 机械加工工艺规程应做到正确、完整、统一和清晰，其编号以及所用术语、符号、计量单位和代号等都要符合相应标准。

（3）机械加工工艺规程的设计步骤

① 分析零件的工艺性。分析零件的工艺性主要包括分析和审查产品的零件图和装配图、分析零件的结构工艺性等。

② 选择毛坯。选择毛坯是指依据零件在产品中的作用、零件的生产纲领和结构特点，确定毛坯的种类、制造方法、尺寸和精度等。

③ 拟订机械加工工艺路线。拟订机械加工工艺路线是机械加工工艺规程设计的核心内容，它包括选择定位基准、确定加工方法、划分加工阶段、安排加工顺序以及合理组合工序等。

④ 设计加工工序。设计加工工序包括确定加工余量和工序尺寸，选择机床设备、工艺装备和切削用量，确定时间定额，等等。

⑤ 填写工艺文件。

6.2 零件工艺性分析

6.2.1 零件工艺性分析流程

(1) 分析和审查产品的零件图和装配图

在设计机械加工工艺规程时，首先应对产品的零件图和装配图进行分析，熟悉产品的用途、性能及工作条件，明确零件在产品中的位置和功用，找出主要的技术要求和关键的加工内容，以便在设计机械加工工艺规程时，采取适当的措施加以保证。同时，还要审查图样的完整性和正确性，对错误和遗漏提出修改意见。

(2) 分析零件的结构工艺性

零件的结构工艺性是指零件在满足设计功能和精度要求的前提下，制造的可行性和经济性。它体现在毛坯制造、热处理、切削加工和装配等各个生产制造阶段，而且不同的生产类型和生产条件对零件的结构工艺性要求不同。因此，必须根据具体的条件，对零件的结构工艺性进行全面综合分析。

6.2.2 零件工艺性设计要求

零件工艺性设计要求主要分为以下几点：

① 尺寸公差、几何公差和表面粗糙度的要求应经济、合理。
② 各加工表面的几何形状应尽量简单。
③ 有相互位置精度要求的表面应尽量在一次装夹中完成加工。
④ 零件应有合理的工艺基准，且工艺基准应尽量与设计基准一致。
⑤ 零件的结构应便于装夹、加工与检查。
⑥ 零件的结构要素应尽可能统一，并尽量使其能使用普通设备和标准刀具加工。
⑦ 零件的结构应尽量便于多件同时加工。

表 6-4 为一些零件机械加工结构工艺性对比实例。

表 6-4 一些零件机械加工结构工艺性对比实例

序号	工艺性内容	不合理的结构	合理的结构	说明
1	加工表面面积尽量小	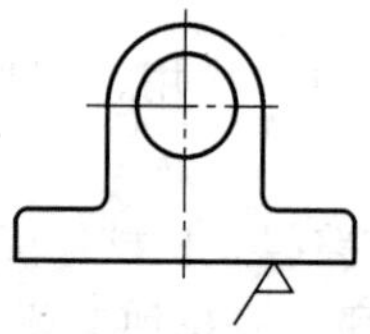	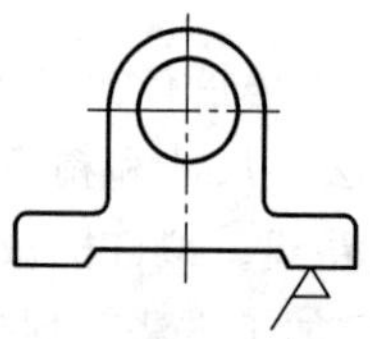	①减少加工量 ②减少刀具及材料的消耗

续表

序号	工艺性内容	不合理的结构	合理的结构	说明
2	钻孔的入端和出端应避免斜面			①避免钻头折断 ②提高生产率 ③保证加工精度
3	槽宽应一致			①减少换刀次数 ②提高生产率
4	键槽布置在同一方向			①减少调整次数 ②保证位置精度
5	孔的位置不能距离壁太近			①可以采用标准刀具 ②保证加工精度
6	槽的底面不应与其他加工面重合			①便于加工 ②避免损伤加工表面
7	螺纹根部应有退刀槽			①避免损伤刀具 ②提高生产率
8	凸台表面应位于同一平面上			①提高生产率 ②保证加工精度
9	轴上两相接精加工表面间应设刀具越程槽			①提高生产率 ②保证加工精度

6.3 毛坯的选择

毛坯是指根据零件的形状、工艺尺寸等要求制造而成，供进一步加工用的生产对象。毛坯的选择不但影响其本身的制造工艺和成本，还影响零件的工艺性能、使用寿命及加工成本。

（1）毛坯的种类

机械加工中常用的毛坯有以下几种：

① 铸件：适用于形状复杂零件的生产。其中，手工造型铸件适用于单件小批生产或大型零件的生产；机器造型铸件适用于大批大量生产及尺寸精度要求较高的零件的生产。

② 锻件：适用于强度要求高、形状比较简单的零件的生产。其中，自由锻锻件适用于单件小批生产及大型零件的生产，模锻锻件适用于中小型零件的大批大量生产。

③ 轧制件：分为热轧件和冷拉件两种。其中，热轧件适用于一般零件的生产；冷拉件尺寸较小，精度较高，适用于中小型零件的生产及采用自动线加工。

④ 焊接件：适用于大型零件的单件小批生产。焊接件必须经时效处理后方可加工。

⑤ 其他：如冷冲压件、工程塑料压制件和粉末冶金件等。

（2）毛坯选择遵循原则

① 满足零件的力学性能要求。

② 毛坯的制造方法要与零件的结构形状和外形尺寸相适应。

③ 毛坯的制造要与零件的生产类型和现有的生产条件相适应。

（3）毛坯形状和尺寸的确定

毛坯的形状和尺寸基本上取决于零件的形状、尺寸及其技术要求。机械加工中，毛坯尺寸与零件设计尺寸之差，称为毛坯余量。毛坯的形状和尺寸应按照零件表面精度和表面质量的要求，在加工表面留有一定的毛坯余量，并尽量与零件相接近，以达到减少机械加工劳动量、降低生产成本的目的。随着科技的进步，少切削或无切削加工已成为现代机械制造的发展趋势之一。

此外，毛坯制造时同样会产生误差，毛坯制造的尺寸公差称为毛坯公差。毛坯余量和公差的大小，与毛坯的制造方法有关，可参考有关工艺手册或国家及行业标准来确定。

毛坯形状和尺寸的确定，除了要将一定加工余量附在零件相应的加工表面上之外，有时还要考虑毛坯的制造、机械加工及热处理等技术因素的影响。在这种情况下，毛坯的形状可能与零件的形状有所不同。例如，为了保证零件在加工时安装方便，有的铸件毛坯需要铸出必要的技术凸台，待零件加工完成后再进行切除；有些相关的零件为保证加工质量和加工方便，合成一个铸件毛坯，待加工到一定阶段后再切开。

（4）毛坯图的绘制

在确定了毛坯的种类、形状和尺寸后，还应绘制毛坯图，作为毛坯制造单位的产品图样。毛坯图要考虑毛坯制造、机械加工和热处理等多方面工艺因素的影响，如铸件和锻件上的孔和法兰等的最小铸出或锻出条件、铸件和锻件表面的起模斜度（拔模斜度）和圆角、分型面和分模面的位置等，并用双点画线表示出零件的表面，以区别加工表面和非加工表面。

图 6-1 为阶梯轴锻件毛坯图。毛坯的外形用粗实线表示，零件的轮廓线用双点画线表示。毛坯的基本尺寸和公差标注在尺寸线上面，零件的尺寸标注在尺寸线下面的括号内。

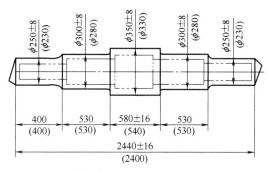

图 6-1　阶梯轴锻件毛坯图

6.4　定位基准的选择

在制订机械加工工艺规程时，首先应考虑的是选择怎样的精基准定位，把工件加工出来；然后考虑选择怎样的粗基准定位，把用作精基准的表面加工出来。

(1) 精基准的选择

精基准的选择主要包括：基准重合原则、基准统一原则、互为基准原则、自为基准原则、便于装夹原则。

基准重合原则：指选择工序基准作定位基准，以避免产生基准不重合误差。在对加工表面的加工精度有决定性影响的工序中，一般不应违反这一原则，否则，由于存在基准不重合误差，精度将难以保证。

基准统一原则：指在工件加工过程中，采用同一组精基准定位，以加工出工件尽可能多的表面。采用统一的基准，有利于保证各加工表面之间的位置精度，同时可以减少夹具设计和制造的工作量和成本，缩短生产准备周期。例如，轴类零件常使用两中心孔作统一精基准；箱体类零件常使用一面两孔作统一精基准；齿轮的齿坯和齿形加工常采用齿轮的内孔及一端作统一精基准。

自为基准原则：指对一些精度要求很高的表面，当加工余量小而均匀时，为保证加工精度，选择加工表面本身作为定位基准。采用自为基准原则加工时，只能提高加工表面的尺寸精度和形状精度，不能提高加工表面的位置精度。

互为基准原则：指对工件上相互位置精度要求较高的表面进行加工时，可使两个表面互为基准，反复进行加工，以保证其位置精度。例如，为保证套类工件内、外圆柱面具有较高的同轴度，可先以内孔为定位基面加工外圆，再以外圆为定位基面加工内孔，反复多次，就可使两者达到较高的同轴度。

便于装夹原则：指所选的精基准应能保证工件定位准确、稳定，装夹方便、可靠，夹具结构简单、操作方便。

(2) 粗基准的选择

粗基准的具体选择原则包括重要表面原则、保证相互位置要求原则、最小加工余量原则、不重复使用原则和便于装夹原则。

重要表面原则：为保证工件某些重要表面加工余量均匀，选择该表面作为粗基准。

保证相互位置要求原则：为保证加工面和非加工面间的位置要求，选择非加工面作为粗基准。

最小加工余量原则：当零件上有多个表面需要加工时，选择其中加工余量较小的表面作为粗基准，以保证各加工表面都有足够的加工余量。

不重复使用原则：粗基准在加工过程中只能使用一次。这是因为粗基准的误差很大，重复使用将会产生很大的加工误差。

便于装夹原则：选择的粗基准应使定位准确，夹紧可靠，夹具结构简单、操作方便。为此，要求选用的粗基准应尽可能平整、光洁，有足够大尺寸，不允许有锻造飞边、铸造浇冒口或其他缺陷，也不能选用铸造分型面作为粗基准。

6.5 分析机械加工工艺规程

如图 6-2 所示的阶梯轴零件，其生产类型为小批生产。该零件的机械加工工艺过程卡片如表 6-5 所示。

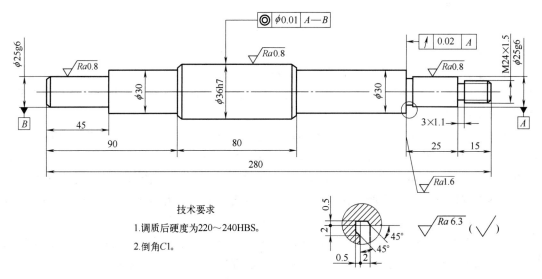

图 6-2 阶梯轴零件

(1) 分析阶梯轴零件的工艺性

如图 6-2 所示，该阶梯轴零件长 280mm，最大直径为 36mm，最小直径为 24mm，材料为 45 钢，热处理要求为调质后硬度 220～240HBS。

阶梯轴零件中，f36mm 和 f25mm 外圆表面有尺寸精度要求，f30mm 台阶端面有轴向圆跳动公差要求，f36mm 外圆表面有同轴度要求，阶梯轴零件各主要外圆表面和外圆端面有表面粗糙度要求，加工时要予以保证。根据阶梯轴零件的技术要求和生产类型，选择普通车床加工。

表 6-5　阶梯轴零件机械加工工艺过程卡片

M 机械厂	机械加工工艺过程卡片		产品型号		零件图号				
			产品名称		零件名称	阶梯轴	共 1 页	第 1 页	

材料牌号	45	毛坯种类	热轧圆钢	毛坯外形尺寸	$\phi 40\text{mm} \times 282\text{mm}$	每毛坯可制件数	1	每台件数	1	备注	

工序号	工序名称	工序内容	车间	工段	设备	工艺装备	工时 准终	工时 单件
1	热处理	调质后硬度为 220～240HBS,检验						
2	车	夹住毛坯外圆,车端面,钻 $\phi 25\text{mm}$ 中心孔	I		CA6140	夹具:三爪自定心卡盘 刀具:$\phi 25\text{mm}$ 中心钻,端面车刀 量具:游标卡尺		
3	车	调头夹紧毛坯外圆,车端面,取总长至 280mm	I		CA6140	夹具:三爪自定心卡盘 刀具:90°外圆车刀 量具:游标卡尺		
4	车	一夹一顶装夹,车 $\phi 36\text{h}7$ 外圆至 $\phi 36^{+0.6}_{+0.5}\text{mm} \times 250\text{mm}$,车 $\phi 30\text{mm}$ 外圆至 $\phi 30\text{mm} \times 90\text{mm}$,车 $\phi 25\text{g}6$ 外圆至 $\phi 25^{+0.5}_{+0.4}\text{mm} \times 45\text{mm}$,倒角 C1	I		CA6140	夹具:三爪自定心卡盘 刀具:90°外圆车刀 量具:游标卡尺		
5	车	调头,一端夹紧,一端搭中心架,钻 $\phi 2.5\text{mm}$ 中心孔	I		CA6140	夹具:三爪自定心卡盘,中心架 刀具:$\phi 25\text{mm}$ 中心钻 量具:游标卡尺		
6	车	一夹一顶装夹,车 $\phi 30\text{mm} \times 110\text{mm}$,保证 80mm 尺寸,车 $\phi 25\text{g}6$ 外圆至 $\phi 25^{+0.5}_{+0.4}\text{mm} \times 40\text{mm}$,车 $M24 \times 1.5$ 外圆至 $\phi 24^{+0.032}_{+0.268}\text{mm} \times 15\text{mm}$,倒角 C1	I		CA6140	夹具:三爪自定心卡盘 刀具:90°外圆车刀,外螺纹车刀 量具:游标卡尺		
7	车	重新装夹,一端软卡爪夹紧,一端用后顶尖顶住,车 $\phi 30\text{mm}$ 右端轴肩槽至尺寸,车 $3\text{mm} \times 1.1\text{mm}$ 槽至尺寸,车 $M24 \times 1.5$ 螺纹至尺寸,检验	I		CA6140	夹具:三爪自定心卡盘,软卡爪 刀具:90°外圆车刀,车槽刀,外螺纹车刀 量具:游标卡尺		
		(以下略)						

阶梯轴零件各主要外圆的表面粗糙度要求为 $Ra0.8\mu m$,需要经磨削加工,车削时必须留磨削余量。

(2) 分析阶梯轴零件毛坯的选择

阶梯轴零件各台阶的直径相差不大,因此选择热轧圆钢作为毛坯。

(3) 分析阶梯轴零件的定位基准和定位方式

阶梯轴零件由大小不等但同轴的几个圆柱回转体组成,轴向设计基准为标注尺寸最多的左右两端，径向设计基准为此轴的轴线。按照基准重合原则和统一原则，选择轴向与径向设计基准为各工序过程中的精基准。根据阶梯轴零件的技术要求和外形特点，采用一夹一顶的装夹方法。

阶梯轴零件的粗基准采用热轧圆钢毛坯的外圆表面，并通过该基准把作为精基准的表面加工出来。按照基准的不重复使用原则，两端不能先钻中心孔，应该将毛坯一端外圆车削后，以已车过的外圆作基准，一端用三爪自定心卡盘、另一端搭中心架装夹，再钻中心孔，这样才能保证零件的同轴度。

6.6 机械加工工艺规程的设计

随着市场经济的深入发展和人们生活水平的不断提高，消费者对商品的需求越来越多样化，这使得产品的种类和形态越来越多。在激烈的市场竞争中，越来越多的企业意识到缩短产品生产周期、加快产品更新换代的重要性。

工艺规程是连接产品设计和制造的桥梁，掌握机械加工工艺规程的编制方法、统筹分析机械加工过程的各方面影响因素、安排最优路线，是实现机械产品低耗、高效、快速生产制造的重要方法。本节就来介绍机械加工工艺规程的编制方法和过程。

6.6.1 工艺路线的拟订

所选加工方法的加工经济精度范围要与零件的加工精度和表面粗糙度要求相适应，要与零件材料的切削加工性相适应，要与零件的生产类型相适应，要与企业现有生产条件相适应。

表 6-6 为外圆加工中各种加工方法的加工经济精度和表面粗糙度。表 6-7 为孔加工中各种加工方法的加工经济精度和表面粗糙度。表 6-8 为平面加工中各种加工方法的加工经济精度和表面粗糙度。

表 6-6 外圆加工中各种加工方法的加工经济精度和表面粗糙度

加工方法	加工情况	加工经济精度 IT	表面粗糙度 $Ra/\mu m$	加工方法	加工情况	加工经济精度 IT	表面粗糙度 $Ra/\mu m$
车	粗车	12~13	10~80	外磨	精密磨	5~6	0.08~0.32
	半精车	10~11	2.5~10		镜面磨	5	0.008~0.08
	精车	7~8	1.25~5	抛光	—	—	0.008~1.25
	金刚石车	5~6	0.005~1.25	研磨	粗研	5~6	0.16~0.63
铣	粗铣	12~13	10~80		精研	5	0.04~0.32
	半精铣	11~12	2.5~10		精密研	5	0.008~0.08
	精铣	8~9	1.25~5	超细加工	精	5	0.08~0.32
车槽	一次行程	11~12	10~20		精密	5	0.01~0.16
	二次行程	10~11	2.5~10	砂带磨	精磨	5~6	0.02~0.16
外磨	粗磨	8~9	1.25~10		精密磨	5	0.008~0.04
	半精磨	7~8	0.63~2.5	滚压	—	6~7	0.16~1.25
	精磨	6~7	0.16~0.25				

表 6-7　孔加工中各种加工方法的加工经济精度和表面粗糙度

加工方法	加工情况	加工经济精度 IT	表面粗糙度 $Ra/\mu m$	加工方法	加工情况	加工经济精度 IT	表面粗糙度 $Ra/\mu m$
钻	$\phi 15mm$ 以下	11～13	5～80	镗	粗镗	12～13	5～20
	$\phi 15mm$ 以上	10～12	20～80		精镗（浮动镗）	7～9	0.63～5
扩	粗扩	12～13	5～20		金刚镗	5～7	0.16～1.25
	一次扩孔（铸孔或冲孔）	11～13	10～40	内磨	粗磨	9～11	1.25～10
	精扩	9～11	1.25～10		半精磨	9～10	0.32～1.25
铰	半精铰	8～9	1.25～10		精磨	7～8	0.08～0.63
	精铰	6～7	0.32～2.5		精密磨（精修整砂轮）	6～7	0.04～0.16
	手铰	5	0.08～1.25	珩	粗珩	5～6	0.16～1.25
拉	粗拉	9～10	1.25～5		精珩	5	0.04～0.32
	一次拉孔（铸孔或冲孔）	10～11	0.32～2.5	研磨	粗研	5～6	0.16～0.63
	精拉	7～9	0.16～0.63		精研	5	0.04～0.32
推	半精推	6～8	0.32～1.25		精密研	5	0.008～0.08
	精推	6	0.08～0.32	滚压	—	6～8	0.01～1.25

表 6-8　平面加工中各种加工方法的加工经济精度和表面粗糙度

加工方法	加工情况	加工经济精度 IT	表面粗糙度 $Ra/\mu m$	加工方法	加工情况	加工经济精度 IT	表面粗糙度 $Ra/\mu m$
周铣	粗铣	11～13	5～20	平磨	粗磨	8～10	1.25～10
	半精铣	8～11	2.5～10		半精磨	8～9	0.63～2.5
	精铣	6～8	0.63～5		精磨	6～8	0.16～1.25
端铣	粗铣	11～13	5～20		精密磨	6	0.04～0.32
	半精铣	8～11	2.5～10	刮	$(25\times 25)mm^2$ 内点数	8～10	0.63～1.25
	精铣	6～8	0.63～5			10～13	0.32～0.63
车	半精车	8～11	2.5～10			13～16	0.16～0.32
	精车	6～8	1.25～5			16～20	0.08～0.16
	细车（金刚石车）	6～7	0.008～1.25			20～25	0.04～0.08
刨	粗刨	11～13	5～20	研磨	粗研	6	0.16～0.63
	半精刨	8～11	2.5～10		精研	5	0.04～0.32
	精刨	6～8	0.008～5		精密研	5	0.008～0.08
	宽刀精刨	6	0.16～1.25	砂带磨	精磨	5～6	0.04～0.32
插	—	—	2.5～20		精密磨	5	0.008～0.04
拉	粗拉（铸造或冲压表面）	10～11	5～20	滚压	—	7～10	0.16～2.5
	精拉	6～9	0.32～2.5	抛光	—	—	0.008～1.25

6.6.2　加工阶段的划分

(1)　加工阶段的概念

对一般精度零件，可划分成粗加工、半精加工和精加工三个阶段；对精度要求较高的零件，还需安排光整加工和超精密加工阶段。

各阶段的主要任务：

① 粗加工阶段：尽快切除各加工表面的大部分余量，使各加工表面尽可能接近图样尺寸，并加工出精基准。

② 半精加工阶段：消除粗加工留下的误差，使加工表面达到一定的精度，为主要表面的精加工做好准备，并完成一些次要表面的加工（如钻孔、攻螺纹和铣键槽等）。

③ 精加工阶段：完成各主要表面的最终加工，使零件加工质量达到图样规定的要求。

④ 光整加工和超精密加工阶段：进一步降低表面粗糙度，提高加工表面的尺寸精度和形状精度，一般不用于纠正位置精度。

划分加工阶段是对整个工艺过程而言的，不能单纯从某一表面的加工和某一工序的性质来判断。例如，工件的精基准面，有时在粗加工阶段就需要加工得很准确；在精加工阶段，有时也会安排钻孔之类的粗加工工序。

(2)　划分加工阶段的主要作用

① 保证零件的加工质量。

② 便于及时发现毛坯缺陷。

③ 便于安排热处理工序，使冷、热加工工序搭配合理。

④ 合理安排加工设备和操作工人。

(3)　加工顺序的安排

1）机械加工工序的安排

安排机械加工工序时，一般遵循基准先行、先主后次、先粗后精和先面后孔的原则。

基准先行：是指零件加工时，应先安排精基准面的加工，再用精基准定位加工其他表面。工件上主要表面精加工之前，还必须对精基准进行修整。若基准不统一，则应按基准转换的顺序和逐步提高加工精度的原则来安排基准面和主要表面的加工。

先主后次：是指先安排主要表面的加工，再安排次要表面的加工。次要表面的加工可适当穿插在主要表面的加工工序之间进行，当次要表面与主要表面之间有位置精度要求时，必须将其安排在主要表面加工之后进行。

先粗后精：是指先安排各表面的粗加工，再安排半精加工、精加工和光整加工，从而逐步提高工件的加工精度和表面质量。

先面后孔：主要是对箱体类和支架类零件的加工而言的，一般这类零件上既有平面，又有孔或孔系，应先加工平面后加工孔。

2）热处理工序的安排

热处理可以提高工件材料的力学性能，改善其切削加工性及消除残余应力。在拟定工艺路线时，热处理工序应根据零件的技术要求和材料的性质进行合理安排。热处理工序一般可分为预备热处理、最终热处理、时效处理和表面处理。

预备热处理：常用的预备热处理方法有退火、正火和调质。其中，退火和正火的目的是消除毛坯制造过程中产生的残余应力，改善金属材料的切削加工性能，为最终热处理作准备，一般安排在粗加工之前；调质的目的是提高材料的综合力学性能，一般安排在粗加工之后。

最终热处理：最终热处理的目的是提高金属材料的强度、硬度和耐磨性等力学性能。常用的最终热处理方法有淬火-回火、渗碳淬火和渗氮等，对仅仅要求改善力学性能的工件，有时可将正火或调质作为最终热处理。最终热处理一般安排在粗加工和半精加工之后，对变形较大的热处理，如淬火-回火和渗碳淬火等，应安排在精加工之前进行，以便在精加工时纠正热处理变形；对变形小的热处理，如渗氮等，可安排在精加工之后进行。

时效处理：时效处理的目的是消除残余应力，减少工件变形。时效处理分为自然时效、人工时效和冰冷处理三大类。其中，自然时效和人工时效一般安排在粗加工前后，对精度要求较高的零件可在精加工之前再安排一次时效处理；冰冷处理一般安排在回火处理之后、精加工之后或工艺过程的最后。

表面处理：表面处理的目的是提高零件的抗腐蚀性和耐磨性，并使表面美观。常用的表面处理方法有镀层和发蓝两种。表面处理通常安排在工艺过程的最后。

3）辅助工序的安排

辅助工序包括检验工件、去毛刺、清洗、防锈、去磁和平衡等。其中，检验工件是最主要的辅助工序，它对保证产品质量有着重要的作用。除了每名操作工人在操作过程中和操作结束后必须自检外，在重要和关键工序前后、送往外车间加工前后和零件加工完毕后，一般也要安排检验工序。

（4）工序组合原则

1）工序集中原则

工序集中原则是指每道工序的加工内容尽可能多，整个工艺过程的工序数较少。

工序集中原则具有以下特点：

① 有利于采用高效的生产设备和工艺装备，提高生产率。

② 工序数目少，工艺流程短，设备数量少，可相应减少操作工人数量和生产所需面积。

③ 一次装夹中可加工出多个表面，可减少装夹次数，且易于保证加工表面间的位置精度。

④ 所用生产设备和工艺装备结构复杂，调整和维护困难，生产准备工作量大。

2）工序分散原则

工序分散原则是指每道工序的加工内容尽可能少，整个工艺过程的工序数较多。

工序分散原则具有以下特点：

① 所用生产设备和工艺装备结构简单，易于调整和维护，且对操作工人的技术水平要求不高。

② 有利于选择合理的切削用量。

③ 工序数目多，所需设备及工人数量多，生产周期长，生产所需面积大。

工序设计时，究竟是采用工序集中原则还是工序分散原则，应根据生产纲领、零件的技术要求和产品本身的结构特点等综合考虑后决定。

6.7　机床与工艺设备的选择

（1）机床的选择

在选择机床时要遵循以下原则：

① 机床精度应与工序要求的加工精度相适应。

② 机床工作区的尺寸应与工件轮廓尺寸相适应。

③ 机床的功率和刚度应与工序的性质和合理的切削用量相适应。

④ 机床的生产率应与工件的生产类型相适应。

（2）切削工具的选择

切削工具的选择，主要取决于工序所采用的加工方法、被加工表面尺寸大小、工件材料、加工精度、生产率和经济性等。一般情况下，优先采用标准的切削工具；如果采用工序集中原则，可采用各种高效的专用切削工具。

（3）夹具的选择

在选择夹具时，一般应优先采用通用夹具，在大批大量生产中，可采用专用夹具。

（4）量具的选择

在选择量具时，首先应考虑所要求的检验精度，以便正确地反映工件的实际精度。量具的形式主要取决于生产类型。其中，单件小批生产时，广泛采用通用量具；大批大量生产时，主要采用界限量规和高效的专用检验量具。

6.8　加工余量和工序尺寸的确定

（1）加工总余量和工序余量

机械加工中，为保证零件的尺寸和精度，从某一表面上切除的金属层厚度称为加工余量。加工余量分为加工总余量和工序余量。其中，加工总余量是指某一表面从毛坯加工为成品所切除的金属层总厚度，它是毛坯尺寸与零件设计尺寸之差，也称毛坯余量；工序余量是指某一表面在某道工序中被切除的金属层厚度。

加工总余量 Z_0 和工序余量 Z_i 的关系为：

$$Z_0 = \sum_{i=1}^{n} Z_i \tag{6-1}$$

（2）单边余量和双边余量

工序余量还可定义为相邻两工序基本尺寸之差。按照这一定义，工序余量可分为单边余量和双边余量两类。

1）单边余量

对平面等非对称表面，工序余量一般为单边余量，它等于实际切除的金属层厚度。

对外表面，如图 6-3（a）所示，其单边余量为：

$$Z_{b}=a-b \tag{6-2}$$

式中　Z_{b}——本道工序的工序余量；

a——上道工序的基本尺寸；

b——本道工序的基本尺寸。

对内表面，如图 6-3（b）所示，其单边余量为：

$$Z_{b}=b-a \tag{6-3}$$

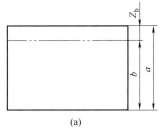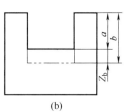

图 6-3　单边余量

2）双边余量

对外圆和孔等对称表面，工序余量为双边余量，即以直径方向计算，实际切除的金属层厚度为工序余量的一半。

对外圆面，如图 6-4（a）所示，其双边余量为：

$$2Z_{b}=d_{a}-d_{b} \tag{6-4}$$

式中　$2Z_{b}$——本道工序的工序余量；

d_{a}——上道工序的基本尺寸；

d_{b}——本道工序的基本尺寸。

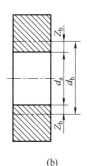

图 6-4　双边余量

对内圆面，如图 6-4（b）所示，其双边余量为：

$$2Z_{b}=d_{b}-d_{a} \tag{6-5}$$

3）最大余量、最小余量和余量公差

工序尺寸存在公差，因此加工余量是在某一公差范围内变化的。因此，工序余量也可分为基本余量 Z（又称公称余量）、最大余量 Z_{max} 和最小余量 Z_{min} 这三种。余量的变动范围称为余量公差 T_{Z}，如图 6-5 所示。

基本余量是指上道工序基本尺寸与本工序基本尺寸之差，其计算公式如式（6-2）～式（6-5）所示。

最大余量 Z_{max} 的计算公式为：

$$\begin{cases} Z_{max}=a_{max}-b_{min}（被包容面）\\ Z_{max}=b_{max}-a_{min}（包容面）\end{cases} \tag{6-6}$$

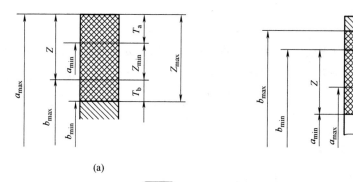

图 6-5　工序余量与工序尺寸的关系

最小余量 Z_{min} 的计算公式为：

$$\begin{cases} Z_{min}=a_{min}-b_{max}（被包容面） \\ Z_{min}=b_{min}-a_{max}（包容面） \end{cases} \tag{6-7}$$

式中　a_{max}、a_{min}——上道工序的最大、最小极限尺寸；

b_{max}、b_{min}——本道工序的最大、最小极限尺寸。

余量公差 T_Z 是最大余量 Z_{max} 与最小余量 Z_{min} 之差，也等于上道工序尺寸公差与本工序尺寸公差之和，其计算公式为：

$$T_Z=Z_{max}-Z_{min}=T_a+T_b \tag{6-8}$$

式中　T_a——上道工序尺寸公差；

T_b——本道工序尺寸公差。

(3) 加工余量的确定

1) 影响加工余量的因素

影响加工余量的因素主要包括上工序的表面粗糙度 Ra 和表面缺陷层深度 H_a、上工序的尺寸公差 T_a、上工序的形位公差 ρ_a 和本工序的装夹误差 ε_b。

其中，上工序的形位公差 ρ_a 和本工序的装夹误差 ε_b 都是空间误差，是有方向的，因此，计算加工余量时，应取矢量合成的绝对值。

2) 确定加工余量的方法

实际生产中，加工余量的确定方法包括经验估计法、查表修正法和分析计算法三种。

经验估计法：是指根据工艺人员的实际经验确定加工余量。为了防止余量过小而产生废品，所估计的加工余量一般偏大。这种方法常用于单件小批生产。

查表修正法：是指根据有关工艺手册和资料查表，并结合具体情况加以修正来确定加工余量。这种方法在实际生产中应用广泛。

分析计算法：是指根据一定的试验资料和计算公式，对影响加工余量的各项因素进行综合分析和计算来确定加工余量。这种方法是最经济合理的方法，但需要全面、可靠的试验资料，计算也比较复杂，一般只用在材料十分珍贵、军工生产或少数大量生产的工厂中。

(4) 工序尺寸及其公差的确定

工序尺寸是指加工过程中各工序应保证的加工尺寸，通常为加工面至定位基准面之间的尺寸。工序尺寸允许的变动量即为工序尺寸公差。

1）基准重合情况下工序尺寸及其公差的计算

① 确定加工总余量和各工序的工序余量。

② 从最后一道工序开始，即从设计尺寸开始，逐一向前给每道工序加上余量，直到毛坯尺寸。在此过程中，可分别得到各工序的基本尺寸。

③ 除最后一道工序外，其余各工序尺寸的公差根据各工序的加工精度确定，并按"入体原则"确定上、下极限偏差。

2）基准不重合情况下工序尺寸及其公差的计算

工艺基准与设计基准不重合的情况下，工序尺寸的计算需要在工序余量确定之后通过工艺尺寸链进行，具体计算方法将在工艺尺寸链一节介绍。

6.9 工艺尺寸链

(1) 尺寸链的定义

尺寸链是指在机器装配或零件加工过程中，由相互连接的尺寸形成的封闭尺寸组。如图 6-6（a）所示，A_0 和 A_1 为零件上已标注的尺寸。

当用调整法加工表面 3 时（表面 1、2 已加工完成），为使夹具结构简单和工件定位稳定可靠，常选表面 1 为定位基面，并根据对刀尺寸 A_2 进行加工，以间接保证尺寸 A_0 的精度要求。A_0、A_1 和 A_2 这些相互联系的尺寸就形成了一个封闭尺寸组，即为尺寸链，如图 6-6（b）所示。

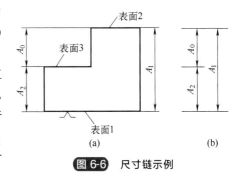

图 6-6 尺寸链示例

(2) 尺寸链的组成

组成尺寸链的各个尺寸称为尺寸链的环。尺寸链的环可分为封闭环和组成环。

① 封闭环。封闭环是指尺寸链中在装配或加工过程最后形成的一环，它是在装配或加工过程间接获得、最终保证的尺寸。封闭环用环字母加下标"0"表示，如图 6-6 所示的尺寸 A_0 就是封闭环。每个尺寸链只能有一个封闭环。

② 组成环。组成环是指尺寸链中对封闭环有影响的全部环。组成环用环字母加阿拉伯数字下标表示，数字表示各组成环的序号，如图 6-6 所示的尺寸 A_1 和 A_2 就是组成环。组成环的尺寸是直接保证的，任一组成环的变动必然引起封闭环的变动。按其对封闭环的影响不同，组成环可分为增环和减环两种。

(3) 尺寸链的分类

1）按尺寸链的应用场合分

① 设计尺寸链：全部组成环为同一零件设计尺寸所形成的尺寸链。

② 工艺尺寸链：全部组成环为同一零件工艺尺寸所形成的尺寸链。

③ 装配尺寸链：由相关零件的设计尺寸和相互位置关系所组成的尺寸链。

2）按环所处的空间位置分

① 直线尺寸链：全部组成环平行于封闭环的尺寸链。

② 平面尺寸链：全部组成环位于一个或几个平行平面内，但某些组成环不平行于封闭环的尺寸链。

③ 空间尺寸链：组成环位于几个不平行平面内的尺寸链。

3）按环的几何特征分

① 长度尺寸链：全部环为长度尺寸的尺寸链。

② 角度尺寸链：全部环为角度尺寸的尺寸链。

（4）工艺尺寸链的建立

1）建立尺寸链线图

根据零件的工艺过程，从第一个工艺尺寸的工艺基准出发，逐个绘出全部组成环，将各环按照首尾相接的顺序依次连成一个封闭的链状图形，即为尺寸链线图。

2）确定封闭环

基于零件的加工过程和加工方法，通过封闭环的特征来判别：

① 封闭环一定是工艺过程中间接保证的尺寸，是加工过程中最后自然形成的一环；

② 封闭环承担各组成环的累积误差，其公差值等于各组成环公差之和，故封闭环的公差值最大。

3）判别增减环

对环数较少的尺寸链，可在尺寸链线图中直接用增环和减环的定义判别各组成环的增减性质。但对环数较多的尺寸链，可在尺寸链线图的基础上采用回路法进行判别。

（5）工艺尺寸链的计算

1）工艺尺寸链的计算方法

计算工艺尺寸链时，主要计算封闭环与组成环的基本尺寸、公差和极限偏差之间的关系。工艺尺寸链的计算方法主要有极值法和概率法两种。

极值法：按各组成环均处于极值的条件下来计算封闭环与组成环关系的方法。

概率法：以概率论为基础来计算封闭环与组成环关系的方法。

计算工艺尺寸链时，一般选择极值法，只有在大批大量生产中，所计算的工序尺寸公差过于严格而不经济时，才选用概率法。

2）极值法计算公式

① 封闭环的基本尺寸。封闭环的基本尺寸等于所有增环的基本尺寸之和减去所有减环的基本尺寸之和，即

$$A_0 = \sum_{i=1}^{m} A_i - \sum_{j=m+1}^{n-1} A_j \tag{6-9}$$

式中　A_0——封闭环的基本尺寸；

　　　A_i——增环的基本尺寸；

　　　A_j——减环的基本尺寸；

　　　m——增环数；

　　　n——尺寸链总环数。

② 封闭环的极限尺寸。封闭环的最大极限尺寸等于所有增环的最大极限尺寸之和减去所有减环的最小极限尺寸之和，即

$$A_{0\max} = \sum_{i=1}^{m} A_{i\max} - \sum_{j=m+1}^{n-1} A_{j\min} \qquad (6\text{-}10)$$

封闭环的最小极限尺寸等于所有增环的最小极限尺寸之和减去所有减环的最大极限尺寸之和，即

$$A_{0\min} = \sum_{i=1}^{m} A_{i\min} - \sum_{j=m+1}^{n-1} A_{j\max} \qquad (6\text{-}11)$$

③ 封闭环的上、下极限偏差。封闭环的上极限偏差等于所有增环的上极限偏差之和减去所有减环的下极限偏差之和，即

$$ES_0 = \sum_{i=1}^{m} ES_i - \sum_{j=m+1}^{n-1} EI_j \qquad (6\text{-}12)$$

封闭环的下极限偏差等于所有增环的下极限偏差之和减去所有减环的上极限偏差之和，即

$$EI_0 = \sum_{i=1}^{m} EI_i - \sum_{j=m+1}^{n-1} ES_j \qquad (6\text{-}13)$$

式中　ES_0、EI_0——封闭环的上、下极限偏差；

　　　ES_i、EI_i——增环的上、下极限偏差；

　　　ES_j、EI_j——减环的上、下极限偏差。

④ 封闭环的公差。封闭环的公差等于其上极限偏差减去其下极限偏差，也就是所有组成环的公差之和，即

$$T_0 = ES_0 - EI_0 = \sum_{i=1}^{n-1} T_i \qquad (6\text{-}14)$$

式中　T_0——封闭环的公差；

　　　T_i——组成环的公差。

(6) 工艺尺寸链的应用

① 测量基准与设计基准不重合时工序尺寸的计算。机械加工中，有时会遇到某些加工表面的设计尺寸不便测量，甚至无法测量的情况，为此，需要在工件上另选一个容易测量的表面作为测量基准，以间接保证设计尺寸。

【例 6-1】　如图 6-7（a）所示，加工零件时要求保证尺寸（6±0.1）mm，但该尺寸不便测量，只好通过工序尺寸 X 来间接保证，试求工序尺寸 X 及其上、下极限偏差。

解：如图 6-7（b）所示为工艺尺寸链线图，其中尺寸（6±0.1）mm 是间接得到的，为封闭环；尺寸 X 和尺寸（26±0.05）mm 为增环；尺寸 $36_{-0.05}^{0}$ mm 减环。X 的基本尺寸由式（6-9）计算可得

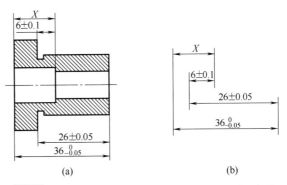

图 6-7　测量基准与设计基准不重合时工序尺寸示意图

$$6 = X + 26 - 36，则 X = 16\text{mm}$$

X 的上极限偏差由式（6-12）计算可得

$$0.1 = ES(X) + 0.05 - (-0.05)，则 ES(X) = 0$$

X 的下极限偏差由式（6-13）计算可得

$$-0.1 = EI(X) + (-0.05) - 0，则 EI(X) = -0.05\text{mm}$$

综上，工序尺寸 $X = 16_{-0.05}^{\ 0}\text{mm}$。

② 定位基准与设计基准不重合时工序尺寸的计算。采用调整法加工工件时，若所选定位基准与设计基准不重合，则工件加工表面的尺寸不能由加工直接得到，因而需要进行工序尺寸换算，并标出工序尺寸。

【例 6-2】 如图 6-6（a）所示，若 $A_0 = 25_{0}^{+0.22}\text{mm}$，$A_1 = 60_{-0.12}^{\ 0}\text{mm}$。尺寸 A_1 已保证，现以表面 1 定位用调整法精铣表面 3，试标出工序尺寸。

解： 如图 6-6（b）所示为工艺尺寸链线图。A_0 是通过 A_1 和 A_2 间接保证的，为封闭环；A_1 为增环；A_2 为减环。

A_2 的基本尺寸由式（6-9）计算可得

$$25 = 60 - A_2，则 A_2 = 35\text{mm}$$

A_2 的上极限偏差由式（6-12）计算可得

$$0 = -0.12 - ES(A_2)，则 ES(A_2) = -0.12\text{mm}$$

A_2 的下极限偏差由式（6-13）计算可得

$$0.22 = 0 - EI(A_2)，则 EI(A_2) = -0.22\text{mm}$$

综上，工序尺寸 $A_2 = 35_{-0.22}^{-0.12}\text{mm}$。

③ 在尚需要继续加工的表面上标注时的工序尺寸计算。在加工过程中，有些加工表面的测量基面或定位基面是一些尚需要继续加工的表面。当加工这些基面时，不仅要保证本工序对该加工基面的精度要求，而且还要保证原加工表面的要求，即一次加工后要同时保证多个尺寸的要求。

【例 6-3】 如图 6-8（a）所示为齿轮内孔的局部简图，设计要求为：孔径为 $\phi40_{0}^{+0.05}\text{mm}$，键槽深度为 $43.6_{0}^{+0.34}\text{mm}$。其加工顺序为：①镗内孔至 $\phi39.6_{0}^{+0.1}\text{mm}$；②插键槽至尺寸 A；③淬火处理；④磨内孔，同时保证内孔直径 $\phi40_{0}^{+0.05}\text{mm}$ 和键槽深度 $43.6_{0}^{+0.34}\text{mm}$ 两个设计尺寸的要求。试确定插键槽的工序尺寸 A。

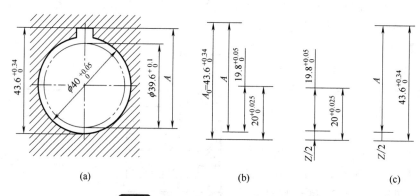

(a)　　　　　　　　　(b)　　　　　　　　　(c)

图 6-8 内孔及键槽加工的尺寸示意图

解： 如图 6-8（b）所示为工艺尺寸链线图。需要说明的是，因直径尺寸的基准在圆心，所以一般应折算成半径尺寸来画尺寸链线图。最后工序中尺寸 $43.6^{+0.34}_{0}$ mm 是间接保证的,为封闭环;尺寸 A 和尺寸 $20^{+0.025}_{0}$ mm 为增环,尺寸 $19.8^{+0.05}_{0}$ mm 为减环。

A 的基本尺寸由式 (6-9) 计算可得
$$43.6 = A + 20 - 19.8,\ 则\ A = 43.4\text{mm}$$

A 的上极限偏差由式 (6-12) 计算可得
$$0.34 = ES(A) + 0.025 - 0,\ 则\ ES(A) = +0.315\text{mm}$$

A 的下极限偏差由式 (6-13) 计算可得
$$0 = EI(A) + 0 - 0.05,\ 则\ EI(A) = +0.05\text{mm}$$

综上,工序尺寸 $A = 43.4^{+0.315}_{+0.05}$ mm。按"入体原则",可标注为 $A = 43.4^{+0.265}_{0}$ mm。

④ 保证渗层深度的工序尺寸计算。对渗层类表面,渗层后还要进行加工,其设计要求的渗层深度为封闭环,加工前的渗层深度为组成环。

【例6-4】　如图 6-9 所示为圆轴工件渗碳处理的工序尺寸,其加工过程为:车外圆至 $\phi20.6^{0}_{-0.04}$ mm,渗碳淬火,渗碳层深度为 L,然后磨外圆至 $\phi20^{0}_{-0.02}$ mm。试计算保证磨后渗碳层深度为 $0.7 \sim 1.0$ mm 时,渗碳工序的渗碳层深度 L。

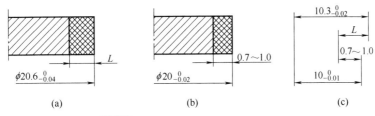

$\phi20.6^{0}_{-0.04}$　　(a)　　　$\phi20^{0}_{-0.02}$　$0.7 \sim 1.0$　(b)　　　$10.3^{0}_{-0.02}$　L　$0.7 \sim 1.0$　$10^{0}_{-0.01}$　(c)

图 6-9　圆轴工件渗碳处理的工序尺寸

解: 如图 6-9 (c) 所示为工艺尺寸链线图。磨削加工后保证的渗碳层深度 $0.7 \sim 1.0$ mm 是间接获得的尺寸,为封闭环;尺寸 L 和尺寸 $10^{0}_{-0.01}$ mm 为增环;尺寸 $10.3^{0}_{-0.02}$ mm 为减环。

L 的基本尺寸由式 (6-9) 计算可得
$$0.7 = L + 10 - 10.3,\ 则\ L = 1\text{mm}$$

L 的上极限偏差由式 (6-12) 计算可得
$$0.3 = ES(L) + 0 - (-0.02),\ 则\ ES(L) = +0.28\text{mm}$$

L 的下极限偏差由式 (6-13) 计算可得
$$0 = EI(L) + (-0.01) - 0,\ 则\ EI(L) = +0.01\text{mm}$$

综上,渗碳深度 $L = 1^{+0.28}_{+0.01}$ mm。

6.10　时间定额及提高生产率的工艺措施

机械加工生产效率是指工人在单位时间内制造的合格产品数量,或制造单件产品所消耗的劳动时间,一般通过时间定额来衡量。

(1) 时间定额

时间定额是指在一定的生产条件下,规定生产一定产品或完成一定作业量所需消耗的时间。它是安排作业计划、核算生产成本、确定设备数量、进行人员编制及规划生产面积的重要依据，是机械加工工艺规程的重要组成部分。

时间定额是指在一定的生产条件下，规定生产一件产品或完成一道工序所消耗的时间。时间定额包括基本时间 T_m、辅助时间 T_a、工作地服务时间 T_s、休息和生理需要时间 T_r、准备和终结时间 T_e 五部分。

① 基本时间 T_m：直接改变生产对象的尺寸、形状、相对位置、表面状态或材料性质等工艺过程所消耗的时间。对切削加工而言，基本时间 T_m 就是切除金属所消耗的机动时间，包括真正用于切削加工的时间及刀具切入与切出的时间。

② 辅助时间 T_a：为实现工艺过程所必须进行的各种辅助动作消耗的时间。它包括装卸工件、开停机床、引进和退出刀具、改变切削用量、试切和测量工件等所消耗的时间。

基本时间 T_m 和辅助时间 T_a 的总和称为作业时间。它是直接用于制造产品或零部件所消耗的时间。

③ 工作地服务时间 T_s：为使加工正常进行，工人照管工作地（如更换刀具、润滑机床、清理切屑和收拾工具等）所消耗的时间，一般按作业时间的 2%～7% 估算。

④ 休息和生理需要时间 T_r：工人在工作班内为恢复体力和满足生理上需要所消耗的时间，一般按作业时间的 2% 估算。

上述四部分时间的总和称为单件时间 T_p，即：

$$T_p = T_m + T_a + T_s + T_r$$

⑤ 准备和终结时间 T_e：工人为了生产一批产品或零部件进行准备和结束工作所消耗的时间。

在成批生产中，如果一批零件的数量为 n，则每个零件所需的准备和终结时间为 T_e/n。故单件工时定额 T_{pc} 为：

$$T_{pc} = T_p + T_e/n$$

在大批大量生产中，由于 n 的数值很大，$T_e/n \approx 0$，故在计算单件工时定额 T_{pc} 时可不考虑准备和终结时间，即单件工时定额 T_{pc} 为：

$$T_{pc} = T_p$$

（2）提高机械加工生产率的工艺措施

1）缩短基本时间
① 提高切削用量，如采用高速切削、强力切削等；
② 采用多刃刀具加工，如用铣削替代刨削，采用组合刀具等；
③ 采用复合工步，如多刀加工、多件加工等。

2）缩短辅助时间
① 使辅助操作实现机械化和自动化，例如，采用自动上下料装置缩短上下料时间，采用自动夹具缩短工件装夹时间等；
② 使辅助时间和基本时间重合，例如，采用多位夹具或多位工作台使工件的装卸时间和加工时间重合，采用在线测量方法使测量时间和加工时间重合等。

3）缩短布置工作的时间
缩短布置工作的时间的主要方法是减少换刀时间和调刀时间，例如，采用自动换刀装置或快速换刀装置，采用不重磨刀具，采用对刀块对刀及采用新型刀具材料等。

4）缩短准备和终结时间

① 扩大零件的批量，以相对减少分摊到每个零件上的准备与终结时间；

② 通过零件标准化和通用化，或采用成组技术组织生产，减少调整机床、刀具和夹具的时间。

(3) 编制机械加工工艺卡片

如图 6-10 所示为减速器传动轴，该轴在工作时要承受转矩，采用的材料为 45 钢，调质热处理为 28～32HRC，生产类型为中批生产。请对减速器传动轴的工艺过程进行分析，编制机械加工工艺卡片。

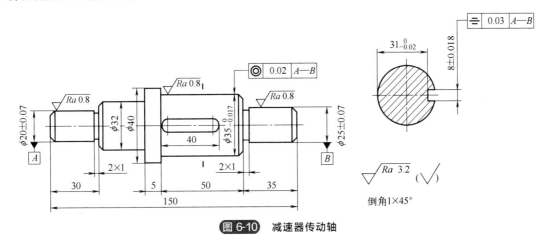

图 6-10　减速器传动轴

1）零件的工艺性分析

传动轴是减速器的重要零件，其结构呈阶梯状，属于阶梯轴。

分析该传动轴的零件图可知，两个支承轴颈 $\phi(20\pm0.07)$mm、$\phi(25\pm0.07)$mm 和配合轴颈 $\phi35_{-0.017}^{0}$mm 是该零件的 3 个主要表面。其主要技术要求如下。

① 两个支承轴颈 $\phi(20\pm0.07)$mm 和 $\phi(25\pm0.07)$mm 的表面粗糙度 Ra 为 0.8μm。

② 配合轴颈 $\phi35_{-0.017}^{0}$mm 的表面粗糙度 Ra 为 0.8μm，且与支承轴颈 $\phi(20\pm0.07)$mm 和 $\phi(25\pm0.07)$mm 的同轴度为 0.02mm。

③ 键槽深度为 $31_{-0.2}^{0}$mm，宽度为 （8$\pm$0.018)mm，与支承轴颈的对称度为 0.03mm。

2）毛坯的选择

该轴采用的材料为 45 钢，中批生产，其为一般传动轴，强度要求不高，工作受力较为稳定，台阶尺寸相差较小。根据毛坯的选择原则，可选择冷轧圆钢作为毛坯。

3）定位基准的选择

选择两中心孔作为统一的精基准，选择毛坯的外圆作为粗基准。

4）加工方法的选择和加工阶段的划分

① 加工方法的选择。由于两支承轴颈和配合轴颈的精度要求较高，最终加工方法应为磨削。磨外圆前要进行粗车—半精车，并完成其他次要表面的加工。根据键槽的加工精度，其加工方法定为粗铣—精铣。

② 加工阶段的划分。该轴的机械加工工艺过程可分为三个阶段：

a. 粗加工阶段，包括车端面、钻中心孔、粗车外圆、车槽、倒角等；

b. 半精加工阶段，包括修研中心孔、半精车各外圆、铣键槽；

c. 精加工阶段，包括粗磨、精磨 3 个主要外圆表面。

5）工序余量和工序尺寸的确定

① 精磨工序余量为 0.1mm，三个主要表面的工序尺寸即为设计尺寸 $\phi(20\pm0.07)$mm、$\phi(25\pm0.07)$mm 和 $\phi35_{-0.017}^{0}$mm。

② 粗磨工序余量为 0.3mm，公差取 0.1mm，按照"入体原则"，三个主要表面的工序尺寸为 $\phi20.1_{-0.1}^{0}$mm、$\phi25.1_{-0.1}^{0}$mm 和 $\phi35.1_{-0.1}^{0}$mm。

③ 半精车工序余量为 3mm，公差取 0.15mm，按照"入体原则"，三个主要表面的工序尺寸为 $\phi20.4_{-0.15}^{0}$mm、$\phi25.4_{-0.15}^{0}$mm 和 $\phi35.4_{-0.15}^{0}$mm。

④ 粗车工序余量根据各外圆直径确定，余量较大时可分几次走刀完成。

⑤ 在 $\phi35.4_{-0.017}^{0}$mm 外圆表面半精车后铣键槽，键槽深度 $31_{-0.2}^{0}$mm 要通过磨削后才能保证，因此铣键槽深度必须经过工艺尺寸链计算才能确定。

根据加工过程建立工艺尺寸链，如图 6-11 所示。

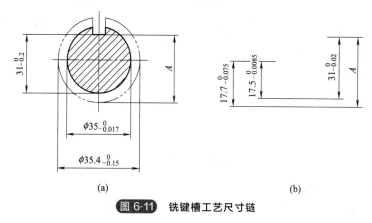

(a)   (b)

图 6-11 铣键槽工艺尺寸链

尺寸 $31_{-0.2}^{0}$mm 是经磨削加工最后得到的，故为封闭环；尺寸 A 和 $\phi17.5_{-0.0085}^{0}$mm 为增环，尺寸 $\phi17.7_{-0.075}^{0}$mm 为减环。尺寸 A 的计算如下。

A 的基本尺寸由式（6-9）计算可得

$$31=A+17.5-17.7，则 A=31.2mm$$

A 的上极限偏差由式（6-12）计算可得

$$0=ES(A)+0-(-0.075)，则 ES(A)=-0.075mm$$

A 的下极限偏差由式（6-13）计算可得

$$-0.2=EI(A)+(-0.0085)-0，则 EI(A)=-0.1915mm$$

因而，工序尺寸 $A=31.2_{-0.1915}^{-0.075}$mm。按照"入体原则"，标注为 $A=31.2_{-0.1165}^{0}$mm。

6）减速器传动轴的机械加工工艺过程

综合以上分析计算，可得减速器传动轴的机械加工工艺过程，如表 6-9 所示。请同学们在此基础上编制减速器传动轴的机械加工工艺卡片。

表 6-9 减速器传动轴的机械加工工艺过程

工序号	工序名称	工序内容	定位基面	设备
1	备料	$\phi45$mm×160mm	—	锯床
2	车	三爪夹持，车一端端面、钻中心孔，调头，车另一端端面至尺寸 $\phi45$mm×150mm、钻中心孔	毛坯 $\phi45$mm 外圆	车床

工序号	工序名称	工序内容	定位基面	设备
3	车	双顶尖装夹,车一端外圆、车槽和倒角,粗车 $\phi(25\pm0.07)$ mm 和 $\phi35_{-0.017}^{0}$ mm 外圆,留余量 3mm	两端中心孔	车床
4	车	双顶尖装夹,调头车一端外圆、车槽和倒角,粗车 $\phi32$ mm 和 $\phi(20\pm0.07)$ mm 外圆,留余量 3mm	两端中心孔	车床
5	热处理	调质 28~32HRC	—	—
6	车	修研中心孔	外圆	车床
7	车	半精车 $\phi32$ mm 外圆至尺寸;半精车 $\phi(25\pm0.07)$ mm、 $\phi35_{-0.017}^{0}$ mm 和 $\phi(20\pm0.07)$ mm 外圆,留余量 0.4mm	两端中心孔	车床
8	铣	粗铣、精铣键槽,保证尺寸 (8 ± 0.018) mm 和表面粗糙度 $Ra3.2\mu m$,键槽深度 $31.2_{-0.1165}^{0}$ mm	$\phi(20\pm0.07)$ mm 外圆和另一端中心孔	铣床
9	磨	双顶尖装夹,粗磨 $\phi(25\pm0.07)$ mm、$\phi35_{-0.017}^{0}$ mm 和 $\phi(20\pm0.07)$ mm 外圆,留精磨余量 0.1mm,精磨到尺寸,靠磨三外圆台肩	两端中心孔	外圆磨床

6.11　模具零件加工工艺的编制规程

6.11.1　模具加工工艺流程图

加工工艺是模具制造加工中非常重要的环节。主要负责模具设计数据评估、零件加工方式(控制加工成本、质量、提高效率)、考量装配工艺,使各加工工序的操作规范化及工艺标准模块化,大大提高生产效益。

模具加工工艺流程为:项目启动→设计数据下发→工艺编制与审核→文件发放→计划生产→工艺跟踪检查→总结→优化工艺、新工艺→文件归档→形成标准典型工艺。模具加工工艺流程如图 6-12 所示。

6.11.2　模具加工工艺的基础知识

加工工艺员职责与工作内容:

① 完成全幅模具的零件加工工序的工艺编制;

② 编制各工序统一的工艺标准和典型工艺;

③ 对比各种测试数据来改善减少加工时间;

④ 使各加工工序操作规范化、工艺模块化;

⑤ 生产周期的控制。

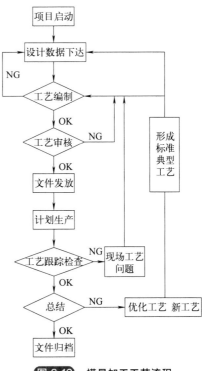

图 6-12　模具加工工艺流程

加工工艺员的必备技能：

① 掌握金属材料以及机床的切削性能；

② 熟悉金属切削加工原理与刀具夹具的基础知识；

③ 熟悉模具装配工艺；

④ 具有编制复杂模具零件制造工艺规程和分析、解决一般技术难题的能力；

⑤ 机械加工质量分析和寻找提高生产率的方法；

⑥ 掌握模具制造的新工艺、新技术，了解模具制造技术的发展方向。

工艺编制的内容要求：

① 确定工件的取数基准；

② 控制基准公差，控制形位公差与粗糙度；

③ 加工工序的顺序，特殊要求；

④ 形状复杂的要预先留出工艺台；

⑤ 以工艺单 PPT 图片文字形式编辑；

⑥ 以各种标准为主，如设计标准、制造加工标准、装配标准、零配件标准、电极标准、各类型的模具验收标准等。

工艺标准的制定与作用：

① 工艺稳定后就可以制定标准或优化标准；

② 标准细化对设计部门、加工部门、工艺部门、生产部门的工作方便很多；

③ 标准定细后对员工的技能要求明显降低，同时可促使新进员工尽快适应公司工艺标准编制和投入岗位；

④ 标准要求员工必须执行，绝不许私自改动，如有更好的方案，也必须制定出标准，开会决定更改标准后执行。

6.11.3 模具加工零件材料的特性

浙江兴利模具公司的模具外购部分包括模架、标准件（顶针、司筒、油缸、计数器、弹簧、斜导柱、行程开关等）。标准件一般都是采购回来直接使用的，也有采购回来加工后才使用的。部分标准件是厂内自制的，如模仁、顶块、滑块（滑座）镶件、耐磨块、吊模块等主要零件。公司常用的预硬钢材料有 P20、2738、TH738HH、718H、NAK80、葛利兹XPM。预硬钢的材料在工艺设计时不用考虑热处理的问题。公司常用的非预硬钢材料，即需要热处理的有 H13、1.2344、葛利兹 2343ESR、葛利兹 2343、SKD61、Cr12MoV、1.2510 等。非预硬钢的材料在工艺设计时需要考虑热处理后材料变形的问题，一般变形量为千分之三。1000mm 以内的零件开粗预留 1mm 余量即可。外购件模架如图 6-13 所示，标准件如图 6-14 所示。

6.11.4 模具零件加工工艺过程

(1) 顶块加工工艺举例分析

顶块的三维模型如图 6-15 所示，顶块加工工艺过程如表 6-10 所示。

图 6-13　外购件模架

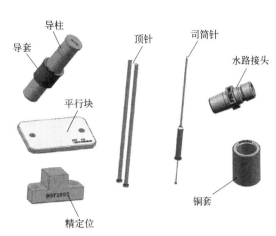

图 6-14　标准件

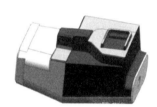

图 6-15　顶块三维模型

表 6-10　顶块加工工艺过程

序号	加工工序	工序内容
1	CNC 开粗	四面分中,底面为零。顶块反面及侧面压块槽开粗留 0.3mm 余量,刻字加工
2	半高速光刀	四面分中,底面为零。顶块反面红色面光刀加工到位。压块槽需反面加工
3	精雕	两基准边分中,底面碰数,基准平面对刀。顶块红色面加工到位。蓝色面、黄色面光刀留 0.04mm 配模余量
4	EDM	按图纸取数加工顶块清角到位并与光刀处接顺
5	检测	检测顶块各部位是否按要求加工到位
6	配模	顶块配进 B 板

(2) 镶件工艺举例分析

镶件的三维模型如图 6-16 所示,镶件加工工艺过程如表 6-11 所示。

图 6-16　镶件三维模型

表 6-11　镶件加工工艺过程

序号	加工工序	工序内容
1	CNC 开粗	四面分中,底面为零。镶件开粗留 1mm 余量。螺钉孔点孔
2	钻床	螺钉孔钻孔攻牙
3	淬火	加温与保温、多次回火等时间及温度必须符合本工件工艺。2344 钢要求硬度 HRC48～52,要求有全程的温控记录表
4	半高速光刀	四面分中,底面为零,反面底面和侧面加工到位。刻字加工
5	精雕侧面	基准分中,底面碰数,精雕加工,料槽光刀到位
6	检测	按数据检测是否按要求加工到位
7	配模	镶件配进 B 板

(3) 定模 (A 板) 工艺举例分析

定模的三维模型如图 6-17 所示,定模加工工艺过程如表 6-12 所示。

图 6-17　定模三维模型

表 6-12　定模加工工艺过程

序号	加工工序	工序内容
1	三轴深孔钻	基准角单面为零,底面对刀按 3D 数据,水路孔、水路沉台、水路底孔加工。螺钉孔、螺钉沉台。加工热流道避空孔,钻排削孔
2	CNC 正面半精	基准角单面为零,底面对刀抬 0.2mm 为零。按 3D 数据整体开粗半精留 0.3mm 余量,做到最小用 $\phi 8R0.5mm$ 刀加工。螺钉孔加工到位,零件编码、坐标等刻字。侧面及避空面加工到位
3	CNC 正半精	基准角单面为零,底面光一刀 0.2mm 为零。按 3D 数据反面精加工到位。刻字、钻孔。螺钉沉台,螺钉孔加工到位,所有密封圈加工到位
4	高速铣	基准角单面为零底面对刀。整体按 3D 数据精加工到位,三轴必须做到 $\phi 1R0.5$ 的刀。热流道进料口试配,分中孔、坐标槽、精定位槽加工到位
5	EDM 清角	按图纸碰数,按 2D 图纸精加工到位,侧面与深度必须与高速铣面接平
6	配顶块	顶块配上定模
7	抛光	油石顺序:240♯—320♯—400♯,注意打磨次数(保证打磨均匀),要求产品面无凹凸不平,无麻点、划痕、气孔。注意封胶口的封口必须保证锋利。料槽:必须用 400 目砂纸抛出
8	组装热流道	组装热流道
9	高速铣浇口	高速铣浇口与产品面接顺(高温情况下)
10	合模	合模
11	T0	试模

（4）动模（B板）工艺举例分析

动模的三维模型如图 6-18 所示，动模加工工艺过程如表 6-13 所示。

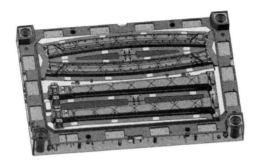

图 6-18 动模三维模型

表 6-13 动模加工工艺过程

序号	加工工序	工序内容
1	三轴深孔钻孔位	基准角单面为零，底面对刀按 3D 数据，水路孔、水路沉台、水路底孔加工。螺钉孔、螺钉沉台。加工热流道避空孔，钻排削孔
2	CNC 正反面开粗半精	基准角单面为零，底面对刀抬 0.2mm 为零。按 3D 数据整体开粗，半精，留 0.3mm 余量，做到最小用 $\phi 8R0.5mm$ 刀加工。螺钉孔加工到位，零件编码、坐标等刻字。侧面及避空面加工到位
3	五轴深孔钻	基准角单面为零，底面光一刀 0.2mm 为零。按 3D 数据反面精加工到位。刻字、钻孔。螺钉沉台，螺钉孔加工到位，所有密封圈加工到位
4	高速铣槽位	基准角单面为零，底面对刀。顶块槽镶件槽光刀
5	3+2 槽位	斜顶槽内铜套孔光刀。反面铜套孔光刀加工
6	EDM 清角	按图纸取数。所有槽位 EDM 清角加工到位
7	配顶块	顶块配上定模
8	CNC 头部半精	基准角单面为零，底面对刀。顶块、镶件等头部开粗（留 0.3mm 余量）清角
9	整体高速铣	基准角单面为零，底面对刀，动模产品平面爬行距 0.3mm，分型面爬行距 0.13mm，分型面刀路按 3D 环绕由外向里加工。整体按 3D 数据精加工到位，三轴必须做到 $\phi 1R0.5$ 的刀。分中孔、坐标槽、平行块底面、精定位槽加工到位。芯子孔的胶位必须加工到位
10	EDM	按图纸碰数，按 2D 图纸精加工到位，侧面与深度必须与高速铣面接平
11	抛光	油石顺序：240＃—320＃—400＃，注意打磨次数（保证打磨均匀），要求产品面无凹凸不平，无麻点、划痕、气孔。注意封胶口的封口必须保证锋利
12	合模	合模
13	T0	试模

本章小结

（1）工艺规程
- 指用文字、图表和其他载体形式，规定产品或零部件制造工艺过程和操作方法等的工艺文件，是一切与产品生产有关的人员都应严格执行、认真贯彻的纪律性文件。

- 工艺规程主要分为毛坯制造、机械加工、热处理、表面处理及装配等多种类型。

（2）零件工艺性设计要求

- 尺寸公差、几何公差和表面粗糙度的要求应经济、合理。
- 各加工表面的几何形状应尽量简单。
- 有相互位置精度要求的表面应尽量在一次装夹中完成加工。
- 零件应有合理的工艺基准，且工艺基准应尽量与设计基准一致。
- 零件的结构应便于装夹、加工与检查。
- 零件的结构要素应尽可能统一，并尽量使其能使用普通设备和标准刀具加工。
- 零件的结构应尽量便于多件同时加工。

（3）精基准的选择原则

- 基准重合原则。
- 基准统一原则。
- 互为基准原则。
- 自为基准原则。
- 便于装夹原则。

（4）粗基准的选择原则

- 重要表面原则。
- 保证相互位置要求原则。
- 最小加工余量原则。
- 不重复使用原则。
- 便于装夹原则。

（5）工艺尺寸链

- 指在机器装配或零件加工过程中，由相互连接的尺寸形成的封闭尺寸组。
- 组成尺寸链的各个尺寸称为尺寸链的环。尺寸链的环可分为封闭环和组成环两种。

 思考题与习题

1. 选择粗基准时应遵循的原则是什么？

2. 影响加工余量的因素有哪些？如何确定加工余量？

3. 加工图 6-19 中所示的轴及键槽，图纸要求轴径为 $\phi 30_{-0.032}^{0}$ mm，键槽深度尺寸为 $26_{-0.2}^{0}$ mm，有关加工过程如下：

① 半精车外圆至 $\phi 30.6_{-0.1}^{0}$ mm；

② 铣键槽尺寸至 A_1；

③ 热处理；

④ 磨外圆至 $\phi 30_{-0.032}^{0}$ mm，加工完毕。

求工序尺寸 A_1。

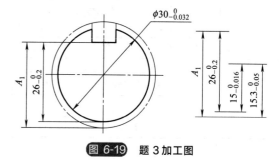

图 6-19 题 3 加工图

第7章

机械装配工艺基础

 **本章思维导图**

本书配套资源

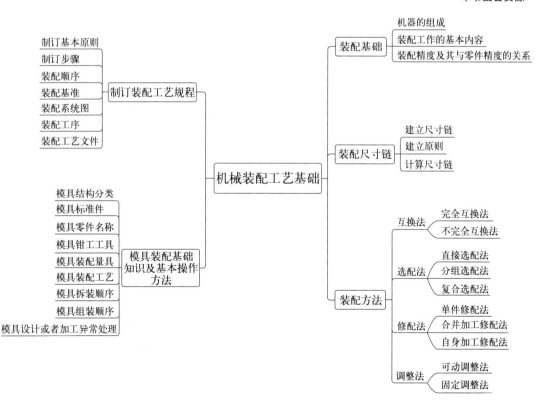

本章学习目标

■ 掌握的内容

机器的组成；装配工作的基本内容，装配精度的内容；建立装配尺寸链的一般步骤，装配尺寸链的计算；常用装配方法，完全互换法特点及计算；选配法分类，基本原理，修配尺寸链计算；调整法特点、计算；制订装配工艺规程的基本原则及所需的原始资料；制订装配工艺规程的步骤及内容；模具与各零件的装配要求和装配工艺；模具组装拆装以及异常处理方法。

■ 熟悉的内容

装配精度与零件精度的关系；不完全互换法特点及计算；单件修配法、合件加工修配法和自身加工修配法的特点；装配方法的选择原则；模具装配量具的作用及范围。

■ 了解的内容

装配尺寸链简化原则和方向性原则；注塑模具结构的分类和基本知识，标准件，零件名称及作用；模具装配常用工具的种类及名称；钳工工具的使用范围。

7.1 装配基础

7.1.1 机器的组成

装配单元通常可划分为零件、套件、组件、部件和机器五个等级。

(1) 零件

零件是参加装配的最基本单元，它通常不直接装入机器，而是先装成套件、组件和部件后进行装配。

(2) 套件

套件又称为合件，是在一个基准零件上，装上一个或若干个零件构成的。每个套件只有一个基准零件。基准零件用来连接相关零件，并确定各零件的相对位置。

涡轮和齿轮组成的套件如图 7-1 所示，其中，涡轮是基准零件。

套件组合后，一般可直接进行装配，但有些还需要进行加工，如发动机连杆小头孔压入衬套后需进行精镗孔加工。为形成套件而进行的装配工作称为套装。

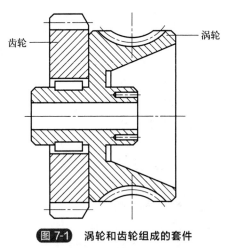

图 7-1 涡轮和齿轮组成的套件

(3) 组件

组件是在一个基准零件上，装上一个或若干个套件和零件构成的。每个组件只有一个基准零件。基准零件用来连接相关套件和零件，并确定它们的相对位置。

组件如图 7-2 所示，其中，涡轮与齿轮套件是预先准备好的，阶梯轴为基准零件。

组件与套件的区别在于组件在以后的装配中可拆开，而套件在以后的装配中一般不再拆开，通常作为一个整体参加装配。为形成组件而进行的装配工作称为组装。

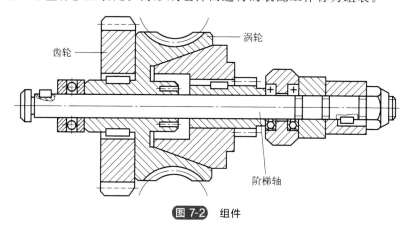

图 7-2　组件

（4）部件

部件是在一个基准零件上，装上若干个组件、套件和零件构成的，如车床的主轴箱、进给箱和溜板箱等。

每个部件只有一个基准零件。基准零件用来连接相关组件、套件和零件，并确定它们的相对位置。为形成部件而进行的装配工作称为部装。

（5）机器

机器是在一个基准零件上装上若干个部件、组件、套件和零件构成的。每台机器只有一个基准零件。基准零件用来连接相关部件、组件、套件和零件，并确定它们的相对位置。为形成机器而进行的装配工作称为总装。

7.1.2　装配工作的基本内容

（1）清洗

清洗是指使用清洗剂除去零件表面或部件中的油污及机械杂质的过程。常用的方法有擦洗、浸洗、喷洗和超声波清洗等。在装配过程中，清洗对保证产品质量和延长产品使用寿命均有重要意义，特别是对轴承、密封件、精密偶件及润滑系统等机器的关键部件更为重要。

（2）连接

连接是指将两个或两个以上的零件结合在一起的工作。连接的方式一般有可拆卸连接和不可拆卸连接两种。

可拆卸连接是指相互连接的零件拆卸时不受任何损坏，且拆卸后还可以重新连接。常见的可拆卸连接有螺纹连接、键连接及销钉连接等类型。

不可拆卸连接是指相互连接的零件在使用过程中不可拆卸，如要拆卸则会损坏某些零件。常见的不可拆卸连接有焊接、铆接和过盈连接等类型。

（3）校正、调整、配作

校正是指在装配过程中对相关零部件相互位置的找正、找平和相应的调整工作。

调整是指在装配过程中对相关零部件的相互位置进行的具体调整工作，除配合校正所作的调整外，还包括为保证运动精度而对运动副间隙所作的调整。

配作是指两个零件装配后为确定其相互位置而进行的加工，如配钻、配铰、配刮和配磨等。配作是在校正和调整的基础上进行的，只有经过认真的校正和调整后才能进行配作。

（4）平衡

对转速高、运转平稳性要求高的机器，为防止使用中出现振动和噪声现象，装配时要对旋转零部件进行平衡；装配后，还要在工作转速下进行整机平衡。

平衡的方法有静平衡和动平衡两种。其中，对直径大、长度小的零件，一般只需进行静平衡；对长度大、转速高的零件，除静平衡外，还需进行动平衡。

（5）验收试验

机械产品装配完成后，需根据有关技术标准和规定对其进行全面的验收试验，各项验收指标合格后才允许出厂。

7.1.3 装配精度及其与零件精度的关系

装配精度是指机械产品装配后几何参数实际达到的精度。

（1）装配精度的内容

装配精度一般包括零部件间的尺寸精度、位置精度、相对运动精度和接触精度四方面内容。

尺寸精度：相关零部件之间的距离精度和配合精度，如某一装配体中有关零件间的间隙和相配合零件间的过盈量等。

位置精度：相关零件的平行度、垂直度、同轴度和各种跳动等，如卧式铣床刀轴与工作台面的平行度、立式钻床主轴与工作台面的垂直度、车床主轴前后轴承的同轴度和车床主轴箱中同轴孔系之间的圆跳动等。

相对运动精度：机械产品中有相对运动的零部件在运动方向和运动位置上的精度，如车床拖板移动相对主轴轴线的平行度和车床进给箱的传动精度等。

接触精度：机械产品中两配合表面、接触表面或连接表面间达到规定的接触面积大小和接触点分布情况要求，如齿轮啮合、锥体配合以及导轨面之间的接触精度等。

（2）装配精度与零件精度的关系

机械的装配精度主要取决于零件的加工精度，尤其是关键零件的加工精度。例如，车床主轴锥孔轴线和尾座套筒锥孔轴线的等高要求，主要取决于主轴箱、尾座及尾座底板的尺寸精度，如图 7-3 所示。

装配方法的选用对装配精度也有很大的影响，尤其是在单件小批生产及装配精度要求较

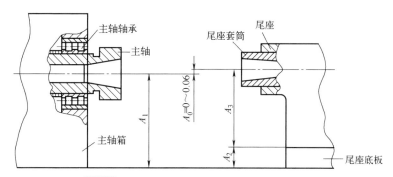

图 7-3　车床主轴锥孔轴线和尾座套筒锥孔轴线

高时，其影响更大。

例如，图 7-3 所示主轴和尾座的等高要求很高，若靠提高 A_1、A_2 和 A_3 的尺寸精度来保证是不经济的，甚至还会给加工带来很大的困难。在这种情况下，比较合理的方法是通过修配尾座底板来保证装配精度，这种方法虽然增加了装配的工作量，但从整个产品制造的全局分析，是经济可行的。

7.2　装配尺寸链

装配尺寸链分为组成环和封闭环两部分。其中，组成环是对装配精度有直接影响的零部件的尺寸或位置尺寸；封闭环则是不同零件或部件的表面或轴心线间的相对位置尺寸（即装配精度），它是装配过程最后形成的，不能独立变化。

7.2.1　装配尺寸链的建立

(1) 建立装配尺寸链的一般步骤

① 确定封闭环。根据定义，找出装配过程最后形成的尺寸，也就是要求保证的装配精度，即为封闭环。

② 确定组成环。组成环的确定就是找出相关零件及其相关尺寸，方法为：取封闭环两端的两个零件作为起点，沿着装配精度要求的位置方向，分别查明装配关系中影响装配精度要求的有关零件尺寸，直到两边汇合为止。所经过的尺寸都为装配尺寸链的组成环。

③ 画装配尺寸链图。在确定了封闭环和组成环之后，将各环首尾相连，即可画出装配尺寸链图。画出装配尺寸链图后，就可判断出增、减环，其判断原则与工艺尺寸链中增、减环的判断原则相同。

(2) 建立装配尺寸链的原则

① 简化原则。机械产品的结构通常都比较复杂，对某项装配精度有影响的因素很多，因此，查找装配尺寸链时，在保证装配精度的前提下，可忽略那些影响较小的次要因素，使装配尺寸链的组成环适当简化。

例如，图 7-4 所示为车床主轴轴线和尾座套筒轴线等高的装配尺寸链，其组成环包括 e_1、e_2、e_3、A_1、A_2、A_3 六个。

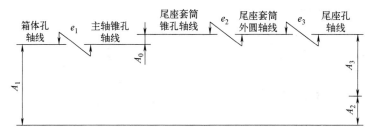

图 7-4 装配尺寸链

由于尺寸 e_1、e_2、e_3 的数值相对 A_1、A_2、A_3 的误差较小，故装配尺寸链可简化为图 7-5 所示结果。但在精密装配中，应计入对装配精度有影响的所有因素，不可随意简化。

② 最短路线原则。由尺寸链的基本理论可知，封闭环公差等于各组成环公差之和。在装配精度一定的条件下，组成环数越少，分配到各组成环的公差就越大，则组成环零件的精度就越容易保证。因此，在建立装配尺寸链时要求组成环的环数应尽量少一些。

③ 方向性原则。在同一装配结构中，当不同方向都有装配精度要求时，应按不同方向分别建立装配尺寸链。

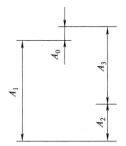

图 7-5 装配尺寸链简化图

例如，在蜗杆涡轮副结构中，为了保证蜗杆涡轮的正常啮合，蜗杆涡轮副两轴线间的距离、垂直度以及蜗杆轴心线与涡轮中心平面的重合度均有一定的精度要求，这是三个不同方向的装配精度，因此需要在三个不同方向上分别建立装配尺寸链。

7.2.2 装配尺寸链的计算

(1) 计算类型

装配尺寸链的计算包括正计算、反计算和中间计算三种类型。

正计算：当已知尺寸链各组成环的基本尺寸及其极限偏差时，求解封闭环的基本尺寸及其极限偏差的计算过程。正计算主要用于对已设计的图纸进行校核验算。

反计算：当已知封闭环的基本尺寸及其极限偏差时，求解各组成环的基本尺寸及其极限偏差的计算过程。反计算主要用于产品设计过程。

中间计算：已知封闭环和部分组成环的基本尺寸及其极限偏差，求解其余组成环的基本尺寸及其极限偏差的计算过程。许多反计算类型最后都是转化为中间计算类型来求解的。

(2) 计算方法

装配尺寸链的计算方法有极值法和概率法两种。其中，极值法多用于装配精度不太高而环数较少的装配尺寸链计算；概率法多用于装配精度要求较高而环数较多的装配尺寸链计算。

极值法的计算公式与第 6 章中工艺尺寸链的计算公式相同；而概率法的计算公式与极值法相比，除了封闭环公差的计算不同外，其余完全相同。

概率法封闭环公差的计算公式为：

$$T_0 = \sqrt{\sum_{i=1}^{n-1} T_i^2}$$

(7-1)

式中，T_0 为封闭环公差；T_i 为组成环公差；n 为尺寸链的总环数。

此外，概率法计算中，各组成环平均尺寸的计算公式为：

$$A_{iM} = A_i + A_M A_i$$

(7-2)

式中，A_{iM} 为各组成环的平均尺寸；A_i 为各组成环的基本尺寸；$A_M A_i$ 为 A_i 环的平均偏差。

组成环平均公差的计算公式为：

$$T_M = \frac{T_0}{n-1}$$

(7-3)

式中，T_M 为组成环的平均公差。

封闭环平均尺寸的计算公式为：

$$A_{0M} = \sum_{i=1}^{m} \overrightarrow{A_{iM}} - \sum_{j=m+1}^{n-1} \overleftarrow{A_{iM}}$$

(7-4)

式中，A_{0M}、$\overrightarrow{A_{iM}}$、$\overleftarrow{A_{iM}}$ 分别为封闭环、增环、减环的平均尺寸；m 为增环的环数。

封闭环的上、下偏差的计算公式为：

$$E_{S0} = A_{0M} + \frac{T_0}{2} \quad E_{I0} = A_{0M} - \frac{T_0}{2}$$

(7-5)

式中，E_{S0} 为封闭环上偏差；E_{I0} 为封闭环下偏差。

7.3 装配方法

7.3.1 常用装配方法

常用的装配方法有互换法、选配法、修配法和调整法四种。

(1) 互换法

互换法是指在装配时，各配合零件不需作任何挑选、修配或调整就能保证装配精度要求的装配方法。按互换程度的不同，互换法又可分为完全互换法和不完全互换法两种。

1) 完全互换法

完全互换法是指在全部产品中，装配时各组成环不需挑选或不需改变其大小或位置，装配后即能保证装配精度要求的装配方法。

这种方法是在满足各环经济精度的前提下，依靠控制零件的制造精度来保证产品装配精度的。

采用完全互换法进行装配时，装配质量稳定、可靠，装配过程简单，装配效率高；对工人的技术水平要求低；易于实现自动装配，便于组织流水作业；产品维修方便。

但当装配精度要求较高，或组成环数较多时，会使组成环的制造公差较小，造成零件的制造困难。因此，完全互换法多用于组成环数较少，或组成环数虽多但装配精度要求不高的装配尺寸链。

① 完全互换法的计算。完全互换装配尺寸链用极值法计算，即各组成环公差之和应小于等于封闭环公差：

$$\sum_{i=1}^{n-1} T_i \leqslant T_0 \tag{7-6}$$

进行装配尺寸链计算时，常用等公差法来分配各相关零件（组成环）的公差。等公差法是指先按照各组成环公差相等的原则分配封闭环公差，然后根据各组成环的尺寸大小和加工难易程度对其公差进行适当调整，但调整后各组成环公差之和仍不得大于封闭环要求的公差。

组成环平均公差 T_M 的计算公式为：

$$T_M = \frac{T_0}{n-1} \tag{7-7}$$

在调整公差时，可参照下列原则：

a. 当组成环是标准件尺寸时，按标准规定。

b. 当组成环是几个尺寸链的公共环时，其公差值和分布位置应由对其要求最严的那个尺寸链先行确定，而对其余尺寸链来说，该环尺寸为已定值。

c. 当分配待定的组成环公差时，一般可按经验视各环尺寸的加工难易程度来分配。

在确定各组成环极限偏差时，一般可按"入体原则"确定。

在计算时通常需要选取一个组成环作为协调环，其公差值和分布位置要经过计算确定，以便与其他组成环相协调，最后满足封闭环公差值和分布位置的要求。

② 完全互换法计算示例。

【例 7-1】 图 7-6 所示装配关系中，轴是固定的，齿轮在轴上回转，要求保证齿轮与挡圈之间的轴向间隙为 0.10～0.35mm。已知 $A_1 = 30\text{mm}$、$A_2 = 5\text{mm}$、$A_3 = 43\text{mm}$、$A_4 = 3_{-0.05}^{0}\text{mm}$（标准件）、$A_5 = 5\text{mm}$。现采用完全互换法装配，试确定各组成环的极限偏差。

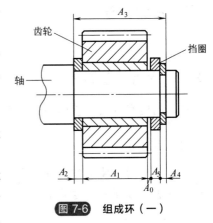

图 7-6 组成环（一）

解：

步骤 1：画装配尺寸链，判断增、减环，校验各环基本尺寸。

根据题意，轴向间隙为 0.10～0.35mm，则封闭环尺寸 $A_0 = 0_{+0.1}^{+0.35}\text{mm}$，公差 $T_0 = 0.25\text{mm}$。装配尺寸链如图 7-7 所示，尺寸链总环数 $n = 6$。其中，尺寸 A_3 为增环，尺寸 A_1、A_2、A_4、A_5 为减环。封闭环的基本尺寸为：

$$A_0 = A_3 - (A_1 + A_2 + A_4 + A_5) = 43 - (30 + 5 + 3 + 5) = 0$$

由计算可知，各组成环基本尺寸的已定数值是正确的。

步骤 2：确定协调环 $A_1 = 30_{-0.06}^{0}\text{mm}$。

A_5 是挡圈尺寸，易于加工，且可以用通用量具测量，因此选它作为协调环。

步骤 3：确定除协调环以外各组成环的公差和极

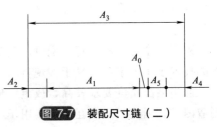

图 7-7 装配尺寸链（二）

限偏差。

按等公差法分配各组成环公差：

$$T_M = \frac{T_0}{n-1} = \frac{0.25}{5} = 0.05 \text{mm}$$

参照国家标准，并考虑各零件加工的难易程度，在各组成环平均公差 T_M 的基础上，对各组成环的公差进行合理调整，并按"入体原则"标注。轴用挡圈 A_4 是标准件，其尺寸为 $3_{-0.05}^{\ 0}$ mm。其余各组成环的公差按加工难易程度调整如下：

$$T_1 = 0.06 \text{mm} \quad T_2 = 0.02 \text{mm} \quad T_3 = 0.1 \text{mm}$$

故取：

$$A_1 = 30_{0.06}^{\ 0} \text{mm} \quad A_2 = 5_{-0.02}^{\ 0} \text{mm} \quad A_3 = 43_{\ 0}^{+0.1} \text{mm}$$

步骤 4：计算协调环的公差和极限偏差。

协调环的公差为：

$$T_5 = T_0 - (T_1 + T_2 + T_3 + T_4) = 0.25 - (0.06 + 0.02 + 0.1 + 0.05) = 0.02 \text{mm}$$

协调环的下偏差为：

$$ES_0 = ES_3 - (EI_1 + EI_2 + EI_4 + EI_5)$$
$$0.35 = 0.1 - (-0.06 - 0.02 - 0.05 + EI_5)$$
$$EI_5 = -0.12 \text{mm}$$

协调环的上偏差为：

$$ES_5 = T_5 + EI_5 = 0.02 + (-0.12) = -0.10 \text{mm}$$

因此，协调环的尺寸为 $A_5 = 5_{-0.12}^{-0.10}$ mm。

综上所述，各组成环的尺寸和极限偏差为：

$$A_1 = 30_{0.06}^{\ 0} \text{mm} \quad A_2 = 5_{-0.02}^{\ 0} \text{mm} \quad A_3 = 43_{\ 0}^{+0.1} \text{mm}$$
$$A_4 = 3_{-0.05}^{\ 0} \text{mm} \quad A_5 = 5_{-0.12}^{-0.10} \text{mm}$$

2）不完全互换法

不完全互换法又称为大数互换法，是指在绝大多数产品中，装配时各组成环不需挑选或不需改变大小或位置，装配后即能保证装配精度要求的装配方法。

不完全互换法与完全互换法相比，放宽了尺寸链各组成环的公差，有利于零件的经济加工，但同时会有少部分产品的装配精度超差，需要进行返修。因此，不完全互换法多用于大批大量生产和装配精度要求不太高而组成环数较多的装配尺寸链。

不完全互换法采用的基本理论是概率论，即按所有零件尺寸分布曲线的状态来处理。通常封闭环的尺寸分布趋近正态分布，其尺寸分散范围为 $\pm 3\sigma$，产品合格率为 99.73%。

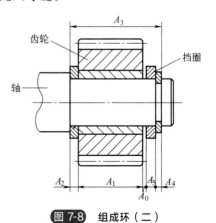

【例 7-2】 以图 7-8 所示装配关系为例，要求保证齿轮与挡圈之间的轴向间隙为 $0.10 \sim 0.35$ mm。已知 $A_1 = 30$ mm、$A_2 = 5$ mm、$A_3 = 43$ mm、$A_4 = 3_{-0.05}^{\ 0}$ mm（标准件）、$A_5 = 5$ mm。现采用不完全互换法装配，试确定各组成环的极限偏差。

解：
步骤 1：画装配尺寸链，判断增、减环，校验各环

图 7-8 组成环（二）

基本尺寸，分析计算过程与例 7-1 中步骤 1 相同。

步骤 2：确定协调环。考虑到 A_3 较难加工，希望其公差尽可能大，故选用 A_3 作为协调环，最后确定其公差。

步骤 3：确定除协调环以外各组成环的公差和极限偏差。

假设 5 个组成环均接近正态分布，则各组成环的平均公差为：

$$T_M = \frac{T_0}{\sqrt{n-1}} \approx \frac{0.25}{\sqrt{5}} \approx 0.11\text{mm}$$

参照国家标准，并考虑各零件加工的难易程度，在各组成环平均公差 T_M 的基础上，对各组成环的公差进行合理调整，并按"入体原则"标注。轴用挡圈 A_4 是标准件，其尺寸为 $3_{-0.05}^{0}\text{mm}$。其余各组成环的公差按加工难易程度调整如下：

$$T_1 = 0.14\text{mm} \quad T_2 = 0.05\text{mm} \quad T_5 = 0.05\text{mm}。$$

故取：

$$A_1 = 30_{-0.14}^{0}\text{mm} \quad A_2 = 5_{-0.05}^{0}\text{mm} \quad A_5 = 5_{-0.05}^{0}\text{mm}$$

步骤 4：计算协调环的公差和极限偏差。

a. 计算协调环的公差。

$$T_3 = \sqrt{T_0^2 - (T_1^2 + T_2^2 + T_4^2 + T_5^2)}$$
$$= \sqrt{0.25^2 - (0.14^2 + 0.05^2 + 0.05^2 + 0.05^2)}$$
$$\approx 0.18\text{mm（只舍不进）}$$

b. 计算各环平均尺寸，并求出协调环的尺寸和极限偏差。

各环平均尺寸为：

$$A_{1M} = 29.93\text{mm} \quad A_{2M} = A_{5M} = 4.975\text{mm}$$
$$A_{4M} = 2.975\text{mm} \quad A_{0M} = 0.225\text{mm}$$

因 $A_{0M} = A_{3M} - (A_{1M} + A_{2M} + A_{4M} + A_{5M})$，则

$$A_{3M} = A_{0M} + (A_{1M} + A_{2M} + A_{4M} + A_{5M})$$
$$= 0.225 + (29.93 + 4.975 + 2.975 + 4.975) = 43.08\text{mm}$$

所以，协调环的尺寸和极限偏差为：

$$A_3 = 43.08 \pm 0.18/2 = 43_{-0.01}^{+0.17}\text{mm}$$

综上所述，各组成环的尺寸和极限偏差为：

$$A_1 = 30_{-0.14}^{0}\text{mm} \quad A_2 = 5_{-0.05}^{0}\text{mm} \quad A_3 = 43_{-0.01}^{+0.17}\text{mm}$$
$$A_4 = 3_{-0.05}^{0}\text{mm} \quad A_5 = 5_{-0.05}^{-0}\text{mm}$$

(2) 选配法

选配法是指将装配尺寸链中各组成环按加工经济精度制造，然后选择合适的零件进行装配，以保证装配精度要求的装配方法。选配法可以分为直接选配法、分组选配法和复合选配法三种方法。

1）直接选配法

直接选配法是指在装配时，工人凭经验直接选择合适的零件进行装配，以保证装配精度要求的装配方法。这种方法装配精度较高，但装配精度在很大程度上取决于工人的技术水平，装配时间不易控制，装配效率低，故不宜应用于节拍要求较严的大批大量生产中。

2）分组选配法

分组选配法是指将产品各配合副零件按实测尺寸分组，装配时按组进行互换装配，以保证装配精度要求的装配方法。分组装配法适用于成批或大量生产中装配精度要求较高、尺寸链组成环较少的情况。

【例 7-3】　活塞销和活塞销孔的装配关系如图 7-9 所示。活塞销直径 d 和活塞销孔直径 D 的基本尺寸为 $\phi28\text{mm}$，按照装配技术要求，在冷态装配时应有 $0.0025\sim$ 0.0075mm 的过盈量。若活塞销和活塞销孔的加工经济公差为 0.01mm，现采用分组选配法进行装配，确定活塞销和活塞销孔直径的分组数目和分组尺寸。

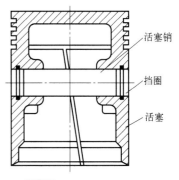

图 7-9　活塞销和活塞销孔

解：

步骤 1：建立装配尺寸链。

装配尺寸链如图 7-10 所示。其中，A_0 为活塞销和活塞销孔配合的过盈量，为封闭环；A_1 为活塞销的直径，A_2 为活塞销孔的直径，都为组成环。

步骤 2：确定分组数。

过盈量 A_0 的公差为 0.005mm，将其平均分配给组成环，可得到公差为 0.0025mm。而活塞销和活塞销孔的加工经济公差为 0.01mm，即需将公差扩大 4 倍，于是可得到分组数为 4。

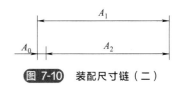

图 7-10　装配尺寸链（二）

步骤 3：确定分组尺寸。

若活塞销直径定为 $A_1 = \phi28_{-0.01}^{0}\text{mm}$，将其分为 4 组，各组直径尺寸如表 7-1 第 2 列所示。

用概率法装配尺寸链可得，活塞销孔的直径尺寸 $A_2 = \phi28_{-0.015}^{-0.005}\text{mm}$，也将其分为 4 组，各组直径尺寸如表 7-1 第 3 列所示。

表 7-1　活塞销和活塞销孔直径

组别	活塞销直径/mm	活塞销孔直径/mm
1	$\phi28_{-0.0025}^{0}$	$\phi28_{-0.0075}^{-0.005}$
2	$\phi28_{-0.005}^{-0.0025}$	$\phi28_{-0.01}^{-0.0075}$
3	$\phi28_{-0.0075}^{-0.005}$	$\phi28_{-0.0125}^{-0.01}$
4	$\phi28_{-0.01}^{-0.0075}$	$\phi28_{-0.015}^{-0.0125}$

采用分组选配法时，应注意以下几点：

a. 配合件的公差应相等，公差增大的方向应相同，放大的倍数就是分组数。

b. 分组后配合件的尺寸公差放大，但形位公差和表面粗糙度不能放大，仍按原设计要求制造。

c. 分组数不宜太多，一般 3～5 组即可，否则会增加测量、分组和储运工作量。

d. 分组后各组内相配零件数应相等，以免出现某些尺寸的零件积压浪费。

3）复合选配法

复合选配法是上述两种方法的复合，即零件加工后预先测量分组，装配时再对各组内零件由工人进行直接选配的装配方法。这种方法的特点是配合件的公差可以不等，且装配质量高，装配速度快，能满足一定的生产节拍要求。

(3) 修配法

1) 修配法的基本原理

修配法是指将装配尺寸链中各组成环按加工经济精度制造，装配时修去选定零件上预留的修配量，以保证装配精度的装配方法。

这种方法能保证很高的装配精度，但增加了一道修配工序，费工、费时，对工人的技术水平要求较高，修配时间不易确定，零件不能互换，故适用于单件或成批生产精度要求较高、组成环数目较多的结构。

采用修配法装配时，由于尺寸链中各尺寸均按加工经济精度制造，因此，累积在封闭环上的总误差必然会超出其公差。为了达到规定的装配精度，必须对尺寸链中选定的组成环零件（即修配件）进行修配，以补偿超差部分的误差。该组成环称为修配环，又称为补偿环。

采用修配法装配时，首先应正确选定修配环。选择时，修配件和修配环应满足以下要求：

① 修配件应易于修配并且装卸方便。

② 修配件应为不要求进行表面处理的零件，以免修配后破坏表面处理层。

③ 修配环不能是公共环，即修配件应当只与一项装配精度有关，而与其他装配精度无关。

2) 修配尺寸链计算

当修配环选定后，求解装配尺寸链的主要问题是如何确定修配环的尺寸和验算修配量是否合适。其计算方法一般采用极值法。

【例 7-4】 图 7-11 所示普通车床装配时，要求尾座轴线比主轴轴线高 0～0.06mm，已知：$A_1 = 160\text{mm}$，$A_2 = 30\text{mm}$，$A_3 = 130\text{mm}$。现采用修配法装配，确定修配量和各组成环尺寸。

解：

步骤 1：画装配尺寸链。

装配尺寸链如图 7-11 所示。其中，A_0 是封闭环，A_1 为减环，A_2、A_3 为增环。根据题意知 $A_0 = 0^{+0.006}_{-0}\text{mm}$。

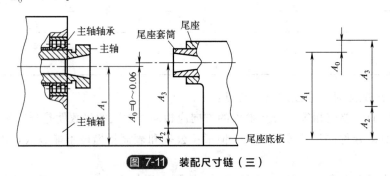

图 7-11 装配尺寸链（三）

若按完全互换法装配，根据等公差法，各组成环的平均公差为：

$$T_M = \frac{T_0}{n-1} = \frac{0.06}{3} = 0.02\text{mm}$$

显然，各组成环的公差太小，零件加工困难。因此，生产中，常先按加工经济精度规定各组成环的公差，装配时再采用修配法。

步骤 2：选择修配环。

组成环 A_2 为尾座底板的厚度，底板装卸方便，其加工表面形状简单，便于修配，故选 A_2 为修配环。

步骤 3：确定各组成环的公差和极限偏差。

A_1、A_3 可采用镗模进行镗削加工，取经济公差 $T_1 = T_3 = 0.1mm$；A_2 因要修配，按半精刨加工，取经济公差 $T_2 = 0.15mm$。除修配环以外，各组成环的尺寸为：

$$A_1 = (160 \pm 0.05)mm \quad A_3 = (130 \pm 0.05)mm$$

按各组成环的经济公差，装配时形成的封闭环公差为：

$$T_0 = T_1 + T_2 + T_3 = 0.1 + 0.15 + 0.1 = 0.35mm$$

这时的公差远远超出了规定的装配精度，需要在装配时对修配件进行修配。

步骤 4：确定修配环的尺寸和极限偏差。

由于 A_2 为增环，故修配底板使 A_2 减小时会导致封闭环 A_0 也减小。若以 A_{00} 表示修配前的封闭环实际尺寸，则 A_{00} 的最小值不能小于所要求封闭环 A_0 的最小值。故：

$$EI_{00} = EI_0 = (EI_2 + EI_3) - ES_1$$

代入数值得：

$$0 = (EI_2 - 0.05) - 0.05$$

则 $EI_2 = 0.1mm$

所以，$A_2 = 30^{+0.25}_{+0.1}mm$。

步骤 5：核算修配量。

封闭环的上偏差为：

$$ES_{00} = (ES_2 + ES_3) - EI_1 = (0.25 + 0.05) - (-0.05) = 0.35mm$$

封闭环的下偏差为：

$$EI_{00} = (EI_2 + EI_3) - ES_1 = (0.1 - 0.05) - 0.05 = 0$$

即封闭环 $A_0 = 0^{+0.3}_{0}mm$，但其不满足所要求的装配精度 $A_0 = 0^{+0.06}_{0}mm$，需要对修配环进行修配。

因本例中修配环 A_2 为增环，对其修配会使封闭环尺寸变小，所以当封闭环为最小极限尺寸时，不能再对修配环进行修配，即修配环的最小修配量 F_{min} 为 0；而最大修配量 $F_{max} = 0.35 - 0.06 = 0.29mm$。

由于修配件尾座底板的修配表面对平面度和表面粗糙度有较高的要求，需要保证有最小的修配量 $F_{min} = 0.1mm$，因此，应扩大修配环的尺寸，即 $A_2 = 30^{+0.35}_{+0.2}mm$。此时，最小修配量 $F_{min} = 0.1mm$，最大修配量 $F_{max} = 0.29 + 0.1 = 0.39mm$。

综上所述，最小修配量 $F_{min} = 0.1mm$，最大修配量 $F_{max} = 0.39mm$；各组成环的尺寸为 $A_1 = (160 \pm 0.05)mm$，$A_2 = 30^{+0.35}_{+0.2}mm$，$A_3 = (130 \pm 0.05)mm$。

3）修配方法

实际生产中，修配方法有很多，常用的有单件修配法、合件加工修配法和自身加工修配法三种。

① 单件修配法。单件修配法是指选择某一固定的零件作为修配件，装配时对该零件进行补充加工，以保证装配精度要求的装配方法。这种修配方法在生产中应用最广。

② 合件加工修配法。合件加工修配法是指将两个或更多的零件合并在一起后进行加工修配，以保证装配精度要求的装配方法。合并后的尺寸可看作一个组成环，这就减少了装配尺寸链的环数，并可相应地减少修配的劳动量。

采用合件加工修配法时，由于零件合并后再进行加工和装配会给组织装配生产带来很多不便，因此，这种方法多用于单件小批生产。

③ 自身加工修配法。自身加工修配法是指总装时机床自己加工自己，以保证装配精度要求的装配方法。这种方法多用于机床制造。

（4）调整法

调整法是指将装配尺寸链各组成环按经济精度加工，装配时，通过更换装配尺寸链中某一预先选定的组成环或调整其位置，来保证装配精度要求的装配方法。装配时进行更换或调整的组成环零件称为调整件，该组成环称为调整环。调整装配尺寸链用极值法进行计算。

根据调整方法的不同，调整法可分为可动调整法、固定调整法和误差抵消调整法三种。

1）可动调整法

可动调整法是指通过改变调整件的位置来保证装配精度要求的装配方法。机械产品的装配中，可动调整法的应用很广，如图 7-12 所示。

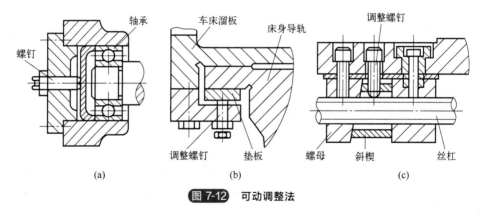

轴承　车床溜板　床身导轨　调整螺钉
螺钉　调整螺钉　垫板　螺母　斜楔　丝杠

(a)　　　　　(b)　　　　　(c)

图 7-12 可动调整法

可动调整法调整过程中不需拆卸零件，调整方便，能获得较高的装配精度，而且可以补偿磨损和变形引起的误差，所以，在一些传动机械或易磨损机构中，常采用可动调整法进行装配。但可动调整会削弱机构的刚性，因此在刚性要求较高或机构比较紧凑而无法安排调整件时，常采用其他调整法进行装配。

2）固定调整法

固定调整法是指在装配尺寸链中，选择一个零件（或加入一个零件）作为调整件，根据各组成环所形成累积误差的大小来更换不同尺寸的调整件，以保证装配精度要求的装配方法。常用的调整件有轴套、垫片、垫圈和圆环等。

采用固定调整法的关键是确定调整件的分级和各级尺寸大小。

【例 7-5】 图 7-13 所示部件中，齿轮轴向间隙要求控制在 $0.05 \sim 0.15\text{mm}$ 范围内。若 A_1 和 A_2 的基本尺寸分别为 50mm 和 45mm，按加工经济精度确定 A_1 和 A_2 的公差分别为 0.15mm 和 0.1mm。试确定调节垫片的厚度 A_K（调节垫片厚度 A_K 的公差为 0.03mm）。

解：
步骤 1：画装配尺寸链。

图 7-14（a）为齿轮装配尺寸链。在该尺寸链中，若将未装入调整件时的轴向间隙（即空位尺寸）用 A_S 表示，并将其看作中间变量，则可将此装配尺寸链分解为两个装配尺寸链，如图 7-14（b）和图 7-14（c）所示。

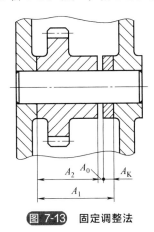

图 7-13 固定调整法

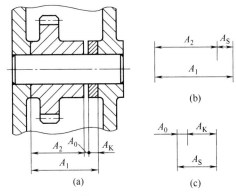

图 7-14 装配尺寸链（四）

步骤 2：确定空位尺寸 A_S 的尺寸和极限偏差。

在图 7-14（b）所示装配尺寸链中，空位尺寸 A_S 是在装配中获得的，为封闭环；A_1 为增环，A_2 为减环。

根据已知条件，并按入体原则标注组成环的极限偏差：$A_1 = 50^{+0.15}_{0}$ mm，$A_2 = 45^{0}_{-0.1}$ mm。然后按极值法计算得 $A_S = 50^{+0.25}_{0}$ mm。

步骤 3：确定分级数及各级尺寸。

在图 7-14（c）所示装配尺寸链中，A_0 是在装配中最后保证的，为封闭环；A_S 为增环，A_K 为减环。此时，封闭环 A_0 的公差小于 A_S 的公差，因此，无论 A_K 的公差为何值，均无法满足尺寸链公差的关系式。

为使 A_0 获得规定的公差，可将 A_S 分成若干级，并使其每一级的公差都小于或等于 A_0 和 A_K 的公差之差，由此确定出分级数 n：

$$n \geq \frac{T_S}{T_0 - T_K}$$

代入数值得 $n \geq \dfrac{0.25}{0.1 - 0.03} = 3.6$。

取 $n = 4$。

按计算所得分级级数（4 级），将空位尺寸 A_S 适当分级，即可确定调整件的各级尺寸。

空位尺寸 A_S 的各级尺寸为：

$$A_{S1} = 5^{+0.25}_{+0.18} \text{ mm} \qquad A_{S2} = 5^{+0.18}_{+0.12} \text{ mm}$$

$$A_{S3} = 5^{+0.12}_{+0.06} \text{ mm} \qquad A_{S4} = 5^{-0.05}_{-0.09} \text{ mm}$$

由题意 $A_0 = 0^{+0.15}_{+0.05}$ mm，用极值法计算图 7-14（c）所示装配尺寸链，可得出调节垫片厚度 A_K 的各级尺寸为：

$$A_{K1} = 5^{+0.13}_{+0.1} \text{ mm} \qquad A_{K2} = 5^{+0.07}_{+0.03} \text{ mm}$$

$$A_{K3} = 5^{+0.01}_{-0.03} \text{ mm} \qquad A_{K4} = 5^{-0.05}_{-0.09} \text{ mm}$$

3）误差抵消调整法

误差抵消调整法是指通过调整有关零件的相互位置，使其加工误差相互抵消，以保证装配精度要求的装配方法。这种方法在机床装配中应用较多。

7.3.2 装配方法的选择原则

有如下选择原则：

① 优先选择完全互换法。

② 当装配精度要求较高时，采用完全互换法装配会使零件的加工比较困难，此时应采用其他装配方法。其中，在大批大量生产时，环数少的装配尺寸链可采用分组装配法，环数多的装配尺寸链可采用不完全互换法或调整法；单件小批生产时可采用修配法。

③ 当装配精度要求很高，不宜选择其他装配方法时，可采用修配法。

表 7-2 为常用装配方法及其适用范围。

表 7-2 常用装配方法及其适用范围

装配方法	工艺特点	适用范围
完全互换法	①配合件公差之和小于/等于规定装配公差；②装配操作简单，便于组织流水作业和维修工作	大批量生产中零件数较少、零件可用加工经济精度制造者，或零件数较多但装配精度要求不高者
大数互换法	①配合件公差平方和的平方根小于/等于规定的装配公差；②装配操作简单，便于流水作业；③会出现极少数超差件	大批量生产中零件数略多、装配精度有一定要求，零件加工公差较完全互换法可适当放宽；完全互换法适用产品的其他一些部件装配
分组选配法	①零件按尺寸分组，将对应尺寸组零件装配在一起；②零件误差较完全互换法可以大数倍	适用于大批量生产中零件数少、装配精度要求较高又不便采用其他调整装置的场合
修配法	预留修配量的零件，在装配过程中通过手工修配或机械加工，达到装配精度	用于单件小批生产中装配精度要求高的场合
调整法	装配过程中调整零件之间的相互位置，或选用尺寸分级的调整件，以保证装配精度	动调整法多用于对装配间隙要求较高并可以设置调整机构的场合；静调整法多用于大批量生产中零件数较多、装配精度要求较高的场合

7.4 制订装配工艺规程

7.4.1 制订装配工艺规程的基本原则及所需的原始资料

制订装配工艺规程的基本原则：

① 保证产品的装配质量，延长产品的使用寿命。

② 合理安排装配顺序和工序，尽量减少钳工装配劳动量，缩短装配周期，提高装配效率。

③ 尽量减少装配占地面积。

④ 尽量减少装配工作的成本。

制订装配工艺规程所需的原始资料：

① 产品装配图样及验收技术条件。

② 产品的生产纲领。

③ 现有生产条件和标准资料。

7.4.2　制订装配工艺规程的步骤及内容

(1) 研究产品的装配图及验收技术条件

① 审核产品图样的完整性、正确性。

② 分析产品的结构工艺性。

③ 审核产品装配的技术要求和验收标准。

④ 分析和计算产品装配尺寸链。

(2) 确定装配方法与装配组织形式

装配方法与装配组织形式的选择主要取决于产品的结构特点（包括尺寸、质量大小和复杂程度等）、生产纲领和现有生产条件等因素。

(3) 划分装配单元

将产品划分成可独立进行装配的单元，是制订装配工艺规程中最重要的一个步骤。划分装配单元时，应确保各单元便于装合和拆开；应选择好各单元的基准件，并明确装配顺序和相互关系；尽可能减少进入总装的单独零件，以缩短装配周期。

1）选择装配基准

选择装配基准时应遵循以下原则：

① 尽量选择产品的基体或主干零部件作装配基准件，以保证产品的装配精度。

② 装配基准件应有较大的体积和质量，有足够的支承面，以满足陆续装入零部件的作业要求和稳定性要求。

③ 装配基准件的补充加工量应最少，尽可能不再有后续加工工序。

④ 选择的装配基准件应有利于装配过程的检测、工序间的传递运输和翻身转位等作业。

2）确定装配顺序

装配顺序的安排原则如下：

a. 预处理工序先行。

b. 先下后上。

c. 先内后外。

d. 先难后易。

e. 及时安排检验工序，检验合格后方可进行后续装配作业。

f. 尽可能集中安排工序，以减少产品在装配地的迂回搬运；处于基准件同一方位的装配工序应尽可能集中安排，以防止基准件的多次转位和翻身。

g. 电线、油（气）管路的安装应与相应工序同时进行，以防止零部件的反复拆装。

h. 含易燃、易爆、易碎和有毒物质等零部件的安装，尽可能放在最后。

（4）装配单元系统图

生产中，常用装配单元系统图来表示装配顺序。装配单元系统图是表明产品零部件间相互装配关系及装配流程的示意图。

装配单元系统图的画法是：首先画一条横线，横线右端箭头指向装配单元的长方格，横线左端为基准件的长方格；然后再按先后顺序从左向右依次将装入基准件的零件、套件、组件和部件引入。一般把表示零件的长方格画在横线上方，把表示套件、组件和部件的长方格画在横线下方。每个长方格分为三部分：上方为装配单元的名称，左下方为装配单元的编号，右下方为装配单元的数量。图7-15是套件装配工艺系统图，图7-16是组件装配工艺系统图，图7-17是部件装配工艺系统图，图7-18是机器装配工艺系统图。

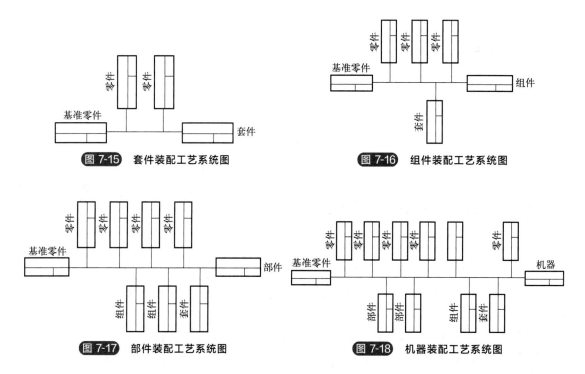

图 7-15 套件装配工艺系统图　　图 7-16 组件装配工艺系统图

图 7-17 部件装配工艺系统图　　图 7-18 机器装配工艺系统图

（5）装配工艺系统图

在装配单元系统图上加注所需的工艺说明，如焊接、配钻、配刮、冷压和检验等，就形成了装配工艺系统图。

（6）划分装配工序

其主要工作如下：
① 确定工序集中与分散的程度。
② 划分装配工序，确定各工序的内容。
③ 制订工序的操作规范。
④ 选择设备和工艺装备。
⑤ 确定工时定额，并协调各工序内容。

（7）填写工艺文件

单件小批生产时，仅要求填写装配工艺过程卡，比较简单的也可用装配工艺系统图来代替；中批生产时，通常也只需填写装配工艺过程卡，对复杂产品则还需填写装配工序卡；大批大量生产时，不仅要求填写装配工艺过程卡，而且要求填写装配工序卡。

7.4.3　机器结构的装配工艺性

机器结构的装配工艺性在一定程度上决定了装配过程周期的长短、耗费劳动量的大小、成本的高低及机器使用质量的优劣。

机器结构能保证装配过程中使相互连接的零部件不用或少用修配和机械加工，用较少的劳动量、较短的时间按产品的设计要求顺利地装配起来。

（1）机器结构应能分成独立的装配单元

所谓划分成独立的装配单元，就是要求机器结构能划分成独立的组件、部件等。首先按组件或部件分别进行装配，然后再进行总装配。把机器划分成独立装配单元，对装配过程有下述好处：

① 可以组织平行的装配作业，各单元装配互不妨碍，缩短装配周期，便于组织多厂协作生产。

② 机器的有关部件可以预先进行调整和试车，各部件以较完善的状态进入总装，这样既可保证总机的装配质量，又可以减少总装配的工作量。

③ 机器局部结构改进后，整个机器只是局部变动，使机器改装起来方便，有利于产品的改进和更新换代。

④ 有利于机器的维护检修，给重型机器的包装、运输带来很大方便。

举例1：如图 7-19（a）所示，机床的快速行程轴的一端装在箱体 5 内，轴上装有一对圆锥滚子轴承和一个齿轮，轴的另一端装在拖板的操纵箱 1 内，这种结构装配起来很不方便。

改进：将快速行程轴分拆成两个零件，如图 7-19（b）所示，一段为带螺纹的较长的光轴 2，另一段为较短的阶梯轴 4，两轴用联轴器 3 连接起来。这样，箱体、操纵箱便成为两个独立的装配单元，分别平行装配。而且由于长轴被分拆为两段，其机械加工也较前更容易了。

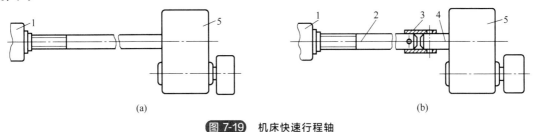

(a) (b)

图 7-19　机床快速行程轴

1—操纵箱；2—光轴；3—联轴器；4—阶梯轴；5—箱体

举例2：图 7-20 所示为轴的装配，当轴上齿轮直径大于箱体轴承孔时［图 7-20（a）］，轴上零件需依次在箱内装配。

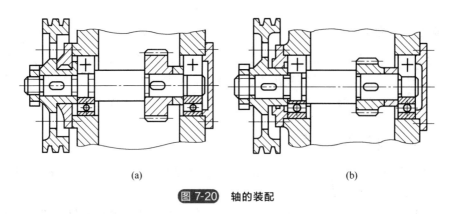

(a)   (b)

图 7-20   轴的装配

改进：当齿轮直径小于轴承孔时，轴上零件可在组装成组件后，一次装入箱体内，从而简化装配过程，缩短装配周期。

(2) 减少装配时的修配和机械加工工作量

举例 1：在机器结构设计上，采用调整装配法代替修配法，可以从根本上减少修配工作量。图 7-21 表示车床溜板和床身导轨后压板改进前后的结构。

改进：图 7-21（b）结构就是以调整法代替了修配法，来保证溜板压板与床身导轨间具有合理的间隙。

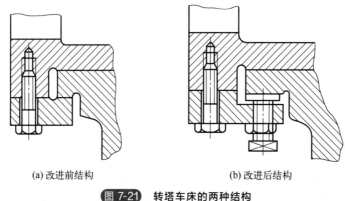

(a) 改进前结构   (b) 改进后结构

图 7-21   转塔车床的两种结构

举例 2：图 7-22 表示两种不同的轴润滑结构，图 7-22（a）所示结构需要在轴套装配后，在箱体上配钻油孔，使装配产生机械加工工作量。

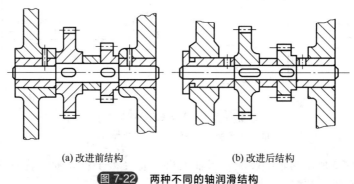

(a) 改进前结构   (b) 改进后结构

图 7-22   两种不同的轴润滑结构

改进：图 7-22（b）所示结构改在轴套上预先加工好油孔，便可消除装配时的机械加工工作量。

（3）机器结构应便于装配和拆卸

举例 1：如图 7-23（a）所示，轴上的两个轴承同时装入箱体零件的配合孔中，既不好观察，导向性又不好，使装配工作十分困难。

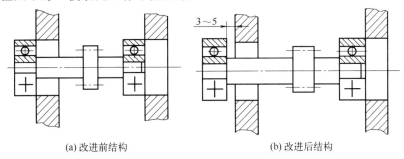

(a) 改进前结构　　　　　　　　(b) 改进后结构

图 7-23　轴依次装配的结构

改进：如图 7-23（b）所示的结构形式，轴上右轴承先行装入，当轴承装入孔中 3～5mm 后，左轴承才开始装入孔中。此外，齿轮外径、右端轴承外径要比箱体左端孔径小一些，才能保证整个组件从箱体一端顺利装入。

在机器设计过程中，如果一些容易被忽视的"小问题"处理不好，将给装配过程带来较大困难。

举例 2：扳手空间过小，造成扳手放不进去或旋转范围过小，螺栓拧紧困难，如图 7-24（a）、图 7-24（b）所示。图 7-24（c）所示是由于螺栓长度 L_0 大于箱体凹入部分的高度 L，若螺栓无法装入螺孔中；若螺栓长度过短，则拧入深度不够，连接不牢固。

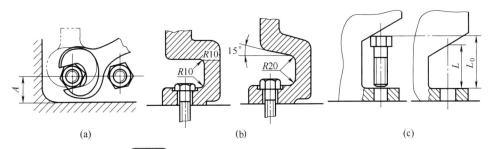

(a)　　　　　　　(b)　　　　　　　(c)

图 7-24　装配时应考虑装配工具与连接件的位置

7.5　综合实训

采用完全互换法装配图 7-25 所示齿轮轴组件，试制订其单件小批生产时的装配工艺过程，并画出装配工艺系统图。实训过程如下。

（1）确定装配方法与装配组织形式

根据题意，装配方法采用完全互换法。本例中生产类型为单件小批生产，装配组织形式采用固定装配。

（2）划分装配单元、选择装配基准

由于本齿轮轴组件较简单，且为单件小批生产，故可直接将各个零件组装起来，装配单元即为各个零件。

根据装配基准的选择原则，本例中选择轴 6 作为装配基准件。

（3）确定装配工艺过程，画装配工艺系统图

根据先内后外原则及齿轮轴的装配关系，齿轮轴组件的装配过程如下：以轴 6 为装配基准件，将齿轮 4 和键 2 装入轴 6；再将挡油环 1 和键 5 装入轴 6；将轴承油煮加热到 200℃ 装入轴 6 即可形成齿轮轴组件。

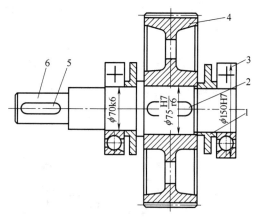

图 7-25　齿轮轴组件

1—挡油环；2,5—键；3—轴承；4—齿轮；6—轴

齿轮轴组件装配工艺系统图如图 7-26 所示。

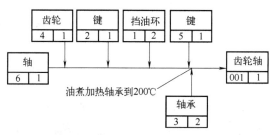

图 7-26　齿轮轴组件装配工艺系统图

7.6　模具装配基础知识及基本操作方法

7.6.1　注塑模具结构的特点

注塑模具由动模和定模两部分组成，动模安装在注射成形机的移动模板上，定模安装在注射成形机的固定模板上。在注射成形时，动模与定模闭合构成浇注系统和型腔，开模时动模和定模分离以便取出塑料制品。图 7-27 为模具主件作用示意图。下面介绍模具零件主件的作用。

定模座板：将前模固定在注塑机上。

流道板：开模时去除废料，使其自动脱落。

定模板：成形产品前模部分。

动模板：成形产品后模部分。

模脚：让顶板有足够的活动空间。

上下顶针板：开模时，通过顶杆、顶块和斜顶等推出零件，将产品从模具中推出。

动模座板：将后模固定在注塑机上。

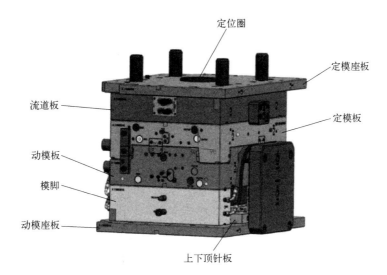

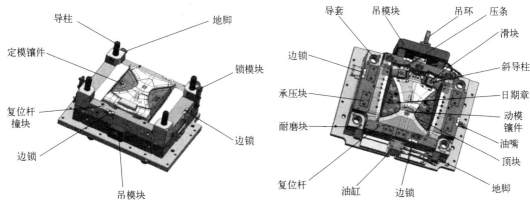

图 7-27 模具主件作用示意图

导柱和导套：起导向定位作用，辅助前后模开模与基本定位。

支承柱：提高 B 板强度，有效避免长期生产导致 B 板变形。

顶板导柱：导向定位推板，保证顶出顺畅。

顶块：模具中的顶块是成形模的一个零件，其主要作用是卸料，帮助成形的工件顺利地从模具里脱出来。斜顶具有斜导槽，随着模具的顶出，其使顶块随槽做抽芯和复位运动，也能在模具中起到顶出的效果。

滑块：在模具的开模动作中能够按垂直于开合模方向或与开合模方向成一定角度滑动的模具组件。滑块沿导向结构运动带动抽芯完成抽芯和复位动作，当产品结构使得模具在不采用滑块不能正常脱模的情况下就得使用滑块了。

镶件：凹模或型芯有容易损坏或难以整体加工的部件时，与主体分开制造，并嵌入主体的局部成形零件。

7.6.2 钳工工量具的认知和使用

(1) 模具的工具识别——常用工具的种类及名称

1）钳工工具的基础知识

钳工以手工操作为主。钳工操作灵活，但是生产效率低、劳动强度大。很多机械加工不到位之处需要钳工修整。钳工操作过程中需要用到对应的工具，如装配需要用到装配工具、切削需要用到切削工具、研配需用到研配工具、打磨需要用到打磨工具等。

2）钳工工具的认知及名称

图7-28为常用钳工工具，如钳桌、台虎钳、台式砂轮机、金刚锉、什锦锉、扳锉、划线规、风动机、电磨头、砂轮磨头、合金磨头、金刚磨头、纱布打磨磨头、叉口扳手、旋具、内六角扳手、梅花扳手、活动扳手、套筒扳手、大力钳、尖嘴钳、卡簧钳、T形丝攻扳手、丝锥板牙、丝攻扳手、角磨机、角磨片、百叶轮、钢印码、风炮机、榔头、钻夹头、手枪钻、钻头、机用铰刀、铣刀、板牙、丝锥、手用铰刀等。以上工具在钳工操作过程中也是必不可少的。

钳桌	台虎钳	台式砂轮机	金刚锉	什锦锉
扳锉	划线规	风动机	电磨头	砂轮磨头
合金磨头	金刚磨头	纱布打磨磨头	砂轮磨头	叉口扳手
旋具	内六角扳手	梅花扳手	活动扳手	套筒扳手
大力钳	尖嘴钳	卡簧钳	T形丝攻扳手	丝锥板牙
丝攻扳手	角磨机	角磨片	百叶轮	钢印码

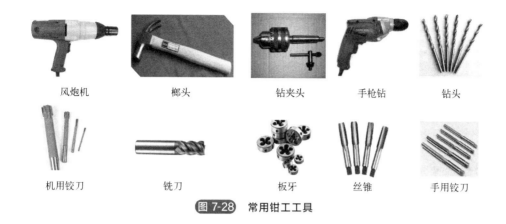

风炮机	榔头	钻夹头	手枪钻	钻头
机用铰刀	铣刀	板牙	丝锥	手用铰刀

图 7-28　常用钳工工具

(2) 钳工工具的使用范围

台虎钳：台虎钳为钳工必备工具，一般安装在钳桌上，因为钳工的大部分工作都是在台钳上完成的，比如锯、锉以及零件的装配和拆卸。台虎钳装置在工作台上用以夹稳加工工件。

砂轮机：砂轮机主要的用途是磨削、打磨、抛光、切割等。

钳桌：钳桌也是钳工必不可少的一种工具，钳工装配时大部分的工作都是钳桌上完成的，如装配、锉削、锯削、打磨等。其用途主要是摆放工件、收藏工具。

锉刀：锉刀种类繁多，在钳工操作过程中时常用到，特别是在研配过程中。锉刀主要用于修整零件表面尺寸和形状。

划线规：划线规也叫圆规，在钳工划线工作中可以划圆、圆弧、等分线，以及起到等分角度的作用。

钢印码：钢印码一般用来做零件编号。

打磨机、磨头：打磨机是一种机械工具，磨头是安装在打磨机（或风动机）上，两者结合才能起到配合研磨材料的效果，不同的磨头可处理不同材质的打磨、研磨、抛光、去毛刺等作业。适用于模具厂、铸造厂、金属加工业等的研磨、打磨、抛光、去毛刺、整型修饰等作业。

扳手：扳手种类繁多，有活动扳手、固定扳手、整体扳手（如正方形、六角形、梅花形）及套筒扳手等。常用于安装和拆卸各种设备、部件上的螺栓。

大力钳、尖嘴钳：尖嘴钳齿口可用来紧固或拧松螺母；大力钳刀口可用来剖切软电线的橡皮或塑料绝缘层，也可用来剪切电线、铁丝，铡口可以用来切断电线、钢丝等较硬的金属线。

丝攻扳手：丝攻扳手是在攻螺纹时用于夹持手用丝攻的一种工具，丝攻扳手能提高工作效率，是攻螺纹的必要工具。装上丝攻即可使用，方便实用，使用调节范围大，一种型号丝攻扳手适用于多种规格的丝攻，大大提高攻螺纹的效率。

角磨机、角磨片、百叶片：角磨机也是一种机械工具，利用角磨片安装在角磨机上，就成了一种打磨工具。角磨机是多用途工具，角磨机相对手提砂轮机，具有用途广泛、轻便、操作灵活等优点，可用于对钢铁、石材、木材、塑料等多种材料进行打磨加工，在钳工操作过程中实用性能强。

风炮机：风炮机也叫气动扳手，是装螺钉和拆螺钉的工具，一般用于拆比较大的螺钉。用风炮拆螺钉速度快、省力气。

钻夹头、手枪钻、钻头、机用铰刀：钻夹头、手枪钻只是钻头的辅助工具，钻头一般用来钻孔及扩孔。常见的种类有麻花钻、平头钻、倒角钻等。

铣刀：用于铣削加工。铣刀主要用于在铣床上加工平面、台阶、沟槽、成形表面和切断工件等。

丝攻、板牙：加工各种中、小尺寸内螺纹和外螺纹。结构简单，使用方便，既可手工操作，也可以在机床上工作，在钳工生产中应用非常广泛。

钳工工具的使用说明如表 7-3 所示。

表 7-3　钳工工具的使用说明

工具名称	图例	使用说明
台虎钳		台虎钳为钳工必备工具,因为钳工的大部分工作都是在台钳上完成的。比如锯、锉以及零件的装配和拆卸 用途:装置在工作台上用以夹稳加工工件
砂轮机		砂轮机主要的用途是磨削、打磨、抛光、切割
钳桌		钳桌也是钳工必不可少的一种工具,钳工装配时大部分的工作都是钳桌上完成的,其用途主要是摆放工件、收藏工具
锉刀		锉刀主要用于修整零件表面尺寸和形状
规划线		划线规也叫圆规,在钳工划线工作中可以划圆、圆弧、等分线以及等分角度

工具名称	图例	使用说明
钢印码		零件编号
风动机、打磨机		
砂轮磨头、合金磨头		配合(研磨材料)不同的材料,即可处理各种材质的打磨、研磨、抛光、去毛刺等作业 适用范围:模具厂、铸造厂、金属加工业等的研磨、打磨、抛光、去毛刺、整型修饰等作业
金刚磨头、纱布打磨磨头		
扳手		作用:常用于安装和拆卸各种设备、部件上的螺栓 种类:活动扳手、固定扳手、整体扳手(如正方形、六角形、梅花形)及套筒扳手
大力钳、尖嘴钳、钢丝钳		齿口可用来紧固或拧松螺母 刀口可用来剖切软电线的橡皮或塑料绝缘层,也可用来剪切电线、铁丝 铡口可以用来切断电线、钢丝等较硬的金属线,多用来起钉子或夹断钉子和铁丝

工具名称	图例	使用说明
丝攻扳手		丝攻扳手是在攻螺纹时用于夹持手用丝攻的一种工具,丝攻扳手能提高工作效率,是攻螺纹的必要工具,装上丝攻即可使用,方便实用,使用调节范围大。一种型号丝攻扳手适用于多种规格的丝攻,大大提高攻螺纹的效率
角磨机、角磨片、百叶片		角磨机是多用途工具,角磨机相对于手提砂轮机,具有用途广泛、轻便、操作灵活等优点 适用范围:对钢铁、石材、木材、塑料等多种材料进行打磨加工
风炮机		风炮机也叫气动扳手,是装螺钉和拆螺钉的工具,风炮机一般用于拆比较大的螺钉,用风炮机拆螺钉速度快、省力气
钻夹头、手枪钻、钻头、机用铰刀		一般用于钻孔及扩孔,常见的种类有麻花钻、扩孔钻、倒角钻等
铣刀		用于铣削加工。铣刀主要用于在铣床上加工平面、台阶、沟槽、成形表面和切断工件等
丝攻、板牙		加工各种中、小尺寸内螺纹。结构简单,使用方便,既可手工操作,也可以在机床上工作,在生产中应用非常广泛

（3）模具的量具识别——常用量具的种类及名称

量具的种类很多，在钳工操作中大致可以分为三大类：游标读数量具、螺旋读数量具、指示式量具。以上三类量具的代表分别是游标卡尺、外径千分尺、百分表，这三样在工厂被称为量具三大件。量具用于检验，检验是为确定被测量尺寸是否在规定的范围之内，从而判断是否合格。应合理选用计量器具与测量方法，保证一定的测量精度，通过测量分析零件的加工尺寸，积极采取预防措施，避免废品发生。

常用量具的种类及名称如图 7-29 所示。

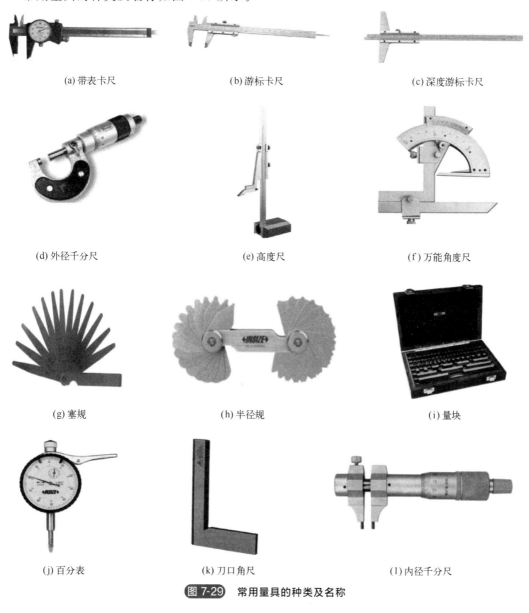

(a) 带表卡尺	(b) 游标卡尺	(c) 深度游标卡尺
(d) 外径千分尺	(e) 高度尺	(f) 万能角度尺
(g) 塞规	(h) 半径规	(i) 量块
(j) 百分表	(k) 刀口角尺	(l) 内径千分尺

图 7-29　常用量具的种类及名称

（4）模具装配量具的使用说明

模具装配量具的使用说明见表 7-4。

表 7-4　模具装配量具的使用说明

工具名称	图例	使用说明
带表卡尺		也叫附表卡尺,是游标卡尺的一种,但比普通游标卡尺读数更为快捷准确。带表卡尺一般能测量内径、外径、深度、台阶
深度游标卡尺		深度游标卡尺用于测量凹槽或孔的深度、梯形工件的梯层高度、长度等尺寸,简称为"深度尺"
外径千分尺		外径千分尺是常用的测量工具,主要用来测量工件的长、宽、厚及外径,测量精度准确
高度尺		高度尺也被称为高度游标卡尺,它的主要用途是测量工件的高度,有时也用于划线
万能角度尺		万能角度尺又称角度规,是用于各种角度测量和划线的量具
塞尺		塞尺,在其中的一面上有刻度,一种现场测量工具,主要用于间隙间距的测量
半径规		半径规也叫 R 规,R 规是测量内外圆弧半径的工具,由于是目测故准确度不是很高
量块		量块是一种平行平面端面量具,是从长度标准到零件间的尺寸传递工具

工具名称	图例	使用说明
内径千分尺		内径千分尺主要用于测量内径，也可用来测量槽宽和两个内端面之间的距离
刀口角尺		刀口角尺主要用于直线度误差的测量，使用时将刀口形直尺与被测要素直接接触，使两者之间的最大空隙为最小
百分表		百分表用来校正零件或夹具的安装位置，检验零件的形状精度或相互位置精度

7.6.3　模具与各零件的装配要求和装配工艺

(1) 模仁与模框的装配方法及要求

① 将模仁和模框放到规定的装配区域。

② 查看模仁和模框四周及底面平整度。

③ 模框与模仁所有接触面打上均匀的蓝丹，如图 7-30 所示。

④ 将模仁放到模框中用铜棒敲击或锁螺钉进行研配。

⑤ 查看模仁蓝丹均匀度。

⑥ 研配结束后，检查间隙精准度（间隙 0.01～0.03mm）。

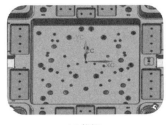
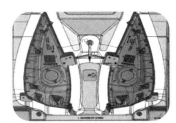
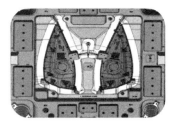

(a) 模框　　　　　　　　　(b) 模仁　　　　　　　　　(c) 模仁和模框组合

图 7-30　模仁与模框的装配

(2) 斜顶与模具的装配方法及要求

① 将模板和顶块放至规定的装配区域。

② 核对斜顶数量，核查 3D 造型与斜顶匹配度。

③ 查看模具顶块槽位研配标准度，并且配合面平整光滑。

④ 研配时用紫铜棒或铝棒轻敲顶块顶面。

⑤ 研配结束后，用手按到底，底面四周完全接触，并且能用手把顶块从槽位中轻松推出。

⑥ 检查顶块配合面和间隙精准度，间隙（0.01～0.03mm）配合面蓝丹接触90%以上，如图7-31所示。

(a) 斜顶块　　　　　　　　　(b) 模具斜顶反面　　　　(c) 模具斜顶正面

图 7-31　斜顶与模具的装配

（3）滑块与模具的装配方法及要求

① 将模板和滑块放至规定装配区域。

② 核对滑块，核查3D造型与斜顶匹配度。

③ 核查滑块槽位研配标准度，并要求配合面平整光滑。

④ 研配时用紫铜棒或铝棒轻敲顶滑块。

⑤ 研配结束后，用手按到底，底面四周完全接触，并且能用手把滑块从槽位中轻松推出。

⑥ 检查滑块配合面和间隙标准度，间隙（0.01～0.03mm）配合面蓝丹接触90%以上，如图7-32所示。

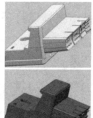

图 7-32　滑块与模具的装配

（4）镶件与模具的装配方法及要求

① 检查镶块底面是否倒角。

② 将平板表面均匀涂上蓝丹，把镶块放在平板上，用力向下按住，平稳推动，看蓝丹情况判断底面是否平整。

③ 查看模具镶块槽位研配标准度，并且使配合面平整顺滑。

④ 研配时用紫铜棒或铝棒轻敲镶块顶面，不可大力敲击。

⑤ 取出镶件，选用合适的磨头打磨并修整，直至把镶件研配到底。

⑥ 研配到底蓝丹接触面在70%以上即可，但沿螺钉紧固孔10～15mm范围处必须着色，并且取出方便。

⑦ 镶块靠背面、结合缝面必须都与底面垂直，结合缝间隙在0.01～0.03mm以内，但不能大于标准间隙，如图7-33所示。

(a) 镶件

(b) 模仁正面

(c) 模仁反面

图 7-33　镶件与模具的装配

(5) 模具合模时的注意事项及操作方法

① 合模就是前模和后模紧密配合，该碰穿的、插穿的蓝丹一定全部到位（就是封胶），胶位边缘一定要封死。关键是要会看产品、模具立体图。一般做法是前模打蓝丹打磨后模，这是因为前模省抛光。一般情况下，先轻轻合模，再打开看模具，把蓝丹碰到的地方磨掉，然后反复合模加重力道，修整蓝丹碰到的部位，直到蓝丹全部到位，如图 7-34 所示。

图 7-34　模具型腔动模合模准备

② 合模前要注意，在模具上下模组装前要调试模具达到合模状态，确保导柱导套在调整状态中顺畅，之后再在模具四周垫上平铁，平铁高 10mm 左右，然后上合模机。在合模机上要检查上下模压板是否压紧，确保在合模过程中安全操作，如图 7-35 所示。

图 7-35　模具动模型腔合模方法及要求

7.6.4　模具组装拆装以及异常处理方法

(1) 模具拆卸的顺序及操作方法

① 拆卸模具必须要准备拆卸工具。根据所掌握的工具知识进行有效选择。图 7-36 所示模具拆卸工具有内六角扳手、活动扳手等（根据实际模具所需选择）。

② 了解需拆卸模具外围结构对拆卸是否有阻碍。因考虑整副模具起吊方便，模具都设

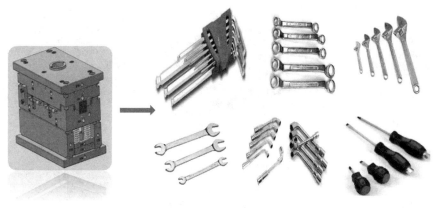

图 7-36 模具拆卸工具

计了锁模块（其作用为连接上下模，在起吊过程中使模具不易脱离）。考虑锁模平衡，锁模块以受力平衡进行设计。案例模具设计了对角 2 个锁模块，如图 7-37 所示。

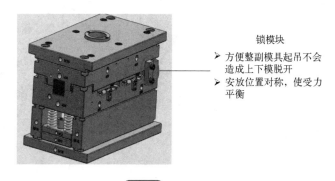

锁模块
➤ 方便整副模具起吊不会造成上下模脱开
➤ 安放位置对称，使受力平衡

图 7-37 锁模块

③ 在拆卸工具都准备完成后开始进行拆卸模具工作。

步骤 1：拆卸锁模块后起吊上模使模具分离成上下模状态摆放，如图 7-38 所示。

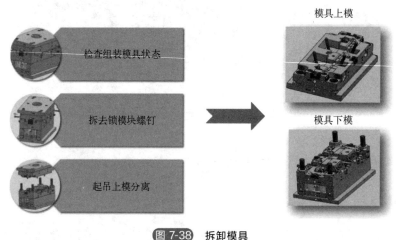

图 7-38 拆卸模具

步骤 2：上模拆卸分正反面拆卸。正面拆卸顺序如图 7-39 所示。

查看所有正面的模具部件，如边锁、耐模块、斜导柱固定座等，它们都是以正面螺钉固

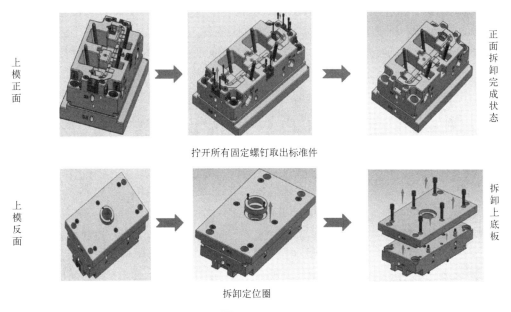

上模正面

拧开所有固定螺钉取出标准件

正面拆卸完成状态

上模反面

拆卸定位圈

拆卸上底板

图 7-39 上模拆卸顺序

定的，所以先拧去所有正面固定的螺钉，拿出模具标准件。正面拆卸全部完成后，考虑斜导柱高出模板平面，故需要放在架子上使模具平衡才能进行反面拆卸。反面拆卸顺序为：拆卸定位圈—拆卸上底板—起吊上底板分离上模主板—拆卸主板与上底板的定位销—拆卸斜导柱、浇口套、主导套（因拆卸这些部件时对面受力，所以模具摆放必须方便拆卸）。完成以上步骤后案例模具上模已经拆卸完成，将模具部件按摆放及保养要求放好。反面拆卸顺序如图 7-40 所示。

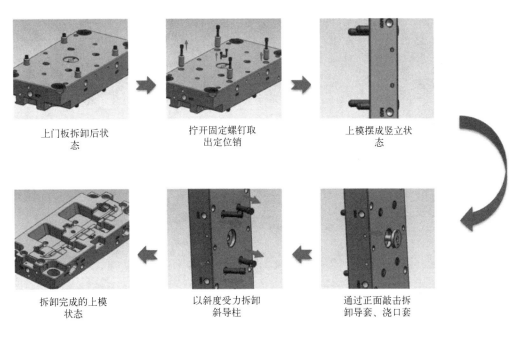

上门板拆卸后状态

拧开固定螺钉取出定位销

上模摆成竖立状态

拆卸完成的上模状态

以斜度受力拆卸斜导柱

通过正面敲击拆卸导套、浇口套

图 7-40 反面拆卸顺序

步骤3：下模正面拆卸。案例模具有滑块机构，故拆卸顺序为：拆卸限位块—拿出所有滑块、辅助弹簧—拆卸正面固定的标准件、模具零件（如压条、耐磨块、承压块、边锁等）—检查是否有遗漏的标准件或部件未拆卸。正面拆卸完成后根据模具部件摆放及保养要求放好。下模正面拆卸顺序如图7-41（a）所示。

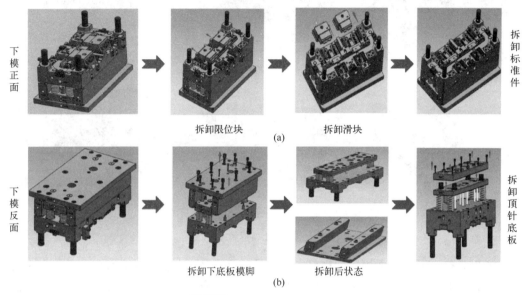

图 7-41　下模正反面拆卸顺序

步骤4：下模反面拆卸。拧开所有下底板上的固定螺钉并拆卸下底板与模脚支承柱、中托司起吊分离—拆卸针板底板—拆卸回针、顶针、中托司套、针板、弹簧—拆卸主导柱。如图 7-41（b）和图7-42所示。

图 7-42　模具部件摆放及保养

拆模结束后零件摆放如图7-43所示

(2) 模具组装顺序及操作方法说明

步骤1：核实模具所有部件是否齐全。

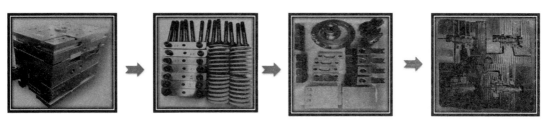

图 7-43　拆模结束后的零件摆放

根据模具图进行上模部件检查，如图 7-44 所示，部件应包括上模主板、定位圈、上底板、定位销、浇口套、耐磨块、边锁、导套、承压块、斜导柱、底座，所有固定模具标准件和零件的不同型号螺钉数量及工具数量必须满足模具组装需求。

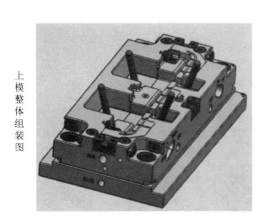

上模整体组装图

上模主板

定位圈、固定螺钉

上底板、固定螺钉

定位销、螺钉

浇口套、螺钉

耐磨块、螺钉

边锁、螺钉

导套、承压块

斜导柱、底座

图 7-44　核实模具部件

步骤 2：根据模具图进行下模部件检查。

如图 7-45 所示，部件应包括下模主板、下底板、上下顶针板、中托司、弹簧、顶针、回针、支承柱、主导柱、滑块、耐磨块、承压块、边锁、限位块、压条、垃圾钉、模脚、定位销等，数量跟规格工具必须满足模具组装需求。

下模整体组装图

下模主板

下底板、螺钉

支承柱、中托司

模脚、定位销

上下顶针板

弹簧、顶针、回针

图 7-45

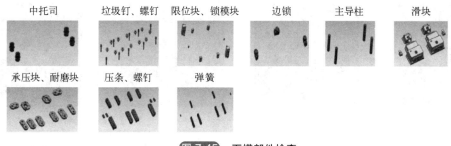

中托司　　垃圾钉、螺钉　　限位块、锁模块　　边锁　　主导柱　　滑块

承压块、耐磨块　　压条、螺钉　　弹簧

图 7-45　下模部件检查

步骤 3：进行上模组装。

上模组装顺序说明：摆放好上模主板便于组装—组装斜导柱—组装浇口套并固定—组装导套—上底板组装定位销并固定—组装上底板并固定—摆放上模正面组装状态—标准件组装并固定—斜导柱底座组装并固定—根据模具图档检查是否组装有遗漏—确认完成上模组装，如图 7-46 所示。

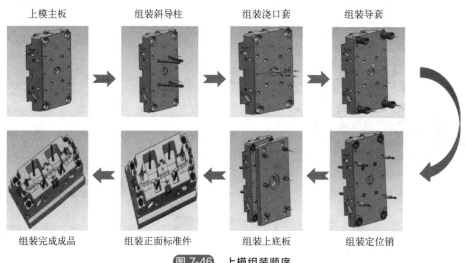

上模主板　　组装斜导柱　　组装浇口套　　组装导套

组装完成成品　　组装正面标准件　　组装上底板　　组装定位销

图 7-46　上模组装顺序

步骤 4：进行下模组装。

① 下模反面组装顺序说明：摆放好下模主板便于组装—组装导柱并固定—组装复位弹簧—按要求放好上针板（针板上必须先组装好顶出限位柱并固定）—组装回针、顶针—组装顶针底板（组装好中托司、导套、垃圾钉）并固定—组装主板与模脚定位销并固定—组装模脚—组装模脚与下底板定位销并固定—组装支承柱并固定在下底板—组装下底板并固定—组装中托司导柱—完成下模反面组装并调整摆放方向，如图 7-47 所示。

② 下模正面组装顺序说明：组装所有标准件（承压块、耐磨块、边锁、压条）并固定—组装压条并固定—组装滑块（放好辅助弹簧，调整滑块活动动作的顺畅）—组装限位块并固定—滑块推至限位块接触面—完成组装后检查是否有遗漏，确认后进行整副模具组装，如图 7-48 所示。

步骤 5：组装整副模具，如图 7-49 所示。

① 平衡起吊上模核对合模方向，对准导柱，进行组装合模，确保闭合状态到位。

② 组装上下模锁模块并固定。

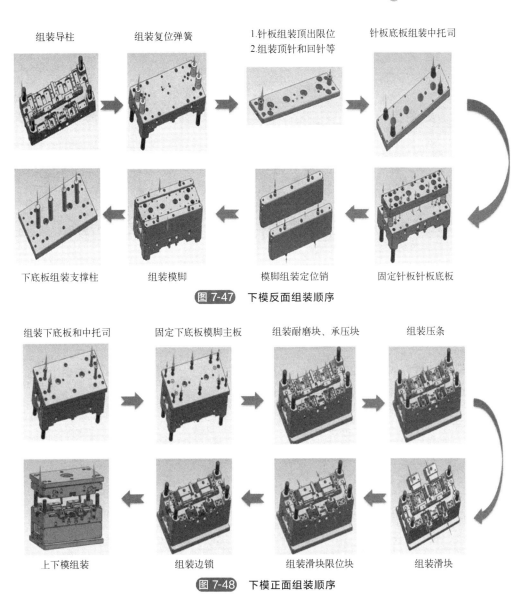

组装导柱　　组装复位弹簧　　1.针板组装顶出限位 2.组装顶针和回针等　　针板底板组装中托司

下底板组装支撑柱　　组装模脚　　模脚组装定位销　　固定针板针板底板

图 7-47　下模反面组装顺序

组装下底板和中托司　　固定下底板模脚主板　　组装耐磨块、承压块　　组装压条

上下模组装　　组装边锁　　组装滑块限位块　　组装滑块

图 7-48　下模正面组装顺序

③ 组装定位圈并固定。

上模定位圈组装　　　　　　　　　　锁模块组装

图 7-49　整副模具组装顺序

步骤 6：检查零件及标准件是否遗漏，确保组装完成后，把模具吊至安放处，如图 7-50 所示。

上模组装完成 　　　　　　下模组装完成 　　　　　　整副组装完成

1.检查斜导柱牢固性
2.检查边锁和虎口耐磨块螺钉牢固性及数量

3.检查滑块组件完整性，滑块再运动轨道中滑动顺畅性
4.检查滑块限位安装齐全性及螺钉牢固性

5.检查定位圈
6.检查锁模块

图 7-50　检查零件及标准件

以上为简易模具拆卸与组装过程顺序及操作方法的具体说明，学生学习过程中应通过实践操作进行进一步巩固并熟练掌握简易模具的拆装。

(3) 设计或加工过程的异常处理

① 模架及工件在加工过程中出现的异常分类。

a. 尺寸加工不到位。

案例 a1：如何识别尺寸加工是否到位？根据设计图 3D 或 2D 的尺寸要求进行逐一排查，比如螺纹孔深度加工不到位，会造成螺钉拧不下去，起不到固定作用，如图 7-51 所示。

原因分析：按 3D 数据底板 M12 沉孔深度不足，导致螺钉台阶高出平面。

纠正方案：运回模架厂返工或钻床加深处理。

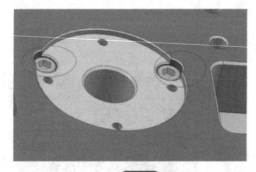

图 7-51　螺纹孔深度加工不到位处理及纠正方法

案例 a2：根据 3D 或 2D 所示尺寸及工艺公差对加工好的有要求的孔径等进行测量，判别是否达到要求，如所示孔径要求 38mm，而实际加工出来的尺寸只有 37.57mm，超出工艺所需的公差范围，判定为不合格，如图 7-52 所示。

原因分析：下顶针板直径 38mm 的孔与实际不符（实际只有 37.57mm），不符合图纸要求。

纠正方法：运回模架厂返工或 CNC 自行加工到位。

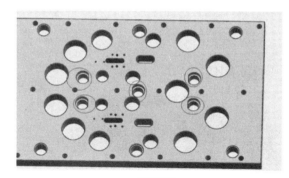

图 7-52　孔径测量不合格处理及纠正方法

b. 漏加工。

案例 b1：根据 3D 或 2D 图所示的加工内容逐一检查是否有漏加工区域。如图 7-53 所示，3D 图档顶针板上有槽位及螺钉孔，而实际顶针板上并无槽位，判定为此工件漏加工。

原因分析：上顶针板漏加工一个槽和螺钉孔。

纠正方法：模架厂重新返工加工到位。

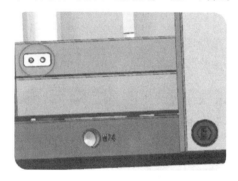

图 7-53　漏加工一个槽和螺钉孔处理及纠正方法

c. 加工错误。

案例 c1：模具部件加工异常判定，根据 3D 图档检查加工后的部件是否合格。如图 7-54 所示，此部件为 EDM 加工后的效果，比对 3D 图档，加工后的筋位明显与图档不符，判定为加工错误，需要修改。

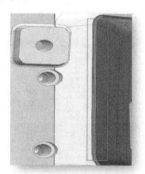

图 7-54　筋位明显与图档不符处理及纠正方法

原因分析：EDM 打火花时位置偏移，筋位过切。

纠正方案：烧焊重新加工或报废镶件订料重做。

案例 c2：根据 3D 图档与 CNC 加工后工件对比，所述工件上有明显的过切，判定为工件不合格，如图 7-55 所示。

原因分析：CNC 加工过切。

纠正方案：镶件烧焊重新加工或报废重做镶件。

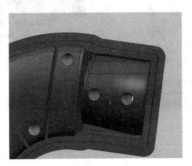

图 7-55　工件上有明显的过切处理及纠正方法

案例 c3：将加工后工件与 3D 图档对比，工件明显与图档的位置不同，而加工的内容是相符的，所以可以判定为因加工分中错误造成，判定为不合格工件，需要返修，如图 7-56 所示。

原因分析：CNC 加工中偏移，模板加工与 3D 数据不符。

纠正方法：重新设计修改图档，增加压块，局部烧焊重新加工。

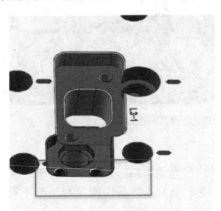

图 7-56　工件与图档的位置不同处理及纠正方法

以上所述只是模架加工过程出现的 6 个典型的案例，这 6 个案例出现问题的判定结果为：案例 a1、案例 a2、案例 b1 为模架厂出现加工错误，案例 c1 为 EDM 加工错误，案例 c2、案例 c3 为 CNC 加工错误。对模架厂加工错误，根据质量事故处理流程，应提交品质部由加工单位进行返修后再次检测确认；对 EDM 加工错误，需要烧焊后再进行重新加工；对 CNC 加工错误，需要烧焊或在允许范围内改动设计图档，进行做镶件整改。其他情况下作工件报废处理，重新订料加工。

② 设计异常情况及处理方案。

案例 1：顶出结构的干涉如图 7-57 所示，在顶出一定距离后斜顶与顶针出现对撞，此问题在钳工装配完进行顶出动作试验时会发现。在这种情况下，因为斜顶属于产品特征出模机构，我们无法进行改动，而顶针是辅助产品顶出的一种机构。在模具设计加工已完成的情况下，我们只能选择取消顶针或者把与斜顶有干涉的顶针做相应的移位来解决此问题。

原因分析：模具顶出时顶杆和顶块干涉。

纠正方案：设计改图，将顶针位移或取消顶针。

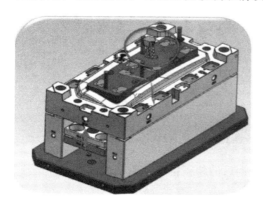

图 7-57 顶出结构的干涉处理及纠正方法

案例 2：在设计滑块时，滑块与模具接触面 R 角干涉如图 7-58 所示，因 R 角有干涉，滑块在研配中出现对碰面无法碰死。考虑到加工方便性，模具做 R 角后滑块干涉处也需要做 R 角（必须滑块 R 角大于模具 R 角）才能起到避空作用。

原因分析：滑块 R 角未避空，装配干涉。

纠正方案：设计改图，滑块 R 角磨床或 CNC 重新加工。

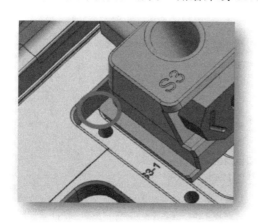

图 7-58 滑块与模具接触面 R 角干涉处理及纠正方法

案例 3：在设计中容易出现滑块或顶块滑出行程（脱模）不够造成产品无法完全脱离机构的情况，如图 7-59 所示，滑块芯子还扣在产品内，这个错误造成的原因可能有：斜顶柱斜度设计不合理，斜导柱长度不够。所以我们要在产品能脱模的情况下计算好斜导柱斜度及长度，并留有一定滑出行程余量来确保滑出行程足够满足产品脱模。如产品脱模滑出行程需要 25mm，我们必须设计滑出行程 25＋5＝30mm。

原因分析：设计滑块滑出距离不足，产品无法正常出模。

纠正方案：设计改图，加长斜导柱增加滑出距离。

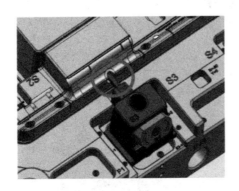 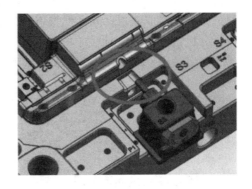

图 7-59　滑块或顶块滑出行程（脱模）处理及纠正方法

以上是设计出现异常的典型案例及出现错误后的纠正措施，希望大家根据几个典型案例举一反三，设计时为加工及研配考虑到位。

 本章小结

（1）装配基础
- 装配单元通常可划分为零件、套件、组件、部件和机器五个等级。
- 装配工作的基本内容包括清洗、连接、校正、调整、配作、平衡、验收试验等。
- 装配精度包括零部件间的尺寸精度、位置精度、相对运动精度和接触精度。

（2）装配尺寸链
- 建立原则包括简化原则、最短路线原则和方向性原则。
- 计算包括正计算、反计算和中间计算三种类型。

（3）装配方法
- 互换法、选配法、修配法和调整法。
- 互换法分为完全互换法和不完全互换法两种。
- 选配法分为直接选配法、分组选配法和复合选配法三种方法。
- 修配法分为单件修配法、合件加工修配法和自身加工修配法三种。
- 调整法分为可动调整法、固定调整法和误差抵消调整法三种。

（4）装配工艺规程的制订
- 原始资料包括产品装配图样及验收技术条件、产品的生产纲领、现有生产条件和标准资料等。
- 步骤包括研究产品的装配图及验收技术条件、确定装配方法与装配组织形式、划分装配单元、选择装配基准、确定装配顺序、划分装配工序和填写工艺文件。

（5）模具装配基础知识及基本操作方法
- 注塑模包括成形部件、浇注系统、导向部件、推出机构、调温系统、排气槽、侧抽芯机构、标准模架等。
- 常见钳工工具有钳桌、台虎钳、台式砂轮机、金刚锉、什锦锉、扳挫、划线规等。
- 常见钳工量具有带表卡尺、游标卡尺、深度游标尺、外径千分尺等。
- 简易模具拆卸与组装顺序及操作方法的具体说明。

思考题与习题

一、多项选择题

1. 下列属于机械产品装配精度的是（　　　）。

A. 尺寸精度　　　　　　　　　　B. 相对运动精度

C. 位置精度　　　　　　　　　　D. 接触精度

2. 装配尺寸链的计算类型有（　　　）。

A. 正计算　　　　　　　　　　　B. 反计算

C. 中间计算

3. 为了保证装配精度，常用的装配方法有（　　　）。

A. 选配法　　　　　　　　　　　B. 互换法

C. 修配法　　　　　　　　　　　D. 调整法

4. 下列属于装配顺序的安排原则是（　　　）。

A. 先下后上　　　　　　　　　　B. 预处理工序先行

C. 先难后易　　　　　　　　　　D. 及时安排检验工序

二、思考题

1. 什么是装配？在机械生产过程中，装配过程起什么重要作用？

2. 什么是零件、套件、组件和部件？机器的总称是什么？

3. 装配工艺规程包括哪些主要内容？是经过哪些步骤制定的？

4. 保证装配精度的方法有几种？各适用于什么装配场合？

第8章

特种加工技术

本章思维导图

本书配套资源

■ 掌握的内容

特种加工的基本概念、特点及应用领域；电火花成形加工技术原理、分类及应用；电火花线切割加工技术原理、分类及应用；电解加工技术原理、特点及应用；超声波加工技术原理、特点及应用。

■ 熟悉的内容

电子束加工技术原理、特点及应用；激光加工技术原理、分类及应用。

■ 了解的内容

特种加工技术的应用场景及发展前景。

8.1 概述

特种加工又称为非传统性加工（Non-Traditional Manufacturing，NTM）。特种加工是相对传统切削加工而言的，是指直接利用电能、声能、光能、化学能和热能等能量形式加工工件的方法的总称。

特种加工与传统加工相比，具有以下特点：

① 特种加工为非接触加工，对工具和工件的强度、硬度和刚度均没有严格要求。

② 特种加工主要采用电能、声能、光能、化学能和热能等能量去除多余的材料，可以获得较低的表面粗糙度。

③ 特种加工易于获得好的加工质量，且可在一次安装中完成工件的粗、精加工。

8.2 电火花成形加工

电火花加工是指在工作液中，通过工具电极和工件电极之间进行脉冲火花放电产生的局部高温来蚀除金属材料，使工件的尺寸、形状和表面质量达到技术要求的一种加工方法。常用的电火花加工方法有电火花成形加工（EDM）和电火花线切割加工（EDW）两种。

电火花加工特点有：

① 不受加工材料硬度限制，可加工任何硬、脆、韧、软的导电材料。

② 加工时无显著切削力，发热小，适于加工小孔、薄壁、窄槽、形面、型腔及曲线孔等，且加工质量较好。

③ 脉冲参数调整方便，可一次装夹完成粗、精加工。

④ 易于实现数控加工。

8.2.1 EDM 的基础知识

(1) 加工原理

如图 8-1 所示，在电火花成形加工时，脉冲电源会产生一连串脉冲电压，施加在浸入工作液（一种绝缘液体，一般为煤油）中的工具电极和工件电极之间。脉冲电压一般为直流100V左右，由于工具电极和工件电极的表面凹凸不平，所以当两极之间的间隙很小时，极间某些点处的电场强度急剧增大，引起工作液的局部电离，形成放电通道，产生火花放电。火花的温度高达5000℃，可使电极表面局部金属迅速熔化甚至气化。由于一个脉冲时间极短，所以熔化和气化的速度都非常快，甚至具有爆炸效果。在这样的高压力作用下，已经熔

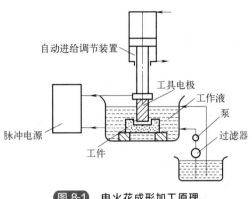

图 8-1　电火花成形加工原理

化和气化的材料就从工件表面迅速抛离。如此反复，工件表面的余量被蚀除，从而达到成形加工的目的。

（2）极性效应

在脉冲放电过程中，由工件和工具构成的阴、阳电极都会被蚀除，但其蚀除速度不同，这种现象称为极性效应。将工件接阳极加工时，称为正极性加工；将工件接阴极加工时，称为负极性加工。

产生极性效应的原因是电子的质量小，惯性小，能够快速到达阳极，轰击阳极表面；而正离子由于质量大，惯性也大，在相同时间内获得的速度远小于电子。

当用较短脉冲加工时，大部分正离子还未到达阴极表面，脉冲便已结束，故阴极的蚀除量小于阳极。

当用较长脉冲加工时，正离子有足够的时间加速，能获得较大的运动速度，并有足够的时间到达阴极表面，同时由于它的质量较大，这就使得正离子对阴极的轰击作用远大于电子对阳极的轰击作用，造成阴极的蚀除量大于阳极。

短脉冲时，选正极性加工，适用于精加工；长脉冲时，选负极性加工，适用于粗加工和半精加工。

（3）加工特点

① 电火花成形加工适用于小孔、薄壁、窄槽以及各种复杂形状零件的加工，也适用于精密微细加工。

② 脉冲参数可任意调节，可以在不更换机床的情况下连续进行粗、半精、精加工，并且精加工后精度高。

③ 加工范围非常广，可以加工任何硬、脆、软及高熔点的导电材料，在一定条件下，甚至可以加工半导体和绝缘材料。

④ 当脉冲宽度不大时，对整个工件而言，几乎不受势力影响，因此适用于加工热敏感材料。

⑤ 可以在淬火后进行加工，以避免淬火变形对工件尺寸和形状的影响。

⑥ 加工速度慢，生产率低，且工具电极易于损耗，影响工件的加工精度。

（4）电火花成形加工的应用

穿孔加工：可以加工各种圆孔、方孔和多边形孔等型孔，弯孔和螺旋孔等曲线孔，以及

直径在 0.01～1mm 之间的微细小孔。

型腔加工：可以加工各类型腔模和各种复杂的型腔零件，如压铸模、落料模、复合模及挤压模等型腔，还可以加工叶轮、叶片等各种曲面。

电火花成形加工可以加工任何导电材料的物件、难切削的特殊材料、各种复杂的形状、其他工序加工不了的位置（如槽位清角、网孔镶件、深筋位、深孔位等），如图 8-2 所示。

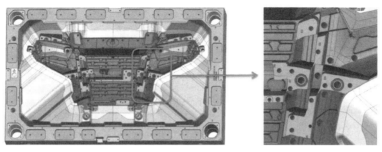

(a) 槽位清角

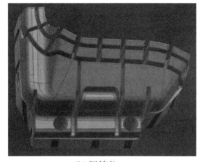

(b) 深筋位

(c) 网孔镶件

图 8-2　加工模具零件

其他加工：还可用来磨削平面、进行表面强化、打印标记和雕刻花纹等。

8.2.2　EDM 机床

(1) 常见 EDM 机床

常见 EDM 机床主要有迪蒙斯巴克火花机、大韩火花机等，如图 8-3 所示。

普通电火花成形机床

数控显屏成形机床

机电一体成形机床

图 8-3

单头CNC火花机

双头CNC火花机

镜面火花机

图 8-3　EDM 机床

迪蒙斯巴克火花机有 DM1800M 和 DM1600M 两种型号，同样大韩火花机也有 500CNC 和 700CNC 两种，这里着重介绍迪蒙斯巴克火花机 DM1800M。常见 EDM 机床结构参数如表 8-1 所示。

表 8-1　常见 EDM 机床结构参数

机床型号	图例	X、Y、Z 行程极限/ (mm×mm×mm)	电极固定板与工作台距离/mm	工作台大小/ (mm×mm)	最大电极质量/t	最大工件质量/t
500 CNC		500×400×350	740～390	800×590	0.1	3
700 CNC		700×500×400	850～450	900×600	0.1	4
DM 1800M		1200×700×500	1300	2000×1000	0.2	5

迪蒙斯巴克火花机的基本参数如下：

① 迪蒙斯巴克火花机（DMSPK）机床型号 DM1800M。

② 主要结构由机身、主轴、工作台、控制电箱、手控盒、控制面板六大部分组成。

③ 行程（$X/Y/Z$）为 1200mm×700mm×500mm。

④ 加工液槽内部尺寸（长×宽×高）为 3500mm×1800mm×650mm。

⑤ 加工最大电流为 50A。

⑥ 工作台尺寸（长×宽）：2000mm×1000mm。

⑦ 电极承受最大质量为 0.2t。

⑧ 工作台最大载重为 5t。

⑨ 机身质量为 14t。

⑩ 工作台面到电极板的距离为 1300mm。

⑪ 机床整体尺寸（长×宽×高）为 4950mm×4500mm×3860mm。

迪蒙斯巴克火花机采用滑枕式机构，主要特点是工作台固定不动，主轴头通过滑枕式在机床立柱上作轴的移动和实现 Y 方向移动或 X、Y 方向移动。机床中有单轴滑枕式和双轴滑枕式两种结构。机床主要由机床主体、数控电源装置、工作液循环过滤系统和机床附件等组成，如图 8-4 所示。

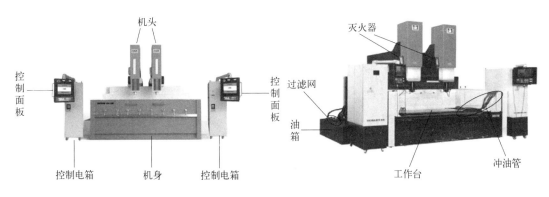

图 8-4　EDM 机床结构

(2) 机床的基本用途

电火花加工机床利用电火花加工原理加工导电材料，主要加工各种高硬度的材料（硬质合金和淬火钢等）和复杂形状的模具、零件、其他设备加工不了的位置，以及去除折断在工件孔内的工件（钻头、丝锥、刀棒等），如图 8-5 所示。

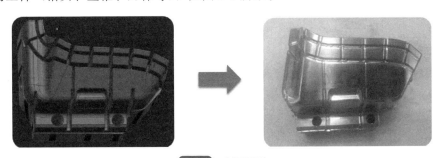

图 8-5　加工零件

(3) 机床的加工方式

机床的加工方式分为直线加工、三轴联动加工、螺纹加工三大类，如图 8-6、图 8-7 所示。

① 直线加工：指加工轨迹是直线的一种手动加工。

② 三轴联动加工：只能由 CNC 火花机实现的加工，它是 X、Y、Z 三个轴同时加工，而普通火花机只能在 Z 轴从上向下进行单轴加工。

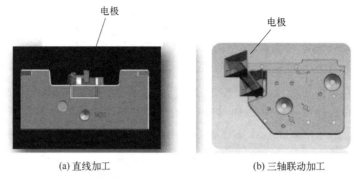

(a) 直线加工　　　　　　　　　　(b) 三轴联动加工

图 8-6　直线加工和三轴联动加工

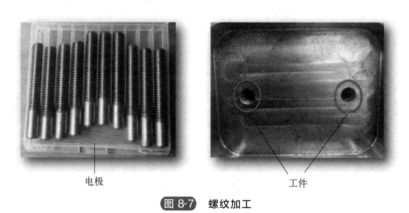

图 8-7　螺纹加工

③ 螺纹加工：加工方法有两种，一种是在操作面板里的圆弧加工中输入加工范围角度、加工半径、加工条件进行加工，另一种是手动编写加工螺纹的程序，设置加工深度、摇动量进行加工。

（4）EDM 机床的特点

① 电火花加工属于不接触加工，电极和工件之间不直接接触，加工时通过高压脉冲放电，对工件进行放电腐蚀。

② 可以加工任何难切削的金属材料与导电材料。加工中材料的去除是靠放电时的热能作用实现的，这样可以突破传统切削加工对刀具的限制，可以实现软的工具加工硬的工件。

③ 加工复杂的形状。由于加工电极与工件不直接接触，没有机械加工的切削力，因此适宜加工低刚度工件及细微加工，如扭曲的叶片、复杂型腔模具加工。

④ 可以加工薄筋、细微小孔、深孔等其他工序加工不了的工件。

⑤ 缺点：只能加工导电工件，加工速度慢。最小角度有限制，因为长时间放电加工会对电极产生一定的损耗，所以达不到利角状态。

（5）EDM 机床的配套物品

1）火花油

火花油的种类：安美火花油、长城火花油、模德火花油、阿道火花油等，如图 8-8 所示。

(a) 安美火花油

(b) 模德火花油

(c) 阿道火花油

图 8-8 火花油的种类

火花油的用途：火花油是一种火花机加工不可缺少的放电介质液体，是煤油组分加氢之后的产物。

煤油作为介质的缺点：闪火点低、易引发火灾、易挥发有害气体。

使用火花油的优点：

① 冷却性好、流动性好、加工碎屑容易排出。

② 闪火点高且不易起火、沸点高、不易气化。

③ 气味小、加工中分解的气体无毒、对人体无害。

④ 对工件不污染、不腐蚀。

2）电极的种类及用途、不同种类电极的区别

① 种类：石墨电极、紫铜电极。兴利公司为了更好地控制成本及提升制作效率，90％以上采用石墨电极，个别有特殊要求的采用紫铜电极。在保证加工特性的前提下，应根据工件的要求、放电面积分别使用不同的电极，同时必须对各种电极的性质有一定的了解。电极种类及特点如表 8-2 所示。

表 8-2 电极种类及特点

电极种类	图例	特点	注意事项
紫铜电极		1. 导电、导热能力很强 2. 加工界面好,损耗低	不易做薄筋、大面积电极
石墨电极		1. 熔点和沸点高,不易变形 2. 自身损耗低,且重量轻、制作电极快	石墨易碎,所以在安装电极时一定要多加注意

② 用途：在电火花加工过程中，电极用于传输电脉冲、蚀除工件材料。

③ 不同电极的比较：

a. 紫铜电极。

优点：紫铜电极材料颗粒密度高，导电、导热能力强，加工出来的工件光洁度好、损耗低，可进行镜面加工（小面积）。

缺点：由于导热能力强，制作薄形状、小尺寸电极比较困难，耐热性差，容易变形，切削速度也比较慢，大面积加工时会导致电极损耗加大、表面粗糙、加工速度降低。

b. 石墨电极。

优点：石墨电极耐热性好，大电流加工造成的损耗可抑制，加工速度快，同面积重量比铜轻，主轴负载得以减轻，制作电极切削速度比铜快，薄形状电极也可以加工。

缺点：精加工表面光洁度低、损耗高，不如紫铜电极加工的效果好，材料刚性差，制作电极锐角过程中容易崩裂。

3）工量具的识别与用途

在操作过程中经常要用到的一些工量具，如表 8-3 所示，介绍如下：

① 百分表：百分表是通过齿轮或杠杆将一般的直线运动转换成指针的旋转运动，然后在刻度盘上进行读数的长度测量仪器。在操作过程中是最主要也是必不可少的一件量具，不管是校正工件还是校正电极都要用到它，百分表的误差控制在 0.02mm 内。

② 带表卡尺：运用齿条传动齿轮带动指针显示数值，主尺上有大致的刻度，结合指示表读数，比游标卡尺读数更为快捷正确。主要测量电极尺寸以及检查加工完工件尺寸是否按要求达标，偏差范围控制在 0.03mm 内。

③ 正弦磁台：正弦磁台是一种按照正弦公式调节角度的磁力吸盘，主要在加工有角度的小镶块、小顶块等各种零件时使用，其配有一整套不同大小尺寸的块规，根据工件要求的度数能计算出要垫多少尺寸的块规，使工件得以平整。

④ 内六角扳手：它是通过转矩施加对螺栓的作用力，大大降低了使用者的用力强度。主要用于固定电极、工件及拆装零件。

⑤ 活动扳手：它的开口宽度可在一定范围内调节，是用来紧固和起松不同规格的螺母和螺栓的一种工具。主要用于固定电极、工件及拆装零件。

⑥ 平口钳：它是一种通用工具，常用于安装小型工件，可以夹持工件进行加工。它是扳手转动丝杆，通过丝杆螺母带动活动钳身移动，实现对工件的加紧与松动。主要加工芯子、顶针、整体斜顶等小零件。

表 8-3　工量具的识别与用途

名称	图例	用途
百分表		校对工件与电极
带表卡尺		测量尺寸

续表

名称	图例	用途
正弦磁台		垫角度
内六角扳手		拧螺栓
活动扳手		拧螺母
平口钳		夹工件

4）电极的工装夹具用途

机械制造对模具要求越来越高，形状越来越复杂，人为多工序累积误差已成为突出的问题，生产周期越来越短，技术人员数量普遍不足。为了提高工作效率、减少出错率，可以配备 EROWA 夹具。EROWA 夹具夹紧工具或工件时有着较高的精度及良好的重复性，能保证 X、Y 轴的定位精度，4 个支承螺栓等高能保证 Z 轴的定位精度，如图 8-9 所示。

EROWA夹具

EROWA夹头

正面

反面

侧面

图 8-9　EROWA 夹具

① 提高工作效率。模具的形状越来越复杂、工作量增加，这直接影响到生产周期。配备了 EROWA 夹具之后可以省略校正电极、分中取数的时间。一副模具有几十个电极，有的有上百个电极甚至更多，校正一个电极需要 2～3min，分中取数需要 2min，使用 EROWA 夹具可以节省大量时间。

② 减少出错率。加工过程的步骤越多就越容易出现失误，配备 EROWA 夹具之后能够避免校正电极、分中取数等操作中可能的失误。

③ 节省人力资源。现在的模具越来越复杂，一个员工一般情况下只能看管两台火花机正常运作。而配备了 EROWA 夹具之后省去了校正电极、分中取数时间，一个员工便能看管四台火花机正常运作，大大地节省了人力资源。

8.2.3 EDM 的基本操作技能

(1) 机床常用按钮的运用

1) 开关机的操作步骤

必须遵守电源的开启及关闭步骤，否则易造成机器故障。

① 开机先按系统 SOURCE ON 键，相应指示灯亮，稍后出现开机画面。按下 POWER ON 键，相应的指示灯亮，机械部分的电源启动。再按 FLOAT ON 键，相应指示灯亮。然后就是机械原点设定，利用移动模块下的极限移动操作，将全部轴移至极限位置，以设定机械原点，在原点设定的过程中，请确认工具与电极间无干涉。通过以上步骤就完成了机床电源的全部启动

② 关机先按 FLOAT OFF 键，FLOAT ON 相应指示灯灭。再按 POWER OFF 键，则 POWER ON 相应指示灯灭。由此中断向机械部分供电。然后按 SOURCE OFF 键，则 SOURCE ON 相应指示灯灭，显示器显示切断，如图 8-10 所示。

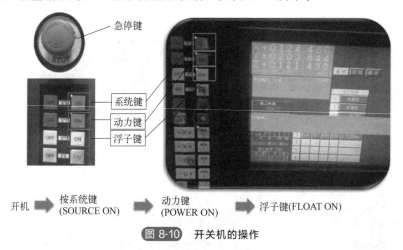

图 8-10 开关机的操作

2) 手控盒（遥控器）

手控盒上集中了在主机进行加工准备过程中必要的开关。一些关键按钮的用途如图 8-11 所示。

① 手控移动键（JOG）。X−、X+、Y−、Y+、Z−、Z+、U−、U+、V−、V+键，用于选择数控轴及其方向。轴及其方向的定义如下：面对机床正前方，左右方向为 X

轴，前后方向为 Y 轴，上下方向为 Z 轴，以主轴（电极）的运动方向而言，向右为 $+X$，向左为 $-X$，向前为 $+Y$，向后为 $-Y$，向上为 $+Z$，向下为 $-Z$。$+U$、$-U$ 仅对装有 U 轴的机械操作才有效。

② MFR 挡位（JOG）键。手控移动时，可选择 4 挡不同的轴移动速度。MFR0 为移动高速挡，MFR1 为移动中速挡，MFR2 为移动低速挡，MFR3 为微动挡。选择 MFR3 挡时，每按一次所选轴向键，数控轴移动 0.001mm。

③ OFF 键：停止键，轴运动时（包括移动、定位及加工），按下此键，则运转终止。此时蜂鸣器鸣叫，画面显示"按停止键停止，请按解除键"。在上述显示状态下，无法实现轴的运作。

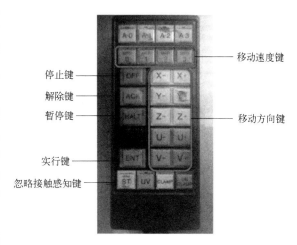

停止键
解除键
暂停键

移动速度键

移动方向键

实行键
忽略接触感知键

图 8-11　手控盒的操作

④ ACK 键：解除键，发生机械故障或按停止键后，按此键可解除中止状态。

⑤ HALT 键：暂停键，轴运作时（包括移动、定位及加工），按下此键，则运转暂停动作。此时蜂鸣器鸣叫，画面显示"暂时停止。请按实行键，终止请按停止键"。在上述显示状态下，基本无法实现新动作，按手控盒的 JOG 键可实行轴移动。

⑥ ENT 键：实行键，使系统根据用户设定的程序进行运转。

⑦ ST 键：忽略接触感知键，在按此键的状态下，利用 JOG 键进行轴移动时，将无视接触感知（通常，轴移动时，工件与电极接触时，轴运动将无条件停止，称为"接触感知"）。

3）坐标设定

坐标设定就是设定当前加工所处的坐标系以及坐标系的具体位置。

① 坐标系转换：为了满足各种各样的加工需要（多孔加工、程序加工、用户编制的 NC 程序加工等），系统提供了 6 个坐标系。从坐标系 1～6 中选取当前加工所需的坐标系，按下按钮，再按实行键坐标系就会切换，被按下的坐标系变为当前选中的坐标系。

② 坐标值设定：把现在的坐标系上各轴的坐标值变成指定的值。坐标值输入的方法有两种：一种是同时输入指定坐标系的 X、Y、Z 轴坐标；另一种是输入一个指定坐标系中的指定轴的坐标，如图 8-12 所示。

4）移动

移动是指把指定的坐标轴移动到指定的位置，是根据输入的数据来精确地移动到目标位置。这是加工准备中经常进行的一个步骤。移动包括三种方式：

① 普通移动：有绝对坐标与相对坐标移动两种。按下"绝对"按钮，表示移动距离采用绝对坐标系计算，是现在坐标系的绝对坐标值。按下"相对"按钮，表示移动距离采用相对坐标值计算，是指相对现在位置的移动量。对接触感知的选择，按下"是"表示在移动过程中，一旦感知电极与工件接触，立即停止移动；按下"否"表示在移动过程中，感知电极与工件相接触后继续移动。在移动过程中必须按下接触感知的"是"按钮，以防撞坏电极与工件、对机床造成损坏。

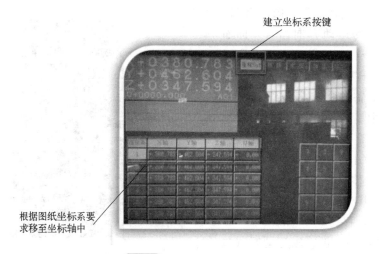

建立坐标系按键

根据图纸坐标系要
求移至坐标轴中

图 8-12　坐标值设定的操作

② 半程移动：半程移动就是把 X、Y、Z 坐标轴中指定的轴移动到现在坐标值的一半的位置。对接触感知选择，应按下"是"以防撞坏电极与工件、对机床造成损坏。对应动作序号 1～3，选择动作轴，X、Y、Z、U 轴各轴最多能被选中一次，而且同一个序号中只能输入 X、Y、Z、U 中一轴。如果发生一轴多次选择或几轴同序号选择，将以后一次输入为准，同时取消前一次的选择。对动作序号"半"，选择动作轴，X、Y、Z、U 轴选中一次，对应轴、坐标系的坐标值将会减去一半。此功能在分中时经常会用到。

③ 极限移动：极限移动就是把 X、Y、Z 轴在指定方向上移动到机械极限（机械原点）。此功能在开机设定机械原点时使用。操作方式与以上半程移动操作一致。动作方向对应于动作序号及已选的动作轴。按下"＋"按钮，表明沿此轴的正方向移动到极限，按下"－"按钮，表明沿此轴的负方向移动到极限。

5）定位

定位是加工准备中最重要的步骤，常用的方法如图 8-13 所示，具体介绍如下：

① 端面定位：使电极从任意方向与工件相接触，由此测出端面位置的定位方法。简单地说就是，靠接触感知测出位置，在检测过程中不带电。

② 柱中心定位：先测量出工件或基准球的前后左右的宽度，以此为基准测出工件或基准球的中心位置的定位方法。在工件测数中使用。

③ 孔中心定位：先测量出工件中的孔的前后左右宽度，并以此为基础测出孔的中心位置。主要在工件测数时使用。先利用孔中心定位在工件分中孔内四面分中，然后在任意点固定一个分中球，利用柱中心定位测出 X、Y、Z 轴的坐标。

④ 其他定位：上面已说明的几种定位方式之外的另两种定位方式，即任意三点定位和放电位置决定。其中常用的是放电位置决定。放电位置决定是指加工正在进行时，按手控盒移动轴来进行电极定位。先选择要移动的轴，再选择移动的方向，然后按实行键，电极会向选择的轴、移动方向进行移动。注意，这个过程中是带电的，请勿用手去接触电极，防止触电。

6）加工

加工分为 AUTO 加工、手动加工、多数个加工、用户加工四种不同的加工方式。常用的方式为手动加工与用户加工。加工操作如图 8-14 所示。

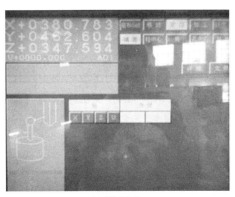

(a) 端面定位

(b) 柱中心定位

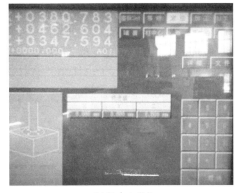

(c) 孔中心定位

(d) 其他定位

图 8-13　定位操作

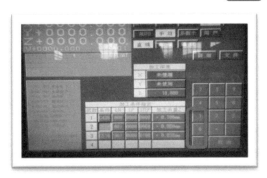

(a) 步骤1：设定条件(C指令)

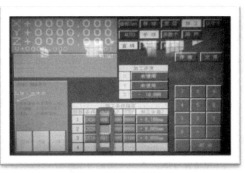

(b) 步骤2：确定摇动方式(LN)

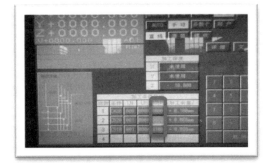

(c) 步骤3：确定摇动量

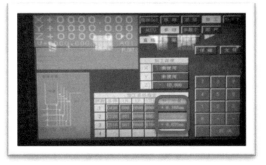

(d) 步骤4：设置加工余量

图 8-14　加工的操作

① 手动加工：加工条件、加工次数等全由操作者决定的加工方法，包括直线加工、圆弧加工、螺纹加工三种加工模式。其中，直线加工最为普遍，其他两种加工方式使用较少，只在特殊加工时使用。比如需要 Z 轴锁定加工时就需要使用圆弧加工。直线加工是指加工轨迹是直线的一种手动加工，在直线加工中所有的加工条件以及加工次数全部由操作者用手工输入，包括加工深度、加工次数、加工条件、摇动方式、摇动量、加工余量等各种参数。

② 用户加工：用户自行编制 NC 加工程序的加工方法。首先操作者可在 UTY 模块下编写各种复杂的加工程序并保存在自定的文件里，然后在加工模块下选择"用户"，再按"硬盘"按钮，选择动作类型 C、是否单步加工，在文件表里选择所需的文件名，按下实行键即可开始加工。

(2) 参数的运用

1）加工条件

在手动加工以及输入程序时，可直接从"加工条件表"中选择所需的 C 指令，免去每次定义 C 指令组的烦琐过程。通常情况下，铜对钢粗加工会选择 C100～C190，铜对钢精加工选择 C300～C390，石墨对钢粗加工选择 C400～C490，石墨对钢精加工选择 C500～C590，这几项 C 指令一定要理解牢记。加工条件表如表 8-4 所示。

表 8-4　加工条件表

分类	指令编号	摘要
Cu-St 无消耗（A）	C100～C190	根据铜-钢 IP 划分，重视电极消耗比
Cu-St 无消耗（B）	C200～C290	根据铜-钢 IP 划分，重视加工效率，铜-钢无消耗
Cu-St 低消耗	C300～C390	对铜-钢精加工，通孔加工有利
Cr-St 低消耗（A）	C400～C490	石墨-钢
Cr-St 低消耗（B）	C500～C590	石墨-钢
Cr-St 有消耗	C600～C690	石墨-钢，通孔加工
CuW-WC	C700～C790	超硬合金的加工，有消耗
CuW-Cu　Cu-St	C800～C890	电容器回路使用，电极成形加工，有消耗
Cu-St 无消耗条件	C101～C191	PIKADEN1
Cu-St 无消耗条件	C102～C192	PIKADEN2
CuW-St 低消耗条件	C301～C321	PIKADEN3

2）与放电相关的主要参数

① ON：放电脉冲时间，简称脉宽。设定范围为 0～63。在无损耗加工中，ON 的长短由 IP 的大小来决定。ON 过度延长时放电状态不稳定，不能维持放电能量的均匀分布。

② OFF：放电休止时间，简称脉间。设定范围为 0～63。加工速度受放电重复次数的影响，如果 OFF 设定过短，放电重复次数将会增加。

③ IP：放电电流峰值，简称峰值电流。IP 与 ON 是决定加工速度、表面粗糙度、电极消耗、放电间隙等的重要参数。

④ S：伺服速度。设定范围为 0～9。S 数值越大，伺服速度越慢。在通常情况下设定值为 3，但在进行细孔加工、薄筋加工、横向加工时，为了不使伺服轴产生振动，应将设定值

向上调整。

⑤ LN：摇动方式，设定摇动的轨迹形状、平面选择。"①"代表圆摇动，"②"代表方摇动。摇动平面设定值是"0"时，摇动平面是 X、Y；设定值是"1"时，摇动平面是 X、Z；设定值是"2"时，摇动平面是 Y、Z。

⑥ STEP：摇动量，平动动作的摇动半径。比如设定值是"0060"时，摇动量为单边 0.06mm。

3）影响加工精度的主要因素

① 放电间隙的大小。对火花机加工放电间隙大小的定量认识，是确定加工方案的基础。

② 电极损耗。在电火花加工中，特别是在成形加工中，电极损耗是一项非常重要的指标。电极的损耗，直接影响加工尺寸误差和仿形精度。

③ 二次放电。因二次放电是在加工过的表面进行的，所以影响了正常的加工间隙值，会造成工件侧壁尺寸扩大。

8.2.4 机床的加工流程及注意事项

① 设备点检：依据"设备点检卡"点检设备，检查电器、油路是否正常，工作台面是否清扫干净。

② 核实加工图纸、工件及检查电极：接收到加工工件之后，先核对图纸与工件模号、编号是否一致，基准角能否核对上；再检查电极是否符合尺寸要求，跟图纸编号是否对得上。

③ 准备工量具：准备百分表、卡尺、分中棒、内六角扳手等工量具。

④ 摆放工件：大工件在底部垫等高垫铁即可，小工件摆放在磁盘上固定住。利用百分表检查工件平面度与平行度，平面度控制在 0.02mm 内，平行度控制在 0.02mm 内，如图 8-15 所示。

⑤ 测数：用分中棒以取数孔为基准，在任意点固定一个分中球，测出 X、Y、Z 坐标。

⑥ 安装电极：选择用螺钉固定或用胶水固定，大电极用螺钉固定，小电极用胶水固定即可。利用百分表校正电极的平面度与平行度，误差控制在 0.02mm 内，如图 8-16 所示。

图 8-15　工件的摆放及校准

图 8-16　电极的校准操作方法

⑦ 分中：根据加工图纸的指示选择四面分中还是单边靠。

⑧ 确定加工位置：根据加工图纸上的坐标移到指定位置。

⑨ 参数输入：设置加工深度，根据加工精度，调整合适的电流、电压、脉宽、脉间等参数，如图 8-17 所示。

图 8-17　参数设置的操作

⑩ 加工：加工过程中观察是否有积碳现象，稳定性好不好，电极是否有松动，电流表、电压表是否稳定，冲油位置是否合理。

⑪ 加工结束：加工结束之后清理工件表面污垢。根据加工图纸或 3D 图测量工件，查看分型面、碰穿面是否接平。如有疑问再通知电火花组长或钳工组长向台面反映情况，检查合格后下机，按 6S 标准摆放指定区域，然后清理工作台面的油污，把工量具放到指定区域。

8.2.5　常见异常的预防措施与注意事项

(1) 加工过程中的异常处理与注意事项

① 积碳的预防措施与注意事项：加工过程中时常观察加工状态，提高抬刀高度，及时清理工件底部的残渣物，控制好冲油位置。积碳位置如图 8-18 所示。

② 其他加工异常的预防措施与注意事项：

a. 电极问题。由于电极基准面有一面没有铣出，加工出现偏差，如图 8-19 所示。以防下次再出现类似问题，加工前操作员必须检查电极是否完整，杜绝不合格电极流出。

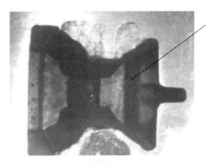

图 8-18　积碳位置

X轴偏移4.00mm

电极没铣出

图 8-19　加工异常

b. 过切问题。常见原因有看错图纸、深度输错、移错位置等。所以操作员一定要仔细核对图纸，放电加工前仔细检查加工位置与加工深度。过切如图 8-20 所示。

过切0.6mm　　过切0.6mm

图 8-20　过切

（2）参数设置异常与注意事项

① 分中棒深度数值设置异常。分中棒大小尺寸不一，容易把尺寸搞混，导致数值偏差，如图 8-21 所示。所以操作员要先用卡尺测量分中棒的大小尺寸，计算好再设置数值。

② 坐标参数设置异常。在移动时输错数值，特别是数据相差不大时，操作员不仔细看很难分辨得出，如图 8-22 所示。所以操作员在加工前一定要核对加工图纸与加工坐标一致。

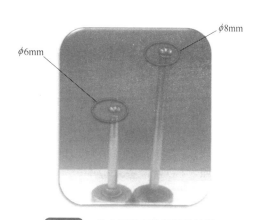

ϕ8mm

ϕ6mm

图 8-21　分中棒深度数值设置异常

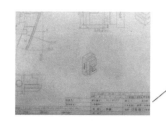

(a) 正确图纸坐标

(b) 错误图纸坐标

图 8-22　坐标参数设置异常

③ 程序编辑参数设置异常。在编写程序时，输入的数据比较多，不管数字还是符号都不能出现一点差错。所以要仔细核对每一个数字、符号是否跟图纸一致，最好先模拟加工一次，确认没问题再进行加工，如图 8-23 所示。

(a) 正确参数　　　　　　　　　　　　　　(b) 错误参数

图 8-23　程序编辑参数设置异常

(3) 机床的维护保养与注意事项

1) 机床的日保养（图 8-24）

① 按照公司 6S 标准，清扫工作区域，工件、工具、量具摆放到指定位置；

② 按照"EDM 设备点检卡"实行设备日常点检；

③ 检查气枪的漏气情况，如有漏气及时通报设备科。

(a) 气枪　　　　　　　　(b) 机身　　　　　　　　(c) 机床台面

图 8-24　机床的日保养

2) 机床的周保养（图 8-25）

① 向机床的三轴导轨及丝杆添加润滑油；

② 检查加工液供给装置是否正常运转，查看加工液的污染程度和加工液的量；

③ 检查油管是否有漏油，如有发现应立即处理防止资源流失；

④ 清扫数控电源柜里面及后面过滤网的粉尘。

3) 机床的月保养（图 8-26）

① 检查灭火装置，不定时检查压力表的指针是否在正确位置（绿色位置）；

② 量具的保养，送品质部清洗、测量、调试量具（百分表、卡尺等）；
③ 更换过滤芯。

(a) 油泵

(b) 电源柜

(c) 润滑油

图 8-25　机床的周保养

(a) 灭火器

(b) 百分表

(c) 卡尺

(d) 过滤芯

图 8-26　机床的月保养

8.3　电火花线切割加工

8.3.1　线切割的加工基础知识

(1) 加工原理

电火花线切割加工是利用连续移动的电极丝作工具阴极，按照预定的轨迹进行脉冲放电，与工件阳极间产生电蚀而实现切割加工。

如图 8-27 所示，电火花线切割加工时，脉冲电源一极接工件，另一极接电极丝。电极丝穿过工件上预先加工出的小孔，经导轨由储丝筒带动，做正、反向往复交替移动。电极丝与工件的放电间隙始终保持在 0.01mm 左右，其间注入

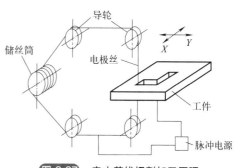
图 8-27　电火花线切割加工原理

工作液。工作台带动工件在水平面的 X、Y 两个坐标方向各自作进给运动，以加工零件。

(2) 工作要素

电极材料：要求导电，损耗小，易加工；常用材料有紫铜、石墨、铸铁、钢、黄铜等，其中石墨最常用。

工作液：主要功能是压缩放电通道区域，提高放电能量密度，加速腐蚀物排出；常用工作液有煤油、机油、去离子水、乳化液等。

放电间隙：合理的间隙是保证火花放电的必要条件。为保持适当的放电间隙，在加工过程中需采用自动调节器控制机床进给系统，并带动工具电极缓慢向工件进给。

脉冲宽度与间隔：影响加工速度、表面粗糙度、电极消耗和表面组织等。脉冲频率高、持续时间短，每个脉冲去除金属量少，表面粗糙度值小，但加工速度低。

通常放电持续时间在 $2\mu s \sim 2ms$ 范围内，各个脉冲的能量在 $2mJ \sim 20J$（电流为 $400A$ 时）之间。

(3) 加工范围

电火花线切割广泛应用于加工各种硬质合金和淬火钢的冲模、样板，各种形状复杂的精细小零件和窄缝等。线切割的加工范围如图 8-28 所示。

(a) 滑脚

(b) 滑块

(c) 模具小配件

(d) 顶针

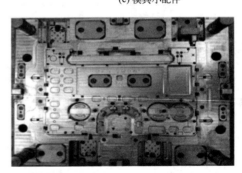
(e) 模仁

图 8-28　线切割的加工范围

8.3.2　线切割机床的结构及种类

(1) 机床的构成

线切割机床的主要部件有工作台、走丝结构、供液系统等。线切割机床部件及功能如表

8-5 所示。线切割机床可以根据不同的分类标准进行划分，如图 8-29 所示，主要包括以下几种类型。

① 快走丝（快走丝线切割机床）：电极丝往复使用，因此加工精度和光洁度较低。加工精度一般在 0.015~0.03mm 之间，表面粗糙度为 $Ra3.5~2.5\mu m$，稳定加工速度为 5000~10000mm^2/h。

② 中走丝（中走丝线切割机床）：在快走丝线切割机床的基础上进行了改进，实现了多次切割和无条纹切割。加工精度一般为 0.012~0.008mm，表面粗糙度为 $Ra1.2~0.8\mu m$，综合加工速度为 1500~4000mm^2/h。中走丝机床结构如图 8-30 所示。

③ 慢走丝（慢走丝线切割机床）：以铜线作为电极丝，单向运动，加工精度高，可达 ±0.001mm，表面粗糙度接近磨削水平。慢走丝机床结构精密，技术含量高，价格较高，一般在 40 万元以上。

(a) 快走丝

(b) 中走丝

(c) 慢走丝

图 8-29　线切割机床类型

图 8-30　中走丝机床结构示意图

表 8-5　线切割机床部件及功能

部件名称	部件组成	部件功能
工作台(切割台)	由工作台面、中托板和下托板组成	工作台面用以安装夹具和被切割工件，中托板和下托板分别由步进电动机拖动，通过齿轮变速机滚珠丝杠传动，完成工作台面的纵向和横向运动。工作台面的纵、横向运动既可以手动完成，又可以自动完成
走丝结构	由储丝筒、走丝电动机和导轮等部件组成	储丝筒安装在储丝筒托板上，由走丝电动机通过联轴器带动，正反转动。储丝筒的正反旋转运动通过齿轮同时传给储丝筒托板的丝杠，使托板做往复运动。电极丝安装在导轮和储丝筒上，开动走丝电动机，电极丝以一定的速度做往复运动，即走丝运动

部件名称	部件组成	机床部件功能
供液系统	由工作液箱、液压泵、喷嘴组成	为机床的切割加工提供足够、合适的工作液。工作液主要有矿物油、乳化液和去离子水等。其主要作用有对电极、工件和加工屑进行冷却,产生放电的爆炸压力,对放电区消电离及对放电产物除垢

(2)机床型号与行程极限

① RF400M 行程极限:X—300mm,Y—400mm,Z—250mm。RF400M 如图 8-31 所示。

a. 加工特点:高精度、高光洁度、高效率、高刚性。

b. 加工精度:多次切割精度±0.005mm(15mm×15mm 六角对边形,Gr12,$S=40$)、定位精度±0.01mm。

c. 产品配置:进口直线导轨、滚珠丝杆、宝石导轮、进口耐磨片。

图 8-31 RF400M

d. 表面粗糙度(Gr12)1.2mm,工作台行程 300mm×350mm,最大加工速度 140mm/min。

e. 最大切割厚度 250mm。

② RF500M 行程极限:X—350mm,Y—500mm,Z—250mm。

a. 加工特点:高精度、高光洁度、高效率、高刚性。

b. 加工精度:多次切割精度±0.005mm(15mm×15mm 六角对边形,Gr12,$S=40$)、定位精度±0.01mm。

c. 产品配置:进口直线导轨、滚珠丝杆、宝石导轮、进口耐磨片。

d. 表面粗糙度(Gr12)1.2mm,工作台行程 300mm×350mm,最大加工速度 140mm/min。

e. 最大切割厚度 250mm。

③ RF600M 行程极限:X—400mm,Y—600mm,Z—300mm。

a. 加工特点:高精度、高光洁度、高效率、高刚性。

b. 加工精度:多次切割精度±0.005mm(15mm×15mm 六角对边形,Gr12,$S=40$)、定位精度±0.01mm。

c. 产品配置:进口直线导轨、滚珠丝杆、宝石导轮、进口耐磨片。

d. 表面粗糙度(Gr12)1.2mm,工作台行程 300mm×350mm,最大加工速度 140mm/min。

e. 最大切割厚度 300mm。

④ RF700M 行程极限:X—400mm,Y—700mm,Z—300mm。

a. 加工特点:高精度、高光洁度、高效率、高刚性。

b. 加工精度:多次切割精度±0.005mm(15mm×15mm 六角对边形,Gr12,$S=40$)、定位精度±0.01mm。

c. 产品配置:进口直线导轨、滚珠丝杆、宝石导轮、进口耐磨片。

d. 表面粗糙度（Gr12）1.2mm，工作台行程 300mm×350mm，最大加工速度 140mm/min。

e. 最大切割厚度 250mm。

(3) 各种工件材质

操作线切割机床需熟悉常见工件材料材质及工件材质的加工特性，保证加工精度（如表 8-6、表 8-7 所示），熟悉工量具的使用方法（如表 8-8 所示）。

表 8-6　常见工件材质

种类	定义	分类
型钢类	是一种具有一定截面形状和尺寸的实心长条钢材	按其断面形状分为两大类： ①简单类：圆钢、方钢、扁钢、六角钢和角钢。 ②复杂类：钢轨、工字钢、槽钢、窗框钢和异型钢等；直径在 6.5～9.0mm 的小圆钢称线材
钢板类	是一种宽厚比和表面积都很大的扁平钢材	按厚度不同，分为薄板（厚度＜4mn）、中板（厚度 4～25mn）和厚板（厚度＞25mm）三种。钢带包括在钢板类内
钢管类	是一种中空截面的长条钢材	按截面形状不同，分为圆管、方形管、六角形管和各种异形截面钢管。按加工工艺不同，分为无缝钢管和焊管钢管两大类
钢丝类	是线材的再一次冷加工产品	按形状不同，分为圆钢丝、扁形钢丝和三角形钢丝三种（钢丝除直接使用外，还用于生产钢丝绳、钢纹线和其他制品）

表 8-7　常见工件材质加工特性

常用材质	加工特性	应用范围
紫铜、锡青铜	紫铜材料自身的特点是比较软，而且比较黏； 在加工紫铜材料时，切削线速度对刀具的寿命没有明显的影响； 锡青铜具有良好的弹性、耐磨性和抗磁性，在热冷态压力加工中性能均好，易焊接和钎焊，切削性好	紫铜主要加工成电极； 锡青铜主要加工成耐磨块、压条和导向块
钢	不同形状钢材影响金属切削性能，锻造、铸造、挤压、轧制等加工方法可以形成不同形状。锻件和铸件有非常难于加工的表面	不同的钢材适用于不同模具的各个部件
不锈钢	表面美观、使用可能性多样化、长久耐用、耐腐蚀性好、强度高，薄板使用的可能性大，耐高温氧化。能够抗火灾、可常温加工，即容易塑性加工。不必表面处理，维护简单、光洁度高、焊接性能好	高硬度镶件

表 8-8　工量具的使用方法

名称	图例	用途
千分卡尺		测量尺寸

名称	图例	用途
固定扳手		拧螺栓
带表卡尺		测量尺寸
杠杆百分表		校准工件平行

8.3.3　线切割的基本操作技能

(1)　机台开关机的基本操作

线切割机床的控制面板如图 8-32 所示。

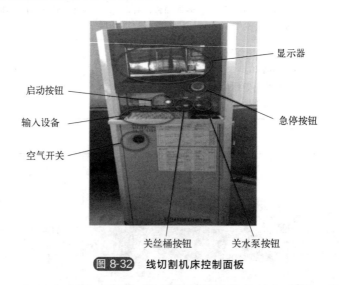

显示器

启动按钮

输入设备

急停按钮

空气开关

关丝桶按钮　　关水泵按钮

图 8-32　线切割机床控制面板

各主机 X、Y、Z 轴的特点：X、Y 轴拖板采用三层运行结构，保证工作时始终保持在台面内运动，确保切割精准度；Z 轴电动升降功能；X 和 Y 轴跟踪数显。

校正电极丝垂直操作步骤为：装夹工件并打表校正；以工件校正电极丝；X、Y 方向对正基准。注意事项：工件必须使用百分表进行校正；加工工件时，工件校正电极丝必须垂直，如图 8-33 所示。

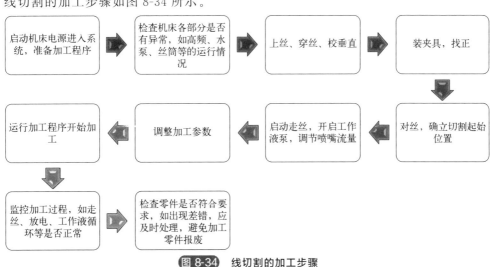

图 8-33　工件校正电极丝垂直

（2）线切割的加工流程

1）加工过程

线切割的加工步骤如图 8-34 所示。

```
┌──────────────┐    ┌──────────────┐    ┌──────────────┐    ┌──────────────┐
│启动机床电源进入系│ ⇒ │检查机床各部分是否│ ⇒ │上丝、穿丝、校垂直│ ⇒ │装夹具，找正    │
│统，准备加工程序  │    │有异常，如高频、水│    │             │    │             │
│             │    │泵、丝筒等的运行情│    │             │    │             │
│             │    │况            │    │             │    │             │
└──────────────┘    └──────────────┘    └──────────────┘    └──────────────┘
                                                                     ⇓
┌──────────────┐    ┌──────────────┐    ┌──────────────┐    ┌──────────────┐
│运行加工程序开始加│ ⇐ │调整加工参数    │ ⇐ │启动走丝，开启工作│ ⇐ │对丝，确立切割起始│
│工            │    │             │    │液泵，调节喷嘴流量│    │位置           │
└──────────────┘    └──────────────┘    └──────────────┘    └──────────────┘
       ⇓
┌──────────────┐    ┌──────────────┐
│监控加工过程，如走│ ⇒ │检查零件是否符合要│
│丝、放电、工作液循│    │求，如出现差错，应│
│环等是否正常    │    │及时处理，避免加工│
│             │    │零件报废        │
└──────────────┘    └──────────────┘
```

图 8-34　线切割的加工步骤

2）工件编号、垂直度、平面度的确认

根据零件的标题栏核对工件名称、工件编号、工件材料及加工数量等，保证加工的正确性。

操作步骤：装夹工件；工件表面去毛刺；垂直块贴合工件表面，进行校正确认。加工结束后，用角尺检查工件平面度，如图 8-35 所示。

图 8-35　垂直度、平面度的确认

3）分中数据与坐标数据的确认

数据确认步骤：长方形工件打表校正；工件 X 轴归零（观察数显）；工件碰火花；寻找 Y 方向中心；确认 X 方向中心。分中数据与坐标数据确认如图 8-36 所示。

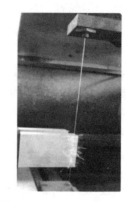

4）中走丝加工中的预防措施与注意事项

① 预防措施：

- 中走丝在运丝和加工过程中不能打开线运线总成；
- 中走丝在运行过程中身体不能越过安全保护装置；
- 中走丝在操作时身体不能接触电极丝；
- 中走丝线切割在运行过程中不能打开电气柜；
- 线切割机床在加工过程中，冷却液不能长时间断开。

图 8-36　分中数据与坐标数据的确认

② 注意事项：

- 中走丝线切割必须配有急停开关；
- 中走丝机床必须安装防雷装置；
- 中走丝在维护期间必须切断电源；
- 线切割在发生异常时（如异常噪声、烟雾、振动、异味等）必须马上关机；
- 中走丝线切割机床在夹紧和卸载过程中必须穿戴防护工具；
- 加工件清洗时必须佩戴护目镜、面罩、防滑鞋等护具。

5）工件的在线测量及清洗

操作步骤：从机台中卸取工件，清洗工件表面，用带表卡尺检查工件尺寸精准度，如图 8-37 所示。

图 8-37　工件的在线测量及清洗

8.3.4　线切割的常见异常

线切割加工过程中的操作异常会造成工件精度误差甚至损坏。

异常示例一（图 8-38）：

不良原因：孔位过大或过小。

常见原因：钼丝加工偏移量放反，导致孔位出错。

改进措施：注意加工偏移量有无出错，再次检查程序后加工。

异常示例二（图 8-39）：

不良原因：钼丝断丝。

常见原因：电流过高或钼丝偏细。

改进措施：加工过程中选择正确的电压。加工前检查钼丝直径，及时更换。

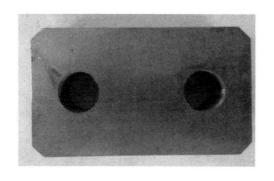

图 8-38　线切割异常示例——加工的孔

图 8-39　线切割异常示例——钼丝断丝

8.3.5　线切割机床的维护与保养

(1) 机床的日保养

① 对机台易损件进行检查；

② 油路系统清理；

③ 地脚螺钉的加固；

④ 校正机台平行度；

⑤ 检查执行系统的正常运行（如检查冷却液、操作系统，见图 8-40）；

⑥ 年度保养由外部专业单位实施。

(a) 检查冷却液

(b) 检查操作系统

图 8-40　机床的日保养

(2) 机床的周保养

① 每周检查一次油箱/过滤网中异物存在量并加以清洗；

② 每周对机台进行一次大清洗；

③ 每周对各传动部位进行润滑状况检查；

④ 每周检查一次机台各部位螺钉的牢固性；

⑤ 每周检查各部油管连接及重新上紧；

⑥ 每周检查各电箱线路牢固性、有无脱落或破皮现象；

⑦ 定期保养由设备使用单位配合维修组实施。

8.4 电解加工

(1) 加工原理

如图 8-41 所示，电解加工时，工件接阳极，工具接阴极，两极之间保持较小的间隙（一般为 $0.02\sim0.7mm$），其中充满高速流动的可导电电解液。在两极接上低电压、大电流的稳压直流电源，使阳极工件表面的金属溶解，而溶解的产物会迅速被高速流动的电解液冲走，使阳极的溶解能不断地进行。电解开始时，阴、阳极间各点距离不等，电流密度不等，阴、阳极距离较近处的电流密度较大，电解液的流速较高，阳极溶解速度较快，如图 8-41（b）所示。由于工具相对工件表面不断进给，故工件表面不断被电解，电解产物不断被电解液带走，直至工件表面形成与阳极表面基本相似的形状为止，如图 8-41（c）所示。

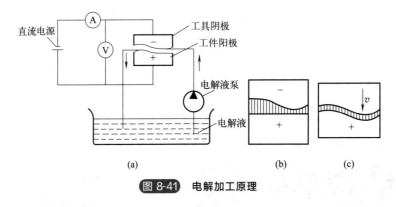

图 8-41 电解加工原理

(2) 加工特点

① 电解加工可以加工高硬度、高强度和高韧性的材料，并且可以一次性加工出形状复杂的型面和型腔，且不产生毛刺。

② 电解加工中，工具电极是阴极，阴极上只发生氢气和沉淀而无溶解作用，因此工具电极无损耗。

③ 加工过程中，无机械力和切削热的作用，因此不存在应力和变形。

④ 电解加工的生产率较高，约为电火花加工的 $5\sim10$ 倍，且生产率不受加工精度和表面粗糙度的限制。

⑤ 电解加工机床需采用防腐措施，其电解物难以处理和回收，对环境污染严重。

(3) 适用范围

电解加工广泛应用于加工模具型腔、枪炮膛线、发动（电）机叶片、花键孔、内齿轮、深孔，以及用于电解抛光、倒棱和去毛刺等。

(4) 电解磨削

工件与磨轮保持一定接触压力，突出的磨料使磨轮导电基体与工件之间形成一定间隙。电解液从中流过时，工件产生阳极溶解现象，表面生成一层氧化膜，其硬度远比金属本身低，易被刮除，从而露出新金属表面，继续进行电解。电解作用与磨削作用交替进行，实现加工。

电解磨削效率比机械磨削高，且磨轮损耗远比机械磨削小，特别是磨削硬质合金时，效果更明显，如图 8-42 所示。

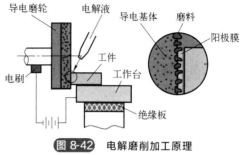

图 8-42　电解磨削加工原理

8.5　超声波加工

(1) 工作原理

如图 8-43 所示，超声波加工时，在工件和工具之间注入液体和磨料混合的悬浮液，并使工具以很小的力轻轻压在工件上。超声波发生器产生的超声频振荡，通过换能器转化为超声频振动。此时的振幅一般较小，再通过变幅杆，使固定在变幅杆端部的工具振幅增大到 $0.01 \sim 0.15 \mathrm{mm}$。磨料在工具的超声频振动（$16 \sim 25 \mathrm{kHz}$）作用下，以高速不断撞击、抛磨工件表面，实现加工。

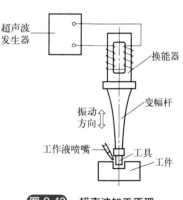

图 8-43　超声波加工原理

(2) 适用范围

超声波可以用来切割、雕刻、研磨、清洗、焊接和探伤等，目前超声波主要用于加工各种脆硬材料上的圆孔、型孔和微细孔等。

(3) 超声波加工特点及应用

① 适用于加工各种脆性金属材料和非金属材料，如硬质合金、淬火钢、玻璃、陶瓷、半导体、宝石、金刚石等。

② 可加工各种复杂形状的型孔、型腔、形面，还可进行套料、切割和雕刻。

③ 工具与工件不需作复杂的相对运动，机床结构简单。

④ 被加工表面无残余应力，无破坏层，加工精度较高，尺寸精度可达 $0.01 \sim 0.05 \mathrm{mm}$。

⑤ 加工过程受力小，热影响小，可加工薄壁、薄片等易变形零件。

⑥ 生产效率较低。采用超声复合加工（如超声车削、超声磨削、超声电解加工、超声线切割等）可提高加工效率。

8.6 激光加工

(1) 加工原理

如图 8-44 所示，激光加工时，通过一系列装置把光的能量高度集中在一个极小的面积上，产生几万摄氏度的高温，使金属或非金属材料立即气化蒸发，并产生强烈的冲击波，去除熔化物质，从而在工件上加工出孔、窄缝以及其他形状的表面。

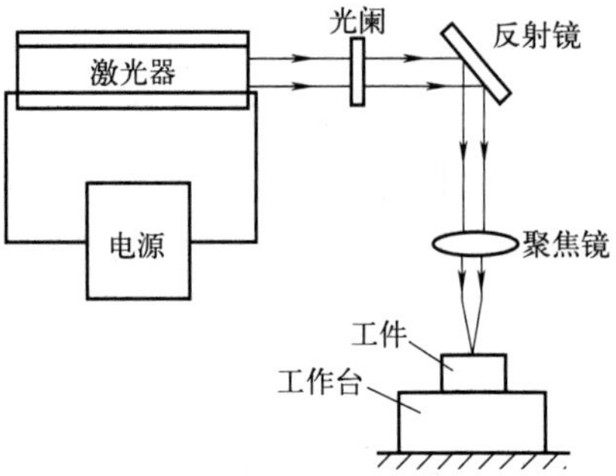

图 8-44　激光加工原理

(2) 加工特点

① 激光加工材料范围广，适用于加工各种金属材料和非金属材料，特别适用于加工高熔点材料、耐热合金及陶瓷、宝石、金刚石等硬脆材料。

② 加工性能好，工件可离开加工机进行加工，可透过透明材料加工，可在其他加工方法不易到达的狭小空间内进行加工。

③ 非接触加工方式，热变形小，加工精度较高。

④ 可进行微细加工。激光聚焦后焦点直径理论上可小至 $1\mu m$ 以下，实际上可实现 $\phi0.01mm$ 的小孔加工和窄缝切割。

⑤ 加工速度快，效率高。

⑥ 激光加工不仅可以进行打孔和切割，也可进行焊接、热处理等工作。

⑦ 激光加工可控性好，易于实现自动控制，但加工设备昂贵。

(3) 激光加工的应用

激光加工的应用主要包括激光打孔、激光切割和激光焊接。

① 激光打孔。利用激光可以加工所有金属和非金属的各种微孔（$\phi0.01\sim1mm$）、深孔和窄孔等。例如，火箭发动机和柴油机的喷嘴加工、仪表中宝石轴承的打孔、金刚石拉丝模孔的加工等。

② 激光切割。激光切割时，激光束与工件做相对移动，即可将工件分开。激光束可以在任何方向上进行切割，切割速度高于机械切割。

③ 激光焊接。激光加工可通过减少激光输出功率将工件结合处烧熔黏合在一起的方式实现焊接。该焊接过程迅速，热影响区小，没有焊渣，并且可以实现不同材料之间的焊接，如金属材料与非金属材料的焊接。

与打孔相比，激光焊接所需能量密度较低，因此不需将材料气化蚀除。激光焊接没有焊渣，不需去除工件氧化膜，可实现不同材料之间的焊接，特别适宜微型机械和精密焊接。

8.7　电子束加工

(1) 加工原理

如图 8-45 所示，电子束加工是在真空条件下利用电流加热阴极发射电子束，经控制栅极初步聚焦后，由加速阳极加速，通过透镜聚焦系统进一步聚焦，使能量密度集中在直径 5～10μm 的斑点内。高速而能量密集的电子束冲击到工件上，被冲击点在极短时间内形成几千摄氏度的瞬时高温，工件表面局部熔化、气化直至被蒸发去除。

(2) 加工特点及应用

① 电子束加工是一种精密微细的加工方法。

② 电子束加工的能量密度高、生产率高。

③ 可以通过电场或磁场对电子束的强度、位置和聚焦等直接进行控制，易实现自动化。

④ 整个加工系统价格较贵，在生产中受到一定的限制。

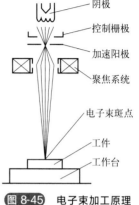

阴极
控制栅极
加速阳极
聚焦系统
电子束斑点
工件
工作台

图 8-45　电子束加工原理

(3) 适用范围

电子束加工可加工各种硬脆性、韧性、导体、非导体、热敏性、易氧化材料以及金属、非金属材料；也常用于加工精微深孔和窄缝，还可以用于焊接、热处理、切割和蚀刻等。

 本章小结

(1) 特种加工
- 指直接利用电能、声能、光能、化学能和热能等能量形式进行加工工件的方法的总称。
(2) 电火花加工
- 指在一定的介质中，在工具电极和工件电极之间利用脉冲火花放电时产生的局部高温作用来蚀除金属材料，使工件的尺寸、形状和表面质量达到技术要求的一种加工方法。
- 分为电火花成形加工（EDM）和电火花线切割加工（EDW）两种。
(3) 电解加工
- 工件接阳极，工具接阴极，两极之间保持较小的间隙（一般为 0.02～0.7mm），且充满高速流动的可导电电解液。
- 在两极之间接上低电压、大电流的稳压直流电源，使阳极工件表面的金属溶解，而溶解的产物会迅速被高速流动的电解液冲走，使阳极的溶解能不断地进行。
- 电解开始时，阴、阳极间各点距离不等，电流密度不等，阴、阳极距离较近处的电流密度较大，电解液的流速较高，阳极溶解速度较快。
(4) 超声波加工
- 在工件和工具之间注入液体和磨料混合的悬浮液，并使工具以很小的力轻轻压在工件上。
- 超声波发生器产生的超声频振荡通过换能器转化为超声频振动。

- 磨料在工具的超声频振动（16～25kHz）作用下，以高速不断撞击、抛磨工件表面，实现加工。

（5）激光加工

- 通过一系列装置把光的能量高度集中在一个极小的面积上，产生几万摄氏度的高温，使金属或非金属材料立即气化蒸发，并产生强烈的冲击波，去除熔化物质，从而在工件上实现加工。
- 应用主要包括激光打孔、激光切割和激光焊接。

（6）电子束加工

- 在真空条件下，利用电流加热阴极发射电子束，经控制栅极初步聚焦后，由加速阳极加速，通过透镜聚焦系统进一步聚焦，使能量密度集中在直径5～10μm的斑点内。
- 高速而能量密集的电子束冲击到工件上，被冲击点在极短时间内形成几千摄氏度的瞬时高温，工件表面局部熔化、气化直至被蒸发去除。

 思考题与习题

1. 特种加工有何特点？
2. 说明电火花成形加工的原理及应用。
3. 说明电火花线切割加工的原理及应用。
4. 说明电解加工的原理及应用。
5. 说明超声波加工的原理及应用。
6. 说明激光加工的原理及应用。
7. 说明电子束加工的原理及应用。